Disciplina Positiva para pais ocupados

Disciplina Positiva para pais ocupados

Como equilibrar vida profissional e criação de filhos

Jane Nelsen, ED.D.

Kristina Bill

Joy Marchese

Tradução de Adriana Silva Fernandes e Fabiana Nogueira Neves

manole
editora

Título original em inglês: *Positive Discipline for Today's Busy (& Overwhelmed) Parent: how to balance work, parenting & self for lasting well-being*
Copyright © 2018 Jane Nelsen, Kristina Bill e Joy Marchese. Todos os direitos reservados.

Publicado mediante acordo com Harmony Books, selo da Crown Publishing Group, uma divisão da Penguin Random House LLC, Nova York, EUA.

Esta publicação contempla as regras do Novo Acordo Ortográfico da Língua Portuguesa.

Editora-gestora: Sônia Midori Fujiyoshi
Produção editorial: Cláudia Lahr Tetzlaff

Tradução:

Adriana Silva Fernandes
Fonoaudióloga, pós-graduada em Educação inclusiva, terapeuta DIR/Floortime, educadora de pais e professores em Disciplina Positiva, criadora do projeto Afetoterapia

Fabiana Nogueira Neves
Mestre em Comunicação, educadora certificada em Disciplina Positiva para pais, professores e casais. Membro fundadora da PDA Brasil. Fundadora e sócia do Mater Sapiens – centro de instrução e prática em Disciplina Positiva

Revisão de tradução e revisão de prova: Depto. editorial da Editora Manole
Diagramação: Anna Yue
Capa: Ricardo Yoshiaki Nitta Rodrigues
Imagem da capa: istockphoto

CIP-BRASIL. CATALOGAÇÃO NA PUBLICAÇÃO
SINDICATO NACIONAL DOS EDITORES DE LIVROS, RJ

N348d

Nelsen, Jane
    Disciplina Positiva para pais ocupados : como equilibrar
vida profissional e criação de filhos / Jane Nelsen, Kristina Bill, Joy Marchese ;
tradução Adriana Silva Fernandes, Fabiana Nogueira Neves. 1. ed. Santana de Parnaíba [SP] : Manole,
2020.
    352 p. ; 23 cm.

    Tradução de: Positive discipline for today's busy (and overwhelmed) parent : how
to balance work, parenting and self for lasting well-being
    Apêndice
    ISBN 9788520459850

    1. Parentalidade. 2. Crianças - Formação. 3. Disciplina infantil. 4. Autoconfiança
em crianças. I. Bill, Kristina. II. Marchese, Joy. III. Fernandes, Adriana Silva. IV.
Neves, Fabiana Nogueira. V. Título.

20-62398   CDD: 649.1
                                                CDU: 649.1

Meri Gleice Rodrigues de Souza - Bibliotecária CRB-7/6439

Todos os direitos reservados.
Nenhuma parte deste livro poderá ser reproduzida, por qualquer processo,
sem a permissão expressa dos editores.
É proibida a reprodução por fotocópia.
A Editora Manole é filiada à ABDR – Associação Brasileira de Direitos Reprográficos.

Os nomes e as características dos pais e crianças citados na obra foram modificados a fim de preservar sua identidade.

Edição brasileira – 2020

Direitos em língua portuguesa adquiridos pela:
Editora Manole Ltda.
Alameda América, 876
Tamboré – Santana de Parnaíba – SP – Brasil
CEP: 06543-315
Fone: (11) 4196-6000
www.manole.com.br | https://atendimento.manole.com.br/

Impresso no Brasil | *Printed in Brazil*

*Aos muitos pais em todo o mundo que me disseram
o quanto os livros da série Disciplina Positiva
mudaram suas vidas. Vocês mantêm a gratidão
fluindo no meu coração.*
(Jane Nelsen)

*À minha linda bebê, Chloe Eloise Skye, que nasceu
junto com este livro. Você é e sempre será minha
melhor professora.*
(Joy Marchese)

A Matthew. Você é o amor da minha vida.
(Kristina Bill)

SUMÁRIO

Sobre as autoras   IX
Comentários sobre este livro   XI
Agradecimentos   XIII
Introdução   XVII

PARTE 1: DISCIPLINA POSITIVA EXPLICADA

Capítulo 1   História e pesquisa   2
Capítulo 2   O modelo de encorajamento   9

PARTE 2: RESPONDER ÀS PERGUNTAS FUNDAMENTAIS

Capítulo 3   Lidar com a culpa   22
Capítulo 4   Integração trabalho-vida   36
Capítulo 5   A agonia e o êxtase dos cuidados infantis   56

PARTE 3: CRIAÇÃO DE FILHOS E DESENVOLVIMENTO INFANTIL

Capítulo 6   Dinâmica geracional e como a tecnologia afeta a
parentalidade   76
Capítulo 7   Criação de filhos eficaz *versus* ineficaz   94
Capítulo 8   Compreender os objetivos equivocados   113

Capítulo 9 Derrubar o mito de pais ou criança perfeitos 135
Capítulo 10 Ajudar as crianças a prosperar 156

PARTE 4: TRABALHO INDIVIDUAL

Capítulo 11 Compreender o cérebro 174
Capítulo 12 Descobrir seus pontos fortes e seus desafios 188
Capítulo 13 Bem-estar 202
Capítulo 14 Seus sonhos têm valor 223

PARTE 5: PANORAMA GERAL

Capítulo 15 A vida de casal não acaba com a chegada do bebê 244
Capítulo 16 Disciplina Positiva na vida profissional 263
Capítulo 17 Conhece-te a ti mesmo 278

Apêndice 1: Resolução de problemas 287
Apêndice 2: Quadro dos objetivos equivocados 316
Notas 320
Índice remissivo 323

SOBRE AS AUTORAS

Jane Nelsen, Ed.D., coautora da série *bestseller* Disciplina Positiva, é renomada terapeuta de casais, famílias e crianças e palestrante internacionalmente conhecida. Seus livros venderam mais de dois milhões de cópias em todo o mundo. Jane não é apenas uma especialista em psicologia adleriana; ela é mãe de sete filhos, avó de vinte e dois netos e bisavó de catorze crianças. Acreditamos que isso a faz especialista em criação de filhos. Jane vive com o marido em Sacramento e San Diego.

Kristina Bill, B.A., é uma mulher de múltiplos talentos em negócios, artes e desenvolvimento pessoal. Foi coautora do aclamado *101 Days to Make a Change*, nomeada para o *People's Book Prize* em 2012 em duas categorias: melhor não ficção e melhor escritora estreante. Kristina é formada em administração de empresas e certificada como *coach* de vida e educadora parental em Disciplina Positiva. Ela é uma *coach* corporativa altamente requisitada, especializada em liderança e impacto pessoal. Seu trabalho criativo abrange música, mídia e cinema. Kristina é sueca de nascimento e mora com seu companheiro em Londres.

Joy Marchese, M.A., é consultora educacional, treinadora certificada em Disciplina Positiva e professora do ensino médio. Joy trabalha com milhares de crianças e famílias há mais de vinte anos, tanto em escolas particulares como em escolas públicas. Ela é a fundadora da Disciplina Positiva no Reino

Unido (Positive Discipline UK) e desenvolve uma prática de treinamento bem-sucedida, além de oferecer seminários e *workshops* como treinadora em Disciplina Positiva para várias escolas e organizações em toda a Europa, Oriente Médio, Ásia e Estados Unidos. Antes de se mudar da cidade de Nova York para Londres, Joy tinha um consultório particular como conselheira de saúde holística e era diretora de uma organização sem fins lucrativos que trabalhava para desenvolver a resiliência em jovens em situação de risco. Joy é mãe de uma linda bebê e vive com a filha e o marido em Londres.

Jane, Kristina e Joy se veem como empreendedoras e agentes de mudança. Com paixão e experiência combinadas em educação, criação de filhos, desenvolvimento profissional, bem-estar e criatividade, elas são capacitadas para oferecer a você uma visão abrangente do mundo moderno da parentalidade, relacionamentos e desenvolvimento pessoal e profissional. Com este livro, você não apenas receberá estratégias amplamente pesquisadas e baseadas em evidências por trás do sucesso da Disciplina Positiva como poderá fazer uma jornada pessoal de autoconhecimento que lhe ajudará a realizar mudanças concretas para alcançar paz, felicidade e sucesso pessoal e profissional.

COMENTÁRIOS SOBRE ESTE LIVRO

"Como mãe de uma criança pequena, proprietária de uma empresa e como uma mulher dinâmica – este livro oferece o modelo necessário para educar uma criança cheia de habilidades e criar um lar mais pacífico."

– Rachel Paige Goldstein, fundadora dos eventos Agent of Change

"Todos os pais precisam ter o livro *Disciplina Positiva para pais ocupados*. Uma leitura honesta, que fará você sentir que não está sozinho. Este livro oferecerá as ferramentas necessárias para criar melhor os filhos no mundo moderno e desenvolverá sua confiança como mãe ou pai."

– Lyss Stern, CEO da Divamoms.com, autora *bestseller*, três filhos

"Sou muito grata à Disciplina Positiva por lembrar a todos quão importante é ser gentil e firme na criação dos filhos. Essas práticas me ajudam a criar filhos solucionadores de problemas e autoconfiantes – e eu sei que elas ajudarão você também. Joy é uma das principais discípulas da Disciplina Positiva, e este livro é uma ferramenta inestimável para a criação e o treinamento dos filhos."

– Kristen Glosserman, *Life Coach*, quatro filhos

"Agora, mais do que nunca, é essencial que os pais transmitam aos filhos um *kit* de ferramentas intrínseco e otimista para autodisciplina, empatia e desenvolvimento de caráter. *Disciplina Positiva para pais ocupados* é um guia sensível, prático e psicologicamente fundamentado para pais que desejam permanecer conectados a seus filhos na vida real, ajudando-os a enfrentar os desafios da vida com autocontrole e otimismo."

– Dra. Catherine Steiner-Adair, autora de *The Big Disconnect: Protecting Childhood and Family Relationships in the Digital Age*

"Como educador experiente, diretor de escola e pai de gêmeos, considero que os conselhos de Nelsen, Bill e Marchese são tão atemporais quanto oportunos, tão profundos quanto simples e tão inspiradores quanto instrutivos. As autoras nos dão permissão para humanizar a nós mesmos e a nossos filhos, e nos lembram de que a parentalidade eficaz envolve estar com nossos filhos em vez de fazer por eles."

– Jed Lippard, EdD, reitor da Children's Programs e diretor da Escola para crianças da Bank Street College of Education

AGRADECIMENTOS

De Joy:

"De onde tiramos a ideia absurda de que, para fazer as crianças agirem melhor, primeiro precisamos fazê-las se sentirem pior?"

– Jane Nelsen

Quando me deparei com essas palavras de Jane Nelsen, foi como se uma lâmpada acendesse em meu cérebro e uma chama aquecesse meu coração. Isso me despertou como educadora e como pessoa, e fui inspirada a compartilhar essa sabedoria com meus alunos, colegas e pais.

Um agradecimento muito especial à minha amiga e mentora Jane Nelsen, por acreditar em nós e nos encorajar a escrever este livro. Estou profundamente honrada por fazer parte do trabalho de sua vida e sempre a valorizarei como minha professora, colega e amiga. Obrigada por me ensinar uma das minhas maiores lições de vida: a coragem de ser imperfeita.

A Kristina, minha fabulosa amiga e confidente, obrigada pelas incansáveis horas que passamos escrevendo, compartilhando histórias e tomando chá. Ao longo dos dois anos necessários para concluir este livro, nossas vidas deram muitas voltas inesperadas; você foi minha rocha! Eu não poderia ter escrito este livro sem você, então obrigada por ajudar a torná-lo uma realidade.

Max, seu amor e apoio sem fim tornaram isto possível para mim. Acima de tudo, sou grata por sua paciência quando ficava sobrecarregada e "perdia o controle". Sou grata por nossa parceria, que continua a crescer, por seu investimento em nossa família e em mim, bem como por estar aberto a novas perspectivas.

À minha mãe e meu pai, por sempre acreditarem em mim e me encorajarem a perseguir meus sonhos, não importa quão loucos eles parecessem. Mãe, você é uma verdadeira mãe da Disciplina Positiva! Você tem sido e continua a ser um exemplo incrível para mim. Só espero que eu seja metade da mãe que você é.

Obrigada a todos os meus amigos, pelo apoio e encorajamento contínuos. Tenho muita sorte por ter amigos queridos e família em Londres e em outros lugares. Um agradecimento especial ao meu guia espiritual, John Akayzar, que me guiou nos momentos mais difíceis da escrita deste livro.

À minha filha, Chloe, que me ensinou muitas lições tanto antes de nascer como agora, quando fomos abençoados por tê-la em nossas vidas. Você é a razão pela qual escrevi este livro, e prometo fazer o melhor possível para vivê-lo todos os dias em casa, no trabalho e em todas as minhas relações ao longo dos dias.

De Kristina:

Aos meus pais, que me ensinaram sobre resiliência, coragem e amor. À minha irmã, por seu amor ilimitado, pelo apoio e por me permitir "criar" sua filha quando ela nasceu. Ao meu irmão pela juventude inspiradora e pelo bom humor incomparável.

A Joy, por me apresentar a Disciplina Positiva. Por todo o seu apoio incansável e generosidade de espírito em nossos desafios.

A Jane, por sua enorme sabedoria, inspiração e orientação neste processo, bem como por acreditar em nós.

De todos nós:

À nossa perspicaz editora, Michele Eniclerico, obrigada por seu incansável trabalho e por nos apoiar nesta obra de amor. Agradecemos imensamente sua honestidade, paciência e consideração durante todo o processo.

Nossa gratidão à excelente equipe da Harmony, que trabalha com extrema eficiência e não parou até estar tudo certo! A Andy Avery, pela atenção aos detalhes e comentários cuidadosos, que ajudaram a moldar este livro no início do processo.

Nosso profundo agradecimento aos muitos pais ao longo dos anos que compartilharam tão generosamente suas próprias vidas e experiências. Aos destemidos pais que compartilharam suas "histórias reais" e nos mostraram que os erros são oportunidades maravilhosas de aprendizado: Alicia Assad, Brad Ainge, Kristen Glosserman, Annabel Zicker, Nadine Gaudin, Karine Quarez e alguns outros que permaneceram anônimos. Profunda gratidão a todos os pais que responderam à nossa pesquisa e compartilharam seu conhecimento inestimável conosco.

INTRODUÇÃO

A Disciplina Positiva é para você ou para o seu filho?

Essa não é uma pergunta capciosa, e a resposta é crucial para que você consiga entender e tenha sucesso com a Disciplina Positiva. A resposta é: para os dois. Contudo, você terá mais sucesso se compreender que é para *você primeiro*.

Muitos pais descobriram essa verdade por conta própria. São incontáveis as vezes que ouvimos falar: "Eu pensei que a Disciplina Positiva me ajudaria a mudar meu filho, e isso aconteceu; mas aprendi que, primeiramente, se refere mais a mim. Essa filosofia mudou minha vida, pois aprendi que precisava fazer algumas mudanças em mim mesmo. Agora eu sinto mais alegria na criação dos filhos por causa das habilidades que aprendi."

Então, o que significa exatamente dizer "você primeiro"?

A Disciplina Positiva é baseada em princípios universais de vida que incluem conexão e encorajamento para elevar os sentimentos de aceitação/pertencimento e importância (o objetivo principal de todas as pessoas); interesse social que inclui contribuição na família, sala de aula, local de trabalho e comunidade; o desenvolvimento da compaixão por meio da compreensão das crenças por trás dos comportamentos; motivação por meio de gentileza e firmeza; desenvolvimento de habilidades (não apenas para as crianças, mas também para os adultos); autocontrole (aprender a controlar seu próprio comportamento antes de esperar que os filhos controlem os deles); foco em soluções;

e, por último, mas não menos importante, a alegria de encarar os erros como oportunidades de aprendizado.

Todas as ferramentas da Disciplina Positiva são baseadas nesses princípios, e os princípios podem ser usados de muitas maneiras diferentes. Quando você entende e vive os princípios por trás de cada ferramenta, leva-os ao seu coração e adiciona palavras e ações que vêm de sua sabedoria; elas serão sinceras e únicas. Se você não entende e vive os princípios, as ferramentas muitas vezes parecem técnicas vazias – e as crianças não se sensibilizam. Se você não está desenvolvendo esses atributos em sua vida, como pode esperar ensiná-los aos seus filhos?

Se você escolhe "filhos primeiro", o que isso significa? Pode ser que você use as ferramentas da Disciplina Positiva para tentar mudar as crianças sem incorporar as mesmas ferramentas em sua própria vida. Você não vai ser modelo do que está tentando ensinar, e então se perguntará por que isso não é eficaz. Se esse for o caso, é improvável que você entenda a importância de fazer uma conexão antes da correção. Você pode cair na armadilha de querer fazer as crianças "pagarem" pelo que fizeram, em vez de valorizar os erros e ajudá-las a aprender e a focar soluções. Você pode tentar disfarçar as punições (que não fazem parte da Disciplina Positiva) chamando-as de "consequências lógicas". Você pode continuar usando elogios e recompensas porque as crianças gostam delas e elas "funcionam" – em curto prazo. Sabemos que, às vezes, a opção de curto prazo parece ser a mais viável, especialmente quando você está sobrecarregado de trabalho, exausto e estressado. No entanto, neste livro, oferecemos as ferramentas da Disciplina Positiva (embasadas nas pesquisas mais recentes em neurociência) para ajudá-lo a motivar a si mesmo e a seus filhos a fazerem escolhas mais sábias, com benefícios comprovados em longo prazo.

Agora vamos ampliar a visão e dar uma olhada na dinâmica que afeta nossa capacidade de equilibrar trabalho, parentalidade e autocuidado.

A cultura em que estamos inseridos

A dinâmica familiar mudou consideravelmente nas últimas décadas, em especial no que se refere às mulheres que trabalham profissionalmente fora de casa e aos homens que participam mais na criação dos filhos. Essa é uma grande alteração das famílias mais antigas e tradicionais, com uma mãe dona de casa (na maioria das vezes) que cuidava da maior parte da educação dos filhos e do trabalho doméstico, enquanto o pai trabalhava fora. Além disso, outros membros da família costumavam estar próximos para ajudar e participar, o que pode não ser o caso dos nômades globais de hoje. Essa troca dinâmica tem um impacto considerável sobre a parentalidade eficaz e as decisões de trabalho. Atualmente, a maioria dos pais precisa conciliar as obrigações profissionais e a criação dos filhos, muitas vezes em detrimento de seu próprio bem-estar. Muitos acreditam que precisam alcançar a perfeição em todos os seus esforços. Como isso é impossível, vários sofrem de ansiedade ou exaustão, sentem-se sobrecarregados e/ou passam por depressão. Encontrar uma maneira de gerenciar tudo isso é essencial para nosso bem-estar geral.

Existem três principais fatores de estresse relacionados à criação dos filhos que estão em alta na nossa sociedade:

- *Falta de tempo.* A quantidade de demandas externas e obrigações impostas, tanto aos pais como às crianças, que consome o tempo disponível para a parentalidade, para estar em família e para o autocuidado.
- *Competitividade crescente.* A pressão e a disputa para ser o melhor (quase perfeito) tanto no campo educacional como no profissional, bem como na realização pessoal e no lar.
- *Conselhos que confundem.* A enorme quantidade de pesquisas sobre parentalidade, que oferecem orientações (muitas vezes conflitantes) para os pais que querem ajudar seus filhos a se desenvolverem como seres humanos saudáveis e bem-sucedidos.

De onde vem toda essa pressão? Como podemos navegar através dela para ajudar a nós mesmos e nossas famílias a prosperar?

Vamos começar observando o ambiente em que estamos inseridos atualmente. O panorama de pais que trabalham, sobretudo para as mulheres, está mudando rapidamente. Em 2011, a balança pendeu e as mulheres ultrapassaram oficialmente os homens na força de trabalho nos Estados Unidos, com estatísticas semelhantes em toda a Europa. O número crescente de mulheres que saem para trabalhar também não é apenas um fenômeno ocidental. A China, por exemplo, tem uma grande proporção de mães trabalhadoras: 72% das mães com filhos pequenos e idade entre 25-34 anos estão no mercado de trabalho. No total, 64% do total de mulheres chinesas trabalham. Uma das pressões adicionais sobre o agregado familiar de três gerações, frequente nessa cultura, é a diferença de ideias sobre a criação de filhos e os papéis de homens e mulheres. Na China, é comum que três gerações vivam juntas, com pais e avós tendo ideias diferentes sobre a criação dos filhos.

A segunda tendência importante é o crescimento da flexibilidade horária na jornada e do trabalho autônomo, que dobrou em porcentagem diante do total da força de trabalho desde os anos 1970 (atualmente em 16% no Reino Unido) e é responsável pela maioria dos novos empregos que estão sendo criados. Isso não é uma coincidência. Muitas mulheres encontram maneiras engenhosas de promover suas carreiras e cumprir suas ambições profissionais, ao mesmo tempo que têm filhos. Outras, no entanto, caem na armadilha de pensar que podem fazer malabarismos para exercer tanto a parentalidade como o trabalho em tempo integral sem ajuda. As mulheres que escolhem trabalhar em casa porque não podem pagar por creches (ou optam por não usar esses serviços) podem estar especialmente vulneráveis.

À medida que mais mulheres trabalham, mais homens estão se envolvendo ativamente na criação dos filhos e, portanto, também precisam de maior flexibilidade profissional. A ideia de que temos de escolher um ou outro parece cada vez mais desatualizada quando mulheres (e homens) gerenciam seus próprios negócios, participam de redes profissionais, trabalham a distância e tiram férias sabáticas para explorar a vida enquanto, ao mesmo tempo, constituem famílias. Estamos vendo uma nova geração de pais, a geração dos *Millennials* [também chamada geração do milênio ou Y], que está rompendo com a ideia ultrapassada de uma "carreira para a vida toda", antes se concentrando na realização pessoal, que conduz a múltiplas carreiras e à fusão de *hobbies* com trabalho profissional. A tecnologia nos permite ainda encontrar um sem-número de novas maneiras e lugares para atuar profissionalmente.

No entanto, os desafios permanecem. O aumento da flexibilidade geralmente tem um preço na redução da segurança no emprego. Mulheres e homens que são pais e continuam a trabalhar são, como acabamos de ver, cada vez mais pressionados em todas as áreas para que atinjam níveis máximos de desempenho, levando a um aumento dos índices de ansiedade e estresse. Equilibrar as prioridades entre trabalho e casa, que competem entre si, sem comprometer os padrões e as expectativas em ambas as áreas, é um problema recorrente para muitos. Apesar da maior elasticidade profissional, pesquisas continuam a constatar que funcionários valiosos (a maioria mulheres) deixam o mercado de trabalho porque são incapazes de equilibrar compromissos profissionais e familiares. Isso tem um alto custo para os empregadores e para a sociedade, porque as organizações prosperam na diversidade. Em resposta, nos últimos cinco anos, vimos um aumento no interesse dos empregadores em investir em iniciativas de equilíbrio entre vida profissional e pessoal, ainda que em patamar bem inicial.

Esse é o ambiente em que vivemos e trabalhamos hoje. Como nós, pessoalmente, administramos todos esses fatores e sabemos que ferramentas usar em nossas casas e no trabalho para dar a nós mesmos, a nossas famílias e a nossos colegas a melhor chance de sucesso e bem-estar? Precisamos começar conhecendo nossos próprios sentimentos sobre nossas escolhas de vida e sendo realistas sobre como administrar tudo isso.

O dilema que muitos pais enfrentam

A pergunta que assombra muitos pais é "Será que a minha ausência por causa do trabalho afetará negativamente meus filhos?". Não há resposta certa para essa pergunta. O fator crítico é se você se sente culpado ou confiante sobre a escolha que fez.

Um dos fatores mais significativos que afetam as crianças são os sentimentos dos pais e como eles se comportam por causa desses sentimentos. Pais infelizes criam filhos infelizes. As crianças absorvem o estresse e a infelicidade de seus pais e expressam isso em variadas atitudes de mau comportamento, incluindo irritabilidade, desacato, birras e total rebeldia. Muitos pais não aceitam a sua parcela de responsabilidade no mau comportamento – principalmente porque não entendem a dinâmica relacional entre pais e filhos. É provável que os pais se sintam culpados se acreditarem que perseguir suas metas profissionais trabalhando e não estar com seus filhos o tempo todo faz com que eles sofram. Essa culpa fará com que se sintam pressionados até o limite enquanto tentam compensar a ausência. Eles podem, consequentemente, escolher estratégias parentais ineficazes, como exagerar, presentear demais, mimar, socorrer e tornar seus filhos incapazes ao privá-los das oportunidades de contribuir e resolver alguns de seus próprios problemas. Às vezes nos referimos a isso como seu "botão de culpa". Pais com um botão de culpa provavelmente também estão muito insatisfeitos ou descontentes. Então, sim, como uma profecia autorrealizável, é verdade que, com esse sistema de crenças, o seu trabalho vai estimular as crianças a sofrerem. Se, por outro lado, os pais se sentem felizes com sua decisão de trabalhar e sustentar suas famílias, bem como proporcionam amor livre de culpa quando estão com seus filhos, é provável que eles estejam vibrando essa felicidade e, consequentemente, façam mais escolhas parentais construtivas. Essas crianças sentirão o contentamento de seus pais e se beneficiarão da parentalidade positiva.

Muitas pessoas têm convicções profundas sobre pais que trabalham, em particular sobre as mães. Mas de onde vieram essas crenças? Ainda existe um conceito errôneo de que ter um dos pais em casa em período integral é a única variável que explica o sucesso ou o fracasso no desenvolvimento de uma criança. Há muitas mães em tempo integral (e pais) que estão deprimidas, se sentem isoladas e não se envolvem totalmente com seus filhos. Há pais em tempo integral que superprotegem os filhos, dão a eles tudo o que querem e impedem que se tornem pessoas capazes. Há também pais que são perfeitamente capazes e podem estar em algum lugar no meio do espectro. A questão é que o ato de ser um pai ou mãe em tempo integral em si não equivale a ter grandes habilidades parentais.

O mesmo acontece com os pais que trabalham. Alguns estão guiados pela culpa, estressados e cansados, e não têm mais qualquer energia para seus filhos. Isso leva a escolhas parentais reativas, como gritar, punir e mimar. Outros pais que trabalham sabem como equilibrar a vida profissional e a família e têm prazer em estar com os filhos depois de um longo dia de trabalho. Eles envolvem seus filhos na criação de rotinas e sessões de solução de problemas. Eles estabelecem prioridades saudáveis, encontram maneiras de participar de tarefas importantes na maioria das vezes e ajudam seus filhos a lidarem com a frustração quando tudo não funciona perfeitamente. Eles veem que a família e o trabalho podem ser uma parceria benéfica em vez de um conflito, e que isso funciona nos dois sentidos. Pais que trabalham satisfeitos não apenas terão uma vida familiar mais feliz e se sentirão bem com o que estão fazendo com seus filhos como também terão menos ansiedade e uma capacidade maior de contribuir em seu trabalho.

A boa notícia é que a perfeição não é necessária, desde que haja prioridades inteligentes e habilidades parentais eficazes. Ser pai/mãe significa ter que se perdoar frequentemente, pois você cometerá muitos erros. Será de grande ajuda lembrar que agora existem amplas evidências que sugerem que as crianças (e os adultos) prosperam na diversidade. Isso embasa a ideia de que uma criança se desenvolve quando várias pessoas estão envolvidas na sua criação – mães, pais, irmãos, babás, avós, professores e assim por diante. Essa evidência lhe convida a questionar até que ponto você pode comprar a ideia ultrapassada dos pais em tempo integral como a melhor e única escolha real. Depois de reavaliar seu sistema de crenças, você será um pai/mãe mais confiante e seguro.

O desenvolvimento de habilidades de vida e de liderança começa em casa

A maioria dos pais tem muitos papéis e responsabilidades diferentes para gerenciar. Quanto mais eles estiverem alinhados, mais energia e tempo estarão disponíveis para o crescimento e bem-estar pessoais, de modo a apoiar os outros e impactar positivamente a comunidade em geral. Conseguimos alcançar grande sinergia quando percebemos que as habilidades de liderança e comunicação que usamos e desenvolvemos fora de casa são igualmente eficazes em casa, e vice-versa. Dessa forma, em vez de criar conflitos, o trabalho torna-se um recurso para o lar, e o lar se torna um recurso para o trabalho.

As crianças aprendem observando e imitando. No seu papel de pai/mãe que trabalha, quais comportamentos você está modelando para seus filhos? Tal como acontece com todos os comportamentos, esses podem ser desafiadores e positivos. No lado desafiador, você pode estar modelando o estresse, uma sensação de que os eventos externos são mais importantes do que a família, ou uma ênfase exagerada em "fazer" e a falta de tempo para simplesmente "ser". Sem dúvida, precisamos abordar esses comportamentos menos positivos, e as estratégias e ferramentas deste livro ajudarão você com isso.

No lado positivo, ao perseguir seus objetivos profissionais, você pode estar modelando para seus filhos que os sonhos pessoais são importantes, que é fundamental contribuir para a sociedade e desenvolver um senso de individualismo ao mesmo tempo. Esperamos que a habilidade de manter finanças saudáveis esteja aqui em algum lugar também.

As crianças podem aprender sobre resiliência, resolução de problemas e automotivação com seus pais que trabalham fora, seja "trabalhar" escrever para um *blog* em casa ou bater ponto em um escritório todos os dias. Essas qualidades são também as mesmas que consistentemente aparecem em estudos de liderança eficaz, e são marcadores de inteligência emocional. A inteligência socioemocional é agora reconhecida como um possível medidor de sucesso maior do que um QI elevado e até mesmo do que as conquistas acadêmicas.[1] O aumento da competição em nossa sociedade torna difícil para muitos pais aceitarem que a excelência acadêmica não é o ingresso de ouro para o sucesso futuro. Eles acham desafiador dispor de tempo para treinar habilidades "mais fáceis", tais como ver os erros como oportunidades de aprendizado, focar soluções e desenvolver o senso de capacidade e importância por meio da contribuição em casa, na escola e em sua comunidade. Reconhecer como sua vida profissional pode oferecer excelentes exemplos para seus filhos proporciona aos pais oportunidades valiosas para o treinamento de habilidades positivas.

A verdade é que, quer trabalhemos ou não, nossos filhos provavelmente terão que trabalhar em suas vidas adultas futuras. Eles também serão confrontados com uma vida profissional muito diferente da nossa. Um relatório do U.S. Department of Labor de 2013 sugere que 65% de todos os empregos para as crianças que estão hoje em idade escolar ainda não foram criados.[2] Como podemos ajudar a treinar nossas crianças para um mundo tão incerto e em constante mudança? Aceitando ideias antigas e o *status quo*, ou ensinando-as a questionar e aprender, a serem curiosas e corajosas?

Proporcionar aos seus filhos a confiança e o interesse de sair para o mundo e explorá-lo é provavelmente um dos dons mais importantes que você pode dar a eles. Ser um pai/mãe feliz e realizado modela esses mesmos comportamentos. Isso também é o que entendemos por liderança. Ao ser um líder em sua própria vida e permanecer fiel a si mesmo, você estará modelando comportamentos saudáveis para seu filho e incorporando uma verdadeira liderança pessoal.

Ninguém disse que seria fácil

É fácil? Ah, não! Trabalhar exige fazer malabarismos com inúmeras prioridades no trabalho e em casa que concorrem entre si, e encontrar um breve momento para si mesmo significa tomar a decisão de deixar de lado algo que você "deveria" estar fazendo. Os desafios escolares e de cuidados com as crianças apenas contribuem para o estresse. Os pais se perguntam como encontrar boas creches e depois se preocupam com as doenças. Mesmo com todas essas questões de lado, o que acontece quando os pais não podem estar nos eventos especiais de seus filhos?

Criar filhos é uma tarefa complicada, esteja um dos pais disponível em tempo integral ou não, e não vemos evidências de que não ficará mais simples tão cedo. Independentemente de você ser um pai/mãe em tempo integral ou estar trabalhando dentro ou fora de casa, equilibrar compromissos pessoais e familiares é um dos maiores desafios que você enfrentará como pai/mãe. Mas, quando você se sentir bem com o que está fazendo com seus filhos, será uma pessoa mais feliz – o que beneficiará sua vida profissional também.

Talvez estejamos em um ponto de virada crucial, em que as fronteiras entre trabalho e vida estão se tornando cada vez mais indistintas. Questionamos a utilidade de se compartimentalizar em um "eu profissional" e um "eu pessoal", e defendemos uma abordagem mais saudável. Mostraremos como a Disciplina Positiva é abrangente e como ela pode realmente dar suporte a essa integração para você, sua família, seus colegas e seus amigos.

Parte I

DISCIPLINA POSITIVA EXPLICADA

1

HISTÓRIA E PESQUISA

Entender melhor nossos problemas nos ajuda a encontrar soluções

Como descobrimos anteriormente, os principais desafios da criação dos filhos para os pais que trabalham fora são a falta de tempo, pressões por desempenho e uma enorme quantidade de conselhos e estratégias. Infelizmente, não podemos conceder mais tempo a você – todos nós temos vinte e quatro horas por dia. O que podemos dar e daremos a você são ferramentas que o ajudarão a estabelecer prioridades, com sabedoria, sobre como investir o tempo que você tem para tornar sua parentalidade o mais eficaz possível. Não podemos tirar a pressão da competição que existe em nossa sociedade, mas podemos e ofereceremos a você um ponto de vista mais profundo e esclarecido sobre bem-estar pessoal, criação de filhos e escolhas de vida. Para ajudar você a escolher o caminho certo, também podemos oferecer uma luz que o guiará acima de todos os conselhos e sugestões que estão por aí. Vamos começar examinando as pesquisas, a história da psiquiatria e do desenvolvimento do cérebro, aumentando, assim, nossa compreensão sobre quais fatores importantes influenciam a parentalidade eficaz.

Evidências que embasam a Disciplina Positiva

A pesquisa sobre criação de filhos concentrou-se por várias décadas em identificar quais são as práticas parentais mais eficazes. Numerosos estudos mostram uma correlação direta entre o estilo parental e os níveis de autocontrole, satisfação geral com a vida, desempenho acadêmico, uso de álcool, agressividade e comportamento opositor da criança.[3]

Um dos estudos mais rigorosos neste campo foi conduzido por Diane Baumrind, cuja pesquisa longitudinal sobre estilo parental na Berkeley durou várias décadas.[4] Baumrind examinou, sistematicamente, como a parentalidade afeta o ajuste social e psicológico, o sucesso acadêmico e o bem-estar geral de crianças e adolescentes. Ela resumiu sua própria pesquisa da seguinte maneira: "Adolescentes de famílias com autoridade (mas não autoritárias) demostraram, de longe, maior competência social, maturidade e otimismo." Parentalidade com autoridade é o que chamamos de estilo parental com Disciplina Positiva – gentil e firme, não controlador ou permissivo. Crianças que foram criadas em um ambiente com autoridade também marcaram mais pontos em testes de desempenho verbal e matemático.[5]

A pesquisa de Baumrind e a de outros estudiosos mostram que a punição e a recompensa não são eficazes em longo prazo e, de fato, impactam negativamente o desenvolvimento do autocontrole, a motivação intrínseca e a qualidade das relações familiares.[6] Crianças que foram punidas elaboram um grande número de crenças e comportamentos equivocados e destrutivos. Nós os chamamos de cinco R da punição: ressentimento ("Isso não é justo, eu não posso confiar nos adultos"), rebeldia ("Vou fazer exatamente o contrário para provar que não tenho que fazer do jeito deles"), retaliação ("Eles estão ganhando agora, mas vou me vingar depois"), recuo como forma de dissimulação ("Eu não vou ser pego da próxima vez") e redução da autoestima ("Eu sou uma pessoa ruim"). Pais autoritários (dominadores) que são altamente diretivos porque valorizam a obediência imediata são ineficazes em longo prazo.

As descobertas de Baumrind demonstram ainda de que forma um estilo parental permissivo é tão prejudicial quanto o autoritário. Poucas exigências são feitas para as crianças, e a falta de estrutura e rotina, associada à complacência excessiva (mesmo em nome do amor), deixa as crianças com habilidades de vida ineficazes. A permissividade estimula as crianças a desenvolverem crenças e comportamentos como egoísmo ("Amor significa que eu deveria ser capaz de fazer o que eu quiser"), desamparo ("Eu preciso que você cuide de mim porque não sou capaz de ter responsabilidade") e baixa resiliência ("Eu estou deprimido porque você não atende a todas as minhas exigências").

O trabalho de Baumrind respalda o modelo de parentalidade (gentil e firme) da Disciplina Positiva, que se concentra na aplicação prática dos mesmos métodos que Baumrind e outros estudiosos identificam como determinantes no desenvolvimento positivo da criança e do adolescente. Cada uma das ferramentas da Disciplina Positiva neste livro foi elaborada para ajudar você a aplicar na prática o que está bem definido em pesquisas e que, portanto, é mais benéfico para as relações familiares e o desenvolvimento da criança.

Alfred Adler

Alfred Adler foi um médico vienense e um dos criadores originais do campo da psiquiatria no final do século XIX, juntamente com Freud, Jung e outros. Por observação e experimentação, Adler chegou à conclusão de que os seres humanos são fundamentalmente seres sociais, e que nosso objetivo principal é, portanto, sermos aceitos (conexão) e nos sentirmos importantes por meio de um senso de propósito e contribuição. Quando as pessoas não percebem um senso de aceitação e importância, elas se sentem inferiores. Em seus esforços para superar esse sentimento de inferioridade, cometem todo tipo de erro. Esses erros são frequentemente identificados como mau comportamento. Adler acreditava que o mau comportamento se baseava em crenças equivocadas, como "Eu vou me sentir bom suficiente *somente se* receber muita atenção", ou "*somente se* eu for o chefe", ou "*somente se* magoar os outros como fui magoado", ou "*somente se* eu desistir e assumir que sou inadequado" (chamamos isso de pensamento "somente se"). Essas crenças formam o que Adler chamou de lógica privada de cada indivíduo, um processo subconsciente que começa na infância.

Crianças (e adultos) estão sempre tomando decisões: sobre si (eu sou bom ou ruim, adequado ou inadequado, capaz ou incapaz?), sobre os outros (eles estão encorajando ou desencorajando?), sobre o mundo (é um lugar seguro ou ameaçador?) e, consequentemente, sobre o que elas precisam fazer (eu posso prosperar por meio de encorajamento ou simplesmente sobreviver [me comportando mal] no desencorajamento?). Visto de outra maneira, Adler ensinou que os acontecimentos estimulam os pensamentos, que geralmente se transformam em crença, que por sua vez estimula um sentimento e que, por fim, inspira o comportamento. Costumamos nos referir a esse ciclo como "pensar, sentir, agir" e convidamos os participantes em nossos *workshops* a se envolverem nesse processo quando trabalhamos para descobrir crenças equivocadas.

A repetição de comportamentos socialmente inaceitáveis vem desse sistema privado de crenças equivocadas. Portanto, não basta abordar o comportamento. Em vez disso, a única maneira de mudar um comportamento de forma permanente é ajudar a pessoa a modificar suas crenças (equivocadas) subjacentes. Adler acreditava que a melhor maneira de fazer isso é por meio do encorajamento, que ajuda as pessoas a experimentarem a profunda necessidade de pertencer como seres sociais, e de se sentirem capazes de contribuir. Dessa forma, as crenças negativas subconscientes são substituídas por crenças positivas, levando a um comportamento produtivo. Sua filosofia era tratar todos (incluindo crianças) com dignidade e respeito. (De muitas maneiras, isso faz dele um homem bem à frente de seu tempo e mais atual do que nunca.) Seu pensamento estava em oposição a outra tendência na psicologia comportamental, que pode ser familiar para alguns: o behaviorismo, que defendia a mudança de conduta ao afetar os comportamentos observáveis por meio de punições e recompensas.

Rudolf Dreikurs era psiquiatra e colega de Adler. Ele continuou a praticar a filosofia adleriana após a morte de Adler, em 1937, e continuou seu trabalho nos EUA. No entanto, em vez de restringi-lo ao consultório psiquiátrico, ele levou essa filosofia de igualdade, dignidade e respeito a todos os pais e professores por meio de demonstrações em fóruns abertos, em que aconselhava pais e professores em um auditório. Dreikurs se referia à filosofia dele e de Adler como "democrática" (liberdade com ordem), em oposição a "autoritária" (ordem sem liberdade) ou "anarquista" (liberdade sem ordem). Em sua prática, ele usou esse modelo tridimensional para avaliar como os pais influenciam seus filhos. Dreikurs identificou o estilo parental democrático como o mais benéfico (o que, como vimos anteriormente, foi confirmado no trabalho de Baumrind). Defendeu uma abordagem de liderança responsiva e também firme em casa assim como nas escolas, a fim de ajudar as crianças a desenvolverem o senso de aceitação e contribuição. Tanto Adler como Dreikurs reconheceram a necessidade de uma disciplina respeitosa, delineada para ensinar a resolução de problemas e outras importantes habilidades de vida, abrangendo, dessa forma, quaisquer crenças equivocadas subjacentes. Em 1972, Dreikurs publicou um livro sobre seu modelo chamado *Children: The Challenge*.

O desenvolvimento da Disciplina Positiva

Em 1981, a dra. Jane Nelsen, uma estudante de psicologia adleriana, publicou de forma independente o livro *Disciplina Positiva*, baseado em suas experiências de uso da filosofia de Adler e Dreikurs e de ensino dessa abordagem a pais e professores como conselheira de escola fundamental. No início, muitos pensaram que Disciplina Positiva significava que eles poderiam aprender a punir de maneira positiva. Demorou um pouco para se acostumarem com a ideia de eliminar todas as punições e recompensas em favor do encorajamento e solução conjunta de problemas para atender às necessidades básicas das crianças de se sentirem aceitas e importantes por meio da contribuição. Seu livro ofereceu um modelo viável para aplicar os princípios de Adler e Dreikurs à criação dos filhos e ao ensino escolar. Ensinou que, embora a punição e as recompensas funcionem em curto prazo, tendo a obediência e a submissão como resultado, existe a preocupação com as consequências em longo prazo, que podem ser prejudiciais.

O comportamento de uma criança, como a ponta de um *iceberg*, é o que vemos. No entanto, a base oculta do *iceberg* (muito maior que a ponta) representa tanto a crença por trás do comportamento como a necessidade mais profunda de aceitação e importância da criança. A Disciplina Positiva aborda tanto o *comportamento* como a *crença por trás do comportamento*. Nossa tarefa como pais e educadores é ajudar as crianças a encontrarem aceitação e importância de maneiras socialmente úteis. Começamos por (1) entender e abordar as crenças equivocadas sobre como conseguir aceitação e importância e (2) ensinar habilidades que atendam a essa necessidade de maneiras socialmente úteis.

Adler e Dreikurs ensinaram: "Uma criança que se comporta mal é uma criança desencorajada." Quando as crianças se comportam mal, geralmente têm uma *crença equivocada* sobre como conseguir um sentimento de aceitação. A maioria dos pais *reage* ao comportamento com algum tipo de punição (culpa, vergonha ou dor). Isso só confirma a crença da criança de que ela não é aceita, criando um ciclo vicioso de desencorajamento. Na maioria dos casos, a crença da criança de que ela não pertence à família é chocante para os pais. Eles se perguntam: "Como meu filho pode acreditar que não é aceito? Como ele poderia não saber o quanto eu o amo? Isso não faz sentido." Como e por que as crianças criam suas crenças, especialmente quando essas crenças não fazem sentido para nós? Como vimos, de acordo com a psicologia adleriana, sabemos que os seres humanos têm uma necessidade fundamental de aceitação e importância, e, quando percebemos (de forma realista ou não) que essa necessidade não está sendo satisfeita, nós nos comportamos mal. A razão pela qual essa necessidade não é satisfeita é que o nosso sistema de crença imperfeito nos faz interpretar de forma equivocada as situações e ações dos outros. Para as crianças, cujo sistema de crenças está em formação, isso é relevante, e a pista para essa má interpretação pode ser encontrada no desenvolvimento do cérebro humano.

Desenvolvimento do cérebro

O desenvolvimento do cérebro acontece em etapas. Nossos centros instintivo e emocional (a amígdala e o cérebro límbico) desenvolvem-se primeiro, e o cérebro pensante e lógico (o neocórtex), mais tarde. Portanto, as crianças são capazes de experimentar e perceber o mundo por meio dos sentidos, mas seu pensamento e capacidade lógica ainda não estão totalmente desenvolvidos. Isso vem depois, na adolescência e no início da idade adulta. As crianças, portanto, são boas observadoras, mas intérpretes precárias do mundo em torno delas.

Novas pesquisas mostram que o cérebro das crianças trabalha em um comprimento de onda diferente do cérebro dos adultos: ondas delta até a idade de 2 anos e ondas teta de 2-6 anos.[7] Isso permite às crianças (1) absorverem, muito rapidamente, uma enorme quantidade de informações, o que é essencial porque precisam aprender a sobreviver em seu ambiente, e (2) serem mais maleáveis, para que possam alterar com rapidez seu comportamento e se adaptar às mudanças em seu ambiente e à crescente capacidade cognitiva. No entanto, a habilidade de avaliar criticamente as informações ocorre em um estágio posterior de desenvolvimento e em outro padrão de ondas cerebrais. Em outras palavras, as crianças simplesmente ainda não são capazes de ver o quadro completo e se engajar em raciocínios de nível mais elevado, como perceber complexos padrões de causa e efeito. Os pais que desconhecem o desenvolvimento do cérebro podem pensar na criança como um miniadulto. Isso muitas vezes os leva a pedir aos filhos que se engajem em comportamentos que ainda não são adequados à idade. Quando as crianças não respondem a essa demanda do adulto, isso é visto como um mau comportamento. É por isso que é tão importante entrar no mundo da criança para entender sua "lógica privada".

Muitos pais podem entender *o que* devem fazer, mas não têm as ferramentas e a compreensão para saber *como* fazê-lo. Compreender a história e a teoria da parentalidade e do desenvolvimento infantil ajuda você a compreender a importância dos princípios inerentes à Disciplina Positiva. Neste livro, você aprenderá a entender as crenças que seus filhos formam enquanto interagem com o mundo, e as ferramentas, o "como", que você pode usar para empoderar seus filhos a adotarem crenças mais encorajadoras.

2

O MODELO DE ENCORAJAMENTO

Um garotinho encontra um adorável casulo em seu jardim. Ele o observa atentamente todos os dias desde que soube que há uma borboleta dentro dele. Um dia ele consegue ver pequenas rachaduras na superfície do casulo enquanto a borboleta está começando a sair. Animado e querendo ser útil, o garotinho descasca delicadamente as camadas do casulo para libertar a borboleta. A borboleta tenta abrir as asas, mas não tem força, pois não teve a oportunidade de desenvolver seus músculos rompendo o casulo. A pequena borboleta morre nas mãos do menino.

A Disciplina Positiva oferece a solução

Inúmeras vezes, vemos como o amor equivocado dos pais leva à superproteção e ao bloqueio da habilidade das crianças de desenvolverem a resiliência e a motivação interna que precisam para serem membros felizes, contribuidores e bem ajustados em suas comunidades. "Então", você pergunta, "devo permitir que meu filho sofra quando posso ajudar a aliviar suas dificuldades?" Bem, na verdade, o verdadeiro sofrimento ocorre quando as crianças crescem sem desenvolver um senso de capacidade, confiança e a alegria de contribuir. Alfred Adler ensinou: "Todo ser humano se esforça para ser importante, mas as pessoas sempre cometem erros se não reconhecem que a sua importância reside na sua contribuição para a vida dos outros."

Você encontrará muitas ferramentas neste livro que promovem capacidade, e também ouvirá repetidamente como é importante evitar sermões, punição e mostrar afeto de maneira inconsistente. Nosso trabalho como pais é gentilmente deixar nossos filhos experimentarem os altos e baixos e estarmos presentes com amor e apoio para ajudá-los a entender o mundo. É claro que não há como estar sempre e eternamente ao lado deles para protegê-los e resolver as coisas para eles. O que podemos fazer é ajudá-los a superar e seguir em frente, bem como promover as habilidades de vida necessárias para lidar com os altos e baixos da vida. Não é seu trabalho *fazer* seus filhos sofrerem, mas é seu trabalho *permitir* que eles sofram em uma atmosfera de apoio em que você ensina as habilidades para que eles possam desenvolver seus próprios músculos de resiliência.

Disciplina Positiva é um modelo de encorajamento. Se uma criança que se comporta mal também é uma criança desencorajada, Dreikurs ensinou que "uma criança precisa de encorajamento como uma planta precisa de água". Todas as ferramentas que compartilhamos com você são encorajadoras para as crianças (e para os pais). Elas foram delineadas para aumentar o senso de aceitação e importância e, desse modo, abordar a crença por trás do comportamento. Para ser mais específico, elas atendem a todos os cinco critérios da Disciplina Positiva que têm sido desenvolvidos ao longo de décadas de experiência. Mesmo que todas as ferramentas da Disciplina Positiva sejam projetadas para atender a esses critérios, é essencial entender que elas são baseadas nos princípios de Adler. Elas não são eficazes se usadas como "técnicas" que seguem um roteiro. Quando você entender os princípios nos quais a ferramenta está baseada e adicionar sua própria sabedoria e experiência, encontrará sua própria e única maneira de usá-las.

Cinco critérios da Disciplina Positiva

Você pode pensar nesses critérios como habilidades básicas ou atitudes mentais que são essenciais para ser um pai/mãe que usa a Disciplina Positiva de forma eficaz. Suas escolhas parentais devem, da forma mais justa possível, atender a esses cinco critérios, e vale a pena verificá-las, de tempos em tempos, para certificar-se de que elas estão de acordo. Nesta seção, vamos nos referir brevemente a muitas ferramentas de Disciplina Positiva para ilustrar os princípios básicos. Não se preocupe, todas essas ferramentas serão descritas novamente de maneira mais detalhada.

1. É respeitoso (gentil e firme ao mesmo tempo)?
2. Ajuda as crianças a se sentirem aceitas (conexão) e importantes (contribuição)?
3. É eficaz em longo prazo?
4. Ensina habilidades sociais e de vida valiosas para desenvolver um bom caráter?
5. Convida as crianças a descobrir como são capazes e a usarem seu poder de maneira construtiva?

1. É respeitoso (gentil e firme ao mesmo tempo)?

Muitas pessoas acreditam que "não usar punição" é igual a "permissividade". Não é isso. As crianças precisam da firmeza dos limites e de orientação, e também precisam da gentileza sobre como os limites são impostos. Um de nossos exemplos favoritos é "Querido(a), eu amo você e a resposta é não". Gentileza geralmente envolve algum tipo de conexão antes da correção. É respeitoso com a criança e com a situação. "Eu amo você" faz uma conexão gentil. Firmeza envolve respeitar a si mesmo e seus limites, e "não" é uma correção firme.

Você também pode validar os sentimentos da criança antes de ser firme: "Eu sei você está chateado por não poder ganhar o celular mais moderno e tenho certeza de que pode economizar o suficiente para comprar um em breve." Você pode gentilmente demonstrar compreensão primeiro: "Eu sei que você acha que este dever de casa é chato, e sei que você preferiria fazê-lo mesmo assim para não experimentar as consequências de não fazê-lo." Você pode gentilmente compartilhar o que não está disposto a fazer no momento e na sequência dizer o que vai fazer: "Eu não posso estar com você agora, e estou ansioso pelo nosso tempo especial em uma hora." Você pode demonstrar gentileza e firmeza por redirecionamento com uma escolha: "Vocês dois gostariam de resolver sua briga consultando a Roda de escolhas para encontrar uma solução, ou gostariam de colocar o problema em nossa agenda da reunião de família e receber ajuda de toda a família?"

Outra maneira de ser gentil e firme é, consistentemente, decidir e comunicar o que você vai fazer e, então, cumprir isso. Inúmeras disputas por poder poderiam ser evitadas se os pais decidissem o que *eles* precisam fazer em certas situações, em vez de tentar controlar o que seus filhos fazem. Uma maneira muito boa de ilustrar esse critério é o ato infrutífero de exigir respeito de uma criança. Você não pode controlar outra pessoa. Você só pode controlar a si mesmo. Deixe seus filhos saberem com antecedência que você irá tratá-los respeitosamente e que você tratará a si mesmo da mesma forma. Como você não pode obrigá-los a tratá-lo com respeito, cuidará de si mesmo e, por exemplo, sairá do local se eles optarem por serem desrespeitosos. Muitos pais, em vez disso, se comunicam de forma desrespeitosa com a criança, dizendo: "Não fale assim comigo, mocinha." Em outras palavras, eles modelam exatamente o que querem que seus filhos parem de fazer. É muito mais eficaz demonstrar que você se recusa a ficar em uma situação em que está sendo tratado com desrespeito. Aqui estão algumas outras maneiras de aplicar a "decisão do que você vai fazer":

> "Vou servir o jantar depois que a mesa estiver pronta."
> "Eu adoraria falar com você quando não houver telefones por perto."
> "Vou ler duas histórias para dormir."
> "Ajudarei com o dever de casa nos momentos em que combinarmos antecipadamente."
> "Vou levá-lo ao jogo assim que você guardar suas coisas na sala de estar."

A chave é cumprir – silenciosamente – o que você diz que vai fazer.

Uma das situações mais difíceis e mais importantes para praticar ser gentil e firme ao mesmo tempo é aquela que envolve gastos. Muitos pais se sentem culpados quando não estão dispostos a gastar mais do que podem pagar, e culpados quando dizem não, caso possam pagar por algo. Em ambos os casos, eles cometem o erro da permissividade. Se você decidir que comprar um determinado brinquedo não é a melhor coisa para o seu filho, leve adiante sua decisão com dignidade e respeito sem culpa. Muitas vezes é útil conversar com o seu filho e explicar sua decisão de um jeito gentil, mas sem remorso: "Querido, eu sei que você realmente quer esse brinquedo. Eu não estou disposto a comprá-lo. Estou disposto a ajudá-lo a descobrir como economizar para comprá-lo ou para escolher outra coisa."

Sem dúvida, às vezes você pensa, assim como nós também, "Mas é mais fácil ceder!" E, provavelmente, isso é verdade em curto prazo. No entanto, ceder significa garantir muitas situações terríveis e manipulações de seu filho no futuro, então, ainda que você tenha escapado desse aborrecimento, acabou de garantir várias outras disputas por poder. E, quanto mais tempo você passar modelando para seu filho que você irá ceder, mais tempo ainda levará para destreiná-lo, para então a criança aprender que "não" significa não. Quando você considera os resultados negativos em longo prazo, tanto o prejuízo da permissividade como o benefício de ser gentil e firme se tornam evidentes.

2. Ajuda as crianças a se sentirem aceitas (conexão) e importantes (contribuição)?

Educar filhos de forma eficaz exige que você reconheça que suas crianças precisam ser aceitas, assim como ter a oportunidade de aprender habilidades, cometer erros e sobreviver a eles. Elas precisam ir além e crescer para aprender que são capazes de adquirir novas habilidades e correr riscos. As crianças precisam aprender o bom senso que nasce de enfrentar problemas, explorar soluções e aprender com os resultados. Educar filhos de forma eficaz significa equipar as crianças para terem sucesso em um mundo desafiador e difícil. Oferecer suporte emocional e ajudá-las a pensar em soluções é muito diferente de superproteger e/ou resgatá-las.

Muitos pais amorosos acreditam que a educação parental eficaz está em saber onde seus filhos estão, o que eles estão fazendo, com quem e quando. Nós acreditamos que é mais importante saber *quem* seus filhos são. Saber quem são seus filhos dá a você a segurança e a confiança para deixá-los aprender, tentar coisas novas (e cometer erros) em um ambiente de apoio e deixá-los se tornarem as pessoas que eles realmente são. Por fim, o trabalho dos pais é ensinar, orientar e encorajar e, então, deixá-los seguir em frente de forma apropriada e amorosa. Deixar ir é sempre um pouco assustador, mas é minimizado quando você sabe quem são seus filhos e do que eles são capazes. Você saberá isso muito melhor quando dispuser de um tempo para entrar no mundo deles, ficar um pouco e realmente se conectar com as pessoas interessantes e capazes que eles estão se tornando. Quanto mais tempo de qualidade você passar com seus filhos, menos tempo passará lidando com os maus comportamentos que resultam do desencorajamento. Ser convidado para o mundo de uma criança é uma experiência fascinante e verdadeiramente educativa, e você não pode forçar a entrada. Goste ou não, as crianças determinam em quem vão confiar, quando vão falar e o que vão dizer. Pais sábios aprendem a oferecer um pouco de espaço, alguma compreensão e encorajamento, e o tempo para escutar.

3. É eficaz em longo prazo?

Se perguntar a si mesmo "Isso é o melhor para o meu filho em longo prazo?" e a resposta for sim, você saberá que está fazendo a coisa certa. Um dos maiores erros que os pais cometem é que eles falham em considerar os resultados em longo prazo do que fazem. Então, como descobrir?

Já falamos sobre a crença por trás do comportamento (lembre-se do *iceberg*). A punição geralmente interromperá o comportamento naquele momento. Mas o que seu filho está pensando, sentindo e decidindo sobre si mesmo, sobre você e sobre o que fazer no futuro? Que comportamento esses pensamentos, sentimentos e decisões produzirão no futuro de seu filho? Uma das mensagens mais importantes deste livro é a importância de educar com foco em longo prazo. Entender isso ajudará você a evitar uma grande quantidade de estresse e sentimentos de estar sobrecarregado à medida que seus filhos ficam mais velhos.

Em um exercício mais adiante, pediremos que você identifique uma lista de qualidades que você espera que seus filhos tenham quando adultos. O objetivo ao educar filhos, e o seu maior desafio, é lidar com os problemas e as crises de cada dia de modo a promover as qualidades que queremos que nossos filhos tenham em longo prazo. Os pais são mais eficazes quando consideram: "O que meu filho vai decidir se eu fizer isso?"; "O que ele vai aprender sobre si mesmo, sobre mim, sobre o que funciona?"; "Quais são as consequências em longo prazo de mimar demais ou controlar demais porque me sinto culpado pelo meu trabalho profissional, ou simplesmente estou desgastado porque não aprendi a equilibrar trabalho e vida?"

Em um mundo em que os pais se sentem divididos entre a família e as metas profissionais, em que muitas vezes sentem que têm pouco tempo e também pouca energia, é difícil fazer esse tipo de raciocínio. No entanto, é crucial que nós o façamos! Quando os pais são permissivos e satisfazem todas as exigências, o que eles estão ensinando a seus filhos? Aqui estão algumas possibilidades: "Se você quer isso, deveria ter isso agora"; "Bens materiais são as coisas mais importantes na vida"; e "Você não consegue lidar com frustração na vida, então eu vou me certificar de que não precise." Quando os pais são permissivos, as crianças ganham o brinquedo e felicidade em curto prazo, mas são privadas de uma oportunidade de aprender valiosas lições de vida. Evitar a permissividade ajuda as crianças a aprenderem que elas são capazes de resolver seus próprios problemas e de lidar com a frustração sem precisar de alguém para "salvá-las". São habilidades de vida sólidas.

4. Ensina habilidades sociais e de vida valiosas para desenvolver um bom caráter?

Você já pode estar convencido de que a punição e/ou a permissividade não são métodos eficazes para obter resultados positivos consistentes e duradouros. Sabemos, no entanto, que é quase impossível abandonar velhos hábitos sem que novos tomem seu lugar, e é por isso que é tão importante ter tempo para o treinamento – tanto para você como para o seu filho. Uma das coisas mais encorajadoras que você pode fazer como pai é ensinar, dar aos seus filhos oportunidades de aprender as habilidades de que eles precisarão para ter sucesso na vida. O problema é que ensinar exige tempo e paciência, e, como resultado, muitos pais acham mais fácil fazer as coisas pelas crianças "só dessa vez" ou puni-las por seus erros. Quando as crianças aprendem que importunar e choramingar vai fazer seus pais cederem e fazerem o trabalho por elas, ou que a punição é um pequeno preço a pagar pela irresponsabilidade, elas não têm motivação alguma para assumir responsabilidades. Ensine seu filho a resolver problemas e ele ou ela será capaz de encontrar maneiras de aprender, por si mesmo, outras habilidades sociais e de vida. Para se tornarem boas solucionadoras de problemas, as crianças precisam aprender a explorar as consequências e focar soluções.

Explorar as consequências é uma parte extremamente importante do ensino de habilidades de vida eficazes. Mas isso não deve ser confundido com a imposição de consequências, o que é efetivamente uma forma de punição – fazer a criança "pagar" por seus erros. Consequências (tanto boas como ruins) acontecem como o resultado natural e/ou lógico do comportamento. Impor uma consequência pode significar "Você não terá acesso ao celular até fazer seu dever de casa". Explorar consequências acontece quando você espera por um momento amistoso e faz perguntas que ajudam seu filho a pensar por si mesmo: "O que você acha que lhe levou a tirar essa nota baixa? Como você se sente com isso? Quais são suas metas pessoais? Que ideias você tem para atingir seus objetivos?" Um tom de voz amigável é essencial. Um tom de voz ameaçador estimula as crianças a darem a resposta padrão: "Eu não sei." (Parece familiar?) As crianças sempre sabem distinguir quando você está realmente interessado no que elas pensam e quando seu objetivo real é conseguir que elas façam ou digam o que você quer. As crianças são muito mais propensas a escolher se desculpar ou fazer a coisa certa se você pedir que elas pensem em soluções. Quando você diz a elas o que devem fazer, elas se sentem ofendidas e provavelmente resistirão a isso ou o farão de má vontade. (Você não se sentiria assim também, mesmo sendo adulto?)

A solução de problemas ensina muitas das habilidades e características de vida que você deseja para seus filhos em longo prazo, e essa deve ser sua primeira linha de ataque na educação. A maioria dos pais está programada para pensar: "Qual é o problema? Qual é a punição?" Aqueles que fizeram a mudança de paradigma para o foco em soluções perguntam: "Qual é o problema? Qual é a solução?" Eles se entusiasmam com o quanto eles e seus filhos se tornam mais eficazes quando focam essa última formulação. Nós conversamos com muitos pais que nos disseram que a maioria de suas disputas por poder terminou quando eles pararam de impor consequências e começaram a focar soluções. Aprender a pensar em termos de problema/solução em vez de problema/culpa/punição. Isso pode ser eficaz e empoderador para ajudar as crianças a explorarem as consequências de suas escolhas, ao perguntar empaticamente: "O que você acha que causou o que aconteceu e que ideias você tem para resolver esse problema?" Isso ensina a elas muitas habilidades valiosas de vida: solução de problemas, comunicação respeitosa, tomada de decisão, solução de conflito e negociação. Também mantém a autoestima delas intacta e lhes ensina a expressarem seus sentimentos e necessidades.

É claro que as soluções nem sempre precisam envolver seus filhos. Como dito anteriormente, às vezes a coisa mais respeitosa que você pode fazer é parar de tentar forçar seu filho a fazer alguma coisa e simplesmente decidir o que *você* vai fazer. Por exemplo, em vez de tentar fazer seus filhos afivelarem os cintos de segurança, avise a eles que você vai se sentar calmamente e ler seu livro até que estejam todos com seus cintos afivelados. Claro, pode levar um tempo até que eles acreditem em você, por isso é importante levar adiante o que você diz. Durante o tempo de treinamento, saia mais cedo e leve um bom livro.

Sempre que possível, envolver as crianças em soluções é sempre o melhor. Ensine às crianças a valiosa habilidade de elaborar ideias para resolver um problema. Elaborar ideias só é eficaz quando a criança está ativamente envolvida no processo e, em seguida, escolhe a sugestão que funcionaria melhor para ele ou ela. Quando têm essa oportunidade, as soluções que as crianças apresentam sempre nos surpreendem.

Conhecemos um menino que estava lidando com o fato de seu pai ter dito não ao seu pedido de um jogo que ele queria muito e estava prestes a ser lançado. Seu pai achou que o jogo era muito caro e difícil de conseguir, pois exigiria uma espera na fila durante seu horário de trabalho. O menino concluiu: "Papai não vai comprar o jogo para mim, mas eu ainda o quero." Seu pai, então, envolveu o filho em uma troca de ideias para ajudá-lo a descobrir o que ele precisava fazer para conseguir o jogo. Depois de pensarem em várias possibilidades, eles concordaram que o pai iria oferecer um empréstimo para que o filho não perdesse o lançamento. O garoto, por sua vez, faria alguns trabalhos extras na vizinhança para ganhar o dinheiro e pagar a seu pai. Finalmente, ele pediria a sua tia, que estava disponível durante o dia, para ficar na fila com ele para o lançamento. Que maravilhosa lição de vida sobre autoconfiança e engenhosidade!

5. Convida as crianças a descobrirem como são capazes e a usarem seu poder de maneira construtiva?

Para dominar realmente o significado desse critério, vamos dar dois exemplos do desejo inato de contribuir de uma criança. Talvez você tenha passado por isso quando seu filho de 2 anos disse: "Eu faço isso!" No entanto, pesquisadores do desenvolvimento infantil observaram o desejo de contribuir mesmo em crianças menores de 2 anos. Eles chamaram isso de altruísmo, mas, ao descrevermos a experiência, você verá que também pode ser chamado de contribuição. Tomasello e Warneken conduziram uma série de experimentos com crianças de 18 meses que são adoráveis de assistir.[8] A criança é levada para uma sala com sua mãe (que é orientada a se manter passiva), onde ela pode observar um pesquisador tentando colocar livros em uma estante com a porta fechada. O pesquisador continua batendo os livros na porta fechada. Depois de observar por alguns segundos, a criança caminha até a estante, abre a porta e olha esperançosa para o pesquisador para ver se ele entende que agora pode colocar os livros dentro da estante. Em outro experimento, a criança observa o pesquisador prendendo toalhas em um varal. O pesquisador deixa cair o pregador e tenta alcançá-lo, sem sucesso. A criança rasteja até o pregador de roupa, pega-o e se esforça para se levantar para que possa entregá-lo ao pesquisador, e então mostra satisfação por poder ajudar.

Assim como a linguagem é uma habilidade inata que requer desenvolvimento, a contribuição também requer desenvolvimento. Quando mimamos as crianças, roubamos delas o desejo inato de contribuir. Ao entender isso, compreendemos a importância de permitir o desenvolvimento da contribuição de nossos filhos e de ajudá-los a expandi-la. Como vamos fazer isso? Todas as ferramentas da Disciplina Positiva são projetadas para ajudar as crianças a desenvolverem sua capacidade e se sentirem empoderadas, mas começaremos com a ferramenta de confiar que nossos filhos são capazes. Adoramos usar o seguinte exemplo compartilhado pela filha de Jane, Mary Nelsen Tamborski:

Um dia Mary percebeu seu filho de 2 anos, Parker, lutando para tentar vestir a camiseta de seu irmão mais velho. Enquanto o observava tentando encontrar os buracos para sua cabeça e seus braços, Mary ficou muito tentada a ir até ele e ajudá-lo. Em vez disso, ela se lembrou da importância de permitir que as crianças se esforcem e, então, correu para pegar sua câmera. É muito divertido compartilhar essas fotos com outras pessoas em nossos *workshops*. Quando mostramos a primeira, em que sua cabeça e seus braços estão presos na camiseta, perguntamos: "Quantos de vocês gostariam de ir até ele e ajudar?" Todo mundo na plateia levanta a mão. Nós mostramos a próxima foto, em que um braço está saindo pelo buraco da cabeça, mas o outro braço e a cabeça ainda estão cobertos pela camiseta. Nós perguntamos, "Está bem, quantos de vocês estão se sentindo muito desconfortáveis só de ver as fotos dessa batalha?" Todas as mãos se levantam. A terceira imagem mostra uma pequena mão saindo por um buraco e o outro braço ainda no buraco da cabeça. A quarta imagem mostra o rosto de Parker aparecendo no buraco da cabeça, e ele está com um grande sorriso no rosto. É impossível descrever em palavras o sorriso orgulhoso de realização no rosto de Parker quando ele conseguiu colocar a cabeça e os braços nos buracos corretos da camiseta de seu irmão. Isso nos dá uma visão clara do orgulho que roubamos dos nossos filhos quando nós intervimos e os salvamos do que consideramos uma batalha, mas que é, na realidade, o desenvolvimento empoderador essencial do senso de capacidade e contribuição.

Empodere seu filho

Foi dito que as crianças precisam tanto de raízes como de asas a fim de serem preparadas para uma vida bem-sucedida no mundo de hoje. A Disciplina Positiva abastece seus filhos com a capacidade de criar as raízes de que precisam para ter estabilidade e as asas de que eles necessitam para voar. Reserve um momento para pensar sobre suas expectativas e sonhos para seus filhos, sobre as qualidades que você quer que eles desenvolvam e as pessoas que você espera que eles se tornem. Deixe que seu amor por eles – esse sentimento avassalador e de derreter o coração que chega em momentos inesperados quando eles lhe olham nos olhos, abraçam você, ou simplesmente quando estão sonhando deitados em seus travesseiros – empodere você a escolher resiliência, criatividade e competência para eles. Ame-os o suficiente para tomar decisões difíceis: ensinar, orientar, deixar que enfrentem um pouco a vida e, ao fazer isso, aprendam a viver bem.

Parte 2

RESPONDER ÀS PERGUNTAS FUNDAMENTAIS

3

LIDAR COM A CULPA

Karen chegou em casa tarde – de novo! Seu trabalho como executiva no banco era emocionante e preenchia todos os seus objetivos profissionais, mas significava chegar em casa tarde em muitas noites e preocupações sobre seu filho Laurence, de 5 anos, passar muito tempo com a babá. Laurence correu para a porta da frente assim que ouviu a mãe chegando. "Mamãe, mamãe, venha, eu preciso lhe mostrar o que Sue e eu encontramos no parque hoje!" Sue, a babá, estava na porta já calçando suas botas. Ela tinha planos para aquela noite, então Karen prometera a Sue que chegaria mais cedo. Sue começou a contar a Karen sobre as refeições de Laurence e o dever de casa enquanto Laurence puxava o casaco de Karen. Karen esbravejou: "Laurence, você não consegue ver que eu estou conversando? Vá para o seu quarto e espere por mim lá!" Os lábios de Laurence começaram a tremer e ele correu para o quarto. Karen ficou com o coração partido e furiosa consigo mesma por ter brigado com seu garotinho.

Fontes de culpa

Para muitos de nós, o trabalho não é uma escolha, mas uma necessidade. No entanto, esperamos que você possa controlar algumas escolhas, e nosso objetivo com este livro é guiá-lo nesse processo; ser o pai/mãe, parceiro e colega mais satisfeito que você possa ser, independentemente da sua circunstância. Nós discutimos na Introdução como suas crenças subjacentes a respeito de suas escolhas afetam seu comportamento. Se você se sentir culpado por trabalhar e seguir seus sonhos profissionais, ou sobre escolher ser um pai/mãe em tempo integral, é possível que isso afete seu comportamento e possa levar à supercompensação e ao estresse. As crianças copiam nossos comportamentos, por isso pais estressados resultam em crianças estressadas. Então, de onde vem a culpa?

Conflito trabalho-família

Nós vivemos em um mundo de ritmo veloz, que parece acelerar mais a cada ano. Quarenta anos atrás, mães que também buscavam uma carreira eram a minoria. Hoje, são poucas as mães que não têm uma vida profissional, e poucos os pais que não estão ativamente envolvidos na criação de seus filhos. Como consequência, novas oportunidades e desafios estão surgindo. As pessoas agora têm compromissos múltiplos e, algumas vezes, conflitantes em casa e no trabalho. Isso exige muito tempo e energia, mais do que está disponível para a maioria dos pais que trabalham, poucos dos quais foram treinados em gerenciamento de tempo, gestão doméstica e parentalidade eficaz. A culpa por nunca sentir-se suficiente em qualquer área se desenvolve e cobra um preço alto dos pais e dos filhos.

Sabe-se bem que a principal causa da ausência dos funcionários ao trabalho está relacionada a problemas familiares. Esses conflitos trabalho-família criam estressores que resultam em desafios físicos e psicológicos à saúde de pais e filhos, que contribuem para mais absenteísmo. Questões como remuneração igual e custos com creches surgiram quando as mulheres entraram na força de trabalho, e os pais se depararam com suas próprias batalhas com a culpa em torno de trabalho e família. Muitos homens têm desistido do avanço na carreira por causa do imenso estresse inerente à tentativa de satisfazer as infinitas demandas em casa e no emprego. Com as taxas de divórcio mantendo-se em torno de 50%, pais solteiros e padrastos lidam com vários problemas familiares. Mais e mais mães e pais solteiros estão trabalhando e criando seus filhos. Não importa qual seja a sua situação familiar, pode parecer a você que nunca há tempo e energia suficientes para fazer tudo.

Expectativas dos outros

Muitos pais que trabalham, talvez particularmente mulheres, também se sentem culpados por levarem seu cansaço ao local de trabalho. Uma vez que decidem ter uma família, geralmente precisam fazer ajustes no trabalho: licença-

-maternidade/paternidade, horário flexível, folga para cuidar de crianças doentes e assim por diante. As mulheres podem sentir que estão decepcionando seus colegas e podem se preocupar em serem desconsideradas para uma promoção em favor de alguém que não tenha tantos compromissos. A negociação do trabalho em tempo parcial também pode ser vista como "dias de folga" por colegas que não são pais, quando qualquer pessoa que é mãe ou pai sabe que cuidar de um filho pequeno é uma tarefa de tempo integral e dificilmente permite um dia de folga! E, se você não tem tempo para cuidar do seu filho... certamente você é uma mãe ou pai ruim.

Se você trabalha como autônomo, pode se encontrar justificando para seu parceiro, amigos e família que você até pode estar em casa, mas ainda assim está trabalhando. As pessoas ao seu redor que não têm filhos podem não entender por que você não consegue terminar uma proposta enquanto corre atrás de uma criança que acabou de aprender a andar! Para que você precisa de creche? E, certamente, cuidar do seu filho é mais importante do que "seja lá o que for que você faz".

Também há muitos homens que gostariam de tirar uma licença-paternidade maior e ter maior envolvimento com seus filhos, mas sentem a pressão de velhos estereótipos que dizem que devem sustentar sua família financeiramente, ou "não decepcionar a equipe" no trabalho. A culpa resultante disso pode ter um efeito tão negativo quanto a que os pais podem sentir em relação aos filhos por estarem ausentes em virtude do trabalho.

A culpa causada por más escolhas na criação dos filhos

Muitos pais sabem que às vezes estão operando no piloto automático quando estão em casa. Eles podem até ver que seus filhos não estão prosperando. No entanto, estão tão sobrecarregados por todas as pressões que continuam usando estratégias de curto prazo como punição e recompensas, frequentemente ficando presos no ciclo negativo de culpa-raiva-remorso, que leva a escolhas parentais mais ineficazes. Esse estado não é saudável para ninguém, pais ou filhos.

Permita-nos oferecer alguns esclarecimentos sobre o que você está realmente sentindo. Há uma diferença entre um desejo saudável de fazer parte da vida do seu filho e se sentir preocupado ou culpado por ele não estar sendo cuidado enquanto você está priorizando a si mesmo. É bastante provável que você deseje sempre estar por perto para compartilhar o crescimento e as experiências da sua criança e sempre sinta uma ligeira pontada quando perde certas coisas, quer você trabalhe ou não. Isso não é culpa. Isso é amor e é saudável, embora às vezes possa conflitar com seus outros objetivos de vida. Se você usa estratégias parentais sábias e sabe que seu filho é bem assistido nos cuidados especializados, não adicione culpa a essas angústias. É fácil confundir os dois, especialmente quando você está cansado, estressado e preso a comportamentos reativos. Em breve veremos uma história que ilustra como quebrar o ciclo de culpa-raiva-remorso e usar estratégias saudáveis para você e seu filho. Antes de chegarmos lá, vamos ver algumas estratégias de diminuição da culpa.

Fatores que ajudam os pais a se sentirem menos culpados e as crianças a prosperarem

Além dos seus próprios sentimentos, há vários outros fatores que impactam o bem-estar de seu filho. Compreendê-los melhor pode ajudar a aliviar sua culpa. Vamos começar observando como as crianças realmente se sentem sobre seus pais que trabalham.

Como nossos filhos se sentem sobre nós que trabalhamos

A pesquisa de Ellen Galinsky em *Ask the Children* mostra que, quando perguntadas sobre como se sentiam sobre suas mães que trabalhavam, a maioria das crianças respondia que estava orgulhosa.[9] (Embora o estudo não aborde como as crianças se sentiam sobre seus pais que trabalhavam, podemos talvez presumir que elas também se sentiam orgulhosas deles.) Um estudo publicado na *Psychology of Women Quarterly* em 2015 também confirmou que as atitudes das crianças em relação às mães que trabalham estão melhorando ao longo das gerações. Também em 2015, a Harvard Business School publicou um estudo confirmando que as filhas de mães que trabalham geralmente tinham mais sucesso e maiores ganhos durante seu crescimento, e os meninos eram mais propensos a estarem envolvidos no cuidado com a casa e as crianças. A evidência empírica de inúmeros entrevistados da pesquisa confirmou que o "efeito da mãe trabalhadora" havia beneficiado positivamente sua motivação, confiança e compaixão. As crianças, então, não têm problema com o fato de trabalharmos – desde que, naturalmente, isso não leve à negligência e ao estresse em casa.

Pode-se supor que trabalhar significa passar menos tempo com seus filhos, mas um estudo inovador em 2012 mostrou que as mães que trabalham passam tanto tempo com seus filhos hoje quanto as mães donas de casa passavam no início dos anos 1970.[10] Se não é a quantidade que está faltando, é a qualidade? Em muitos casos, esse é o verdadeiro desafio. Em nossas vidas modernas, em que o trabalho está sempre apenas a um clique de distância, a interação significativa requer maior foco e intenção de sua parte para estabelecer limites em torno do tempo em família.

Então, parece que a culpa dos pais é em grande parte equivocada. As crianças se sentem bem sobre seus pais não estarem com elas o tempo todo, desde que recebam um tempo de qualidade consistente.

Cuidados externos à criança

Encontrar um cuidado excelente é primordial para aliviar a culpa dos pais que trabalham. Temos um capítulo inteiro dedicado a esse importante tópico, que vem a seguir. Para ajudar a reduzir a culpa, vejamos as evidências que o respaldam.

Em 2005, o National Institute of Child Health and Human Development dos EUA (NICHD) concluiu um dos estudos mais abrangentes já realizados. Rastreou 1.364 crianças por mais de quinze anos e concluiu que as crianças com 100% de cuidados maternos *não eram melhores* do que as crianças que haviam passado algum tempo em creches ou escolas infantis. Crianças em creches ou escolas infantis também apresentaram pontuações ligeiramente *maiores* em habilidades de cálculo e de alfabetização em preparação para a transição para o ensino fundamental do que as crianças que tiveram apenas cuidado domiciliar. Concluiu, ainda, que creches ou escolas infantis não tiveram efeitos adversos no vínculo mãe-filho, o que será reconfortante para algumas mães preocupadas.

Os benefícios para as crianças em creches e escolas infantis são numerosos: as crianças aprendem a aceitar e interagir com outros adultos e figuras de autoridade. Elas passam tempo com outras crianças, o que ajuda a desenvolver habilidades de relacionamento interpessoal como trabalho em grupo, compartilhamento e comunicação. Elas ficam expostas a uma diversidade mais ampla e, frequentemente, experimentam um aprendizado mais pedagógico e formal do que o que acontece em casa. Tudo isso prepara bem as crianças tanto para a educação como para suas vidas adultas futuras.

Outro aspecto do mesmo estudo mostrou que o impacto da criação oferecida pelos pais sobre a criança é pelo menos duas vezes mais significativo do que as experiências que a criança tem enquanto está nas creches/escolas infantis. Então você pode respirar aliviado e se preocupar menos com os "riscos" de deixar seus filhos sob assistência (desde que, claro, você tenha feito sua pesquisa e tenha encontrado uma excelente opção). Tomara que isso ajude você a mudar suas próprias crenças, e consequentemente seu comportamento. Quando você é firme em suas escolhas, está muito menos propenso a ceder aos seus filhos quando eles provocam reações em você.

Famílias com renda dupla oferecem maior segurança

Como um pai/mãe que trabalha você pode modelar independência, resiliência, cuidado com os outros, senso de comunidade e muito mais. Duas rendas tendem a oferecer maior estabilidade financeira, e um benefício adicional é a sua contribuição para a unidade do lar. Se o lar é composto por pais que estão ambos trabalhando e compartilhando responsabilidades domésticas, a pesquisa mostra que, quanto mais tarefas domésticas forem compartilhadas igualmente, mais saudável será o relacionamento, medido pela diminuição dos riscos de divórcio. Por que isso acontece? Vocês compartilham uma experiência de vida mais semelhante quando estão tanto dentro como fora de casa. Você tem um sistema mais amplo de referência para compartilhar experiências, pode compartilhar as tensões das prioridades conflitantes, e pode concordar, de maneira mais democrática, sobre quem faz o quê, com esperanças de levar a uma maior compreensão. Isso também pode ajudar os casais a se sentirem equivalentes na liderança da casa e das crianças, afetando positivamente seu desejo de contribuir com tempo e esforço.

Nada disso é fácil, claro. É provável que a carreira de uma pessoa seja mais exigente ou mais bem paga que a da outra, pelo menos às vezes, e isso leva a diferenças nas necessidades e abordagens. No entanto, a dupla pai/mãe que trabalham proporciona pelo menos um campo de jogo mais equilibrado.

Paternidade ativa

A paternidade ativa estimula a maior igualdade no lar. Ela empodera homens como cuidadores e mulheres como provedoras. Isso modela igualdade, abertura e escolha para as crianças e as prepara bem para o mundo em que crescerão. Um influente livro do ano 2000, do psiquiatra infantil Kyle D. Pruett, confirma que níveis mais baixos de comportamentos problemáticos, como mentira, tristeza e dissimulação, estavam associados a crianças que haviam experimentado o cuidado ativo do pai.[11] As crianças que experimentam os cuidados ativos do pai também demonstram maior empatia quando se tornam adultas, maiores pontuações acadêmicas, maior felicidade declarada e menos delinquência.

Um estudo publicado em abril de 2015 no *Journal of Marriage and Family* mostrou que o número médio de horas que os pais passam com seus filhos a cada semana tem aumentado de forma constante desde 1985; no entanto, o mais importante foi a constatação de que é a qualidade, e não a quantidade, que conta. Em virtude da pressão que muitas mães sentem para "fazer tudo", elas podem, diariamente, passar mais horas com seus filhos do que os pais. No entanto, grande parte desse tempo é gasto gerenciando agendas diárias, impondo rotinas, transportando e supervisionando. O tempo que os pais passam pode ser mais focado em atividades de qualidade, como ler, conversar, brincar e fazer lição de casa. Ambos os pais, estando ativamente envolvidos em atividades com as crianças, contribuirão dessa forma para resultados positivos comportamentais, emocionais e acadêmicos.

Embora a qualidade seja a chave, de acordo com um estudo publicado pelo Fatherhood Institute em 2005, apenas estar por perto também pode ter um efeito positivo tanto nos pais como nos filhos. As crianças que passam mais tempo com seus pais conquistarão maior senso de confiança e sentirão que podem contar com eles. Além disso, o estudo conclui que, quanto mais tempo os pais dedicam à parentalidade, melhores eles se tornam, resultando em uma parentalidade que é mais sensível e intuitiva. A pesquisa do instituto mostra, ainda, que, quanto maior o envolvimento paternal em um estágio inicial, melhor o resultado para todos. Por exemplo, o envolvimento paternal antes e no nascimento – como a participação nas aulas de pré-natal e estar presente no parto – fortalece o papel do pai como cuidador. Muitos pais se preocupam em se tornarem secundários para seus filhos aos olhos da parceira quando as crianças nascem. Estabelecer igualdade de responsabilidade e cuidado desde o início, juntamente com a comunicação permanente e os cuidados entre o casal, pode ajudar a combater esse problema também.

E os tradicionais estereótipos de gênero da mulher como a principal cuidadora e do homem como o principal provedor? Não há como corrigir isso rapidamente – as visões sociais e de gênero levam tempo para mudar. Mas as gerações mais jovens estão lentamente, mas de forma segura, quebrando essas regras antiquadas. Alguns países, como a Suécia e a Noruega, foram mais longe, por meio de legislação mais abrangente em torno da licença parental e do cuidado das crianças, e 90% dos pais nesses países agora tiram licença-paternidade. Enquanto o resto do mundo está se aproximando disso, nós podemos nos ajudar ao estarmos conscientes de nossas fontes de pressão e culpa. Comunicar claramente suas intenções para seu empregador e outras pessoas envolvidas por certo ajudará, como veremos no Capítulo 14.

Alguns homens inspiradores já abriram o caminho. Um recrutador sênior em uma empresa global de serviços profissionais compartilha esta história: "Alguns anos atrás, prospectei um candidato para uma nova oportunidade. Era um grande avanço em relação a sua função atual, e ele tinha todas as habilidades e qualificações corretas. 'Desculpe, mas eu não estou interessado', ele disse educadamente. Eu o pressionei até que ele disse algo que realmente me deixou confuso. Ele me disse que 'já chegara ao topo'. Eu conhecia sua empresa atual e olhei novamente seu currículo. Ele não era nem um gerente ainda. Ele me explicou que 'chegar ao topo' para ele significava que ele amava exatamente o trabalho que fazia todos os dias, amava sua empresa, era tratado com justiça e com respeito, ganhava dinheiro suficiente para estar confortável, tinha excelentes benefícios, tinha flexibilidade e, o mais importante para ele, nunca perdeu um único jogo da Little League, uma apresentação de dança, uma reunião entre pais e professores, aniversários ou qualquer evento familiar. Ele sabia o que significava subir mais um degrau em sua carreira: mais tempo, viagens e sacrifícios. 'Não vale a pena', ele disse."

Ajudar as crianças a se sentirem especiais

Há muitas pequenas coisas que pais ocupados podem fazer para ajudar seus filhos a se sentirem especiais e aliviar sua própria culpa no processo. Algumas envolverão tempo extra, mas outras só precisarão de um pouquinho de reflexão e planejamento adicionais. Uma coisa pequena, mas poderosa, pode ser criar sinais não verbais que vocês podem usar entre si para compartilhar amor – por exemplo, um rápido sinal de positivo com o polegar quando você passar pelo corredor, ou tocar o seu coração para enviar uma mensagem de amor quando atravessar a sala.

Uma das formas mais poderosas de construir laços fortes com seu filho é passar um momento especial com ele ou ela. Pode ser que você já passe muito tempo com seus filhos. No entanto, há uma diferença entre tempo obrigatório, tempo informal e tempo especial programado. Momento especial é algo divertido que você programa fazer com seu filho, sem interrupções e apenas para vocês dois – tempo de qualidade real! Há vários motivos pelos quais o momento especial é tão encorajador: as crianças sentem uma conexão quando podem contar com um momento especial com você. Elas sentem que são importantes para você. Isso diminui a necessidade delas de se comportarem mal como uma maneira equivocada de encontrar aceitação e importância. O tempo especial programado é um lembrete para você sobre por que teve filhos, em primeiro lugar – para apreciá-los. Quando você está ocupado e seus filhos querem sua atenção, é mais fácil para eles aceitarem que você não tem tempo quando diz: "Querida, eu não posso agora, mas estou mesmo ansioso para o nosso momento especial às 16h30." Imagine o quanto Karen, em nossa história de abertura, poderia ter lidado melhor com a situação com Laurence se já tivesse planejado um momento especial com ele.

Algumas observações importantes sobre o momento especial: não permita que o momento especial seja tempo de tela. O momento especial é interpessoal e interativo. Momento especial é *fazer* algo juntos, não *assistir* a algo juntos. Isso não significa que vocês nunca devam assistir a algo na tela juntos. Apenas se certifique de ter tempo para discutir o que vocês assistiram. Descubra o que seus filhos estão pensando sobre o que eles têm visto. Se questões morais estiverem envolvidas, discuta-as. Caso contrário, desligue seus telefones ou deixe-os em outro lugar por todo o tempo em que você e seu filho estiverem aproveitando o momento especial. As crianças precisam saber que elas são sua prioridade essencial durante esse tempo. O momento especial também não é para falar sobre os desafios de comportamento da criança ou levantar os problemas. Em vez disso, deixe as crianças liderarem a conversa com o que quer que esteja em seus pensamentos. Esse é um momento para ouvir de forma reflexiva. Os pais podem aplicar o conceito de momento especial como parte da rotina da hora de dormir (embora a rotina da hora de dormir não deva substituir o momento especial durante o dia).

Outra ótima maneira de fortalecer o vínculo e ajudar as crianças a se sentirem especiais é compartilhar os momentos felizes e tristes do dia. Quando colocar seu filho na cama à noite, reserve alguns minutos para permitir que ele compartilhe a coisa mais triste que aconteceu com ele naquele dia. Apenas ouça respeitosamente sem tentar resolver o problema. Então compartilhe o seu momento mais triste do dia. Continue assim, revezando com seu filho, e compartilhe o evento mais feliz do dia. Você pode se surpreender com as coisas que ouvirá quando seus filhos receberem sua atenção plena para avaliar o dia deles e ouvir sobre o seu.

Um pai que trabalha nos disse que decidiu tentar compartilhar os momentos de tristeza e felicidade enquanto colocava seus filhos na cama à noite. No início, Jesse, de 4 anos, falou sem parar sobre seus momentos tristes. Logo a seguir ela começou a chorar de compaixão, e o pai se perguntou se isso era mesmo uma boa ideia. No entanto, ele ouviu pacientemente sem tentar resolver o problema (embora tenha perguntado a Jesse se ela gostaria de colocar o problema na agenda da reunião familiar). Jesse finalmente parou de chorar. Quando o pai pediu a Jesse para compartilhar seu momento feliz, ela fez bico e disse: "Eu não tive um momento feliz hoje." O pai sabia que isso não era verdade. Ele tinha visto sua filha rindo mais cedo. Ele foi sábio o suficiente para dizer: "Está bem, eu vou contar o meu. Na verdade, meu momento mais feliz está prestes a acontecer. Eu estou ansioso pelos meus beijos de borboleta." Logo Jesse estava rindo e eles trocaram beijos de borboleta.

Embora compartilhar os momentos tristes e felizes com os outros dois filhos tivesse sido bem-sucedido, o pai chegou a pensar se deveria pular esse momento com Jesse. Ele decidiu fazer outra tentativa. Na segunda noite, Jesse tentou novamente obter mais compaixão por sua história triste. Como não funcionou melhor do que na noite anterior, ela foi em frente e compartilhou seu momento mais feliz. Não demorou muito para que Jesse frequentemente quisesse pular sua coisa mais triste e compartilhar duas coisas felizes.

DISCIPLINA POSITIVA EM AÇÃO

"Conte outra história", choramingou Angela, de 4 anos. A mãe estava ficando com raiva. Ela já havia cedido ao apelo por três histórias. Mas ela se sentia culpada por deixar Angela na creche enquanto trabalhava o dia todo. A mãe sentia que tinha que compensar Angela, embora sentisse raiva porque também queria algum tempo para si mesma. Então ela cedeu e contou a Angela a quarta história.

Quando Angela choramingou por mais uma história, depois disso, a mãe estava no auge da raiva. Ela repreendeu: "Angela, você nunca está satisfeita. Não vou contar outra história porque você sempre quer mais, mais, mais. Você vai simplesmente ficar sem até aprender a apreciar o que recebe!"

Angela explodiu em soluços. A mãe correu para o banheiro, trancou a porta e desatou a chorar. Então ela repreendeu a si mesma: "Ela é apenas uma criança que quer passar algum tempo comigo. Se eu vou deixá-la sozinha o dia todo, o mínimo que posso fazer é ler para ela quantas histórias ela quiser." Então a culpa recomeçou. "Não é culpa dela se eu estou cansada. Eu não quero que minha pobre filha sofra porque tem uma mãe que trabalha. Como vou administrar isso?"

O que é verdade e o que é ficção no que diz respeito a essa cena? É verdade que Angela precisa de tempo com sua mãe. É ficção que ela precisa ouvir quatro histórias. Quando a mãe permite que Angela aperte seu botão de culpa, está ensinando à filha a habilidade de manipulação.

Quando a mãe aprender a atribuir uma quantidade razoável de tempo, ela poderá evitar o estágio de raiva. Depois de uma ou duas histórias (na quantidade de tempo que a mãe possa oferecer com prazer), a mãe pode dizer, com gentileza e firmeza: "O tempo da história acabou. É hora do nosso abraço e beijo."

Angela saberá se a mãe cumpre o que diz, assim como ela vai saber se o botão de culpa da mãe pode ser pressionado. No entanto, quando a mãe ainda está aprendendo a desistir de sua culpa, é natural que Angela aumente a aposta na tentativa de manter o jogo antigo em andamento. Ela pode gritar: "Eu quero outra história!"

Mais uma vez, gentil e firme, a mãe pode dizer: "Você quer dormir sem um abraço e beijo ou com um abraço e beijo?" Isso pode ser o suficiente para distrair Angela da disputa por poder, dando-lhe uma oportunidade de usar seu poder para fazer uma escolha. Se Angela se mantiver choramingando ou gritando, de qualquer modo, a mãe pode dizer: "Eu vou sentar aqui por cinco minutos para ver se é tempo suficiente para você se preparar para um abraço e beijo." (Afinal de contas, a mãe ajudou Angela a aperfeiçoar sua habilidade de manipulação. Pode ser preciso paciência para que ela aprenda respeito mútuo.)

Se Angela continuar com o padrão de manipulação, a mãe pode dizer: "Eu posso ver que você não está pronta para um abraço e beijo agora. Nós vamos tentar novamente amanhã à noite", e depois sair.

Ferramentas da Disciplina Positiva

Juntamente com o momento especial, existem inúmeras habilidades parentais que podem prevenir e eliminar ciclos negativos, como culpa-rendição-mimo e culpa-raiva-remorso, e ajudar você a construir uma forte conexão com seu filho. Vamos dar uma olhada nelas.

Trabalhe seus botões de culpa

As crianças sabem quando você tem botões de culpa que podem ser apertados, e sabem quando você não os tem. A culpa emite um certo tipo de energia que fala mais alto que as palavras! O primeiro passo para desistir da culpa é trabalhar em seu sistema de crenças sobre suas escolhas, como foi discutido na Introdução. Autoconsciência é o primeiro passo; então a mudança de comportamento pode vir a seguir. Talvez leve algum tempo para a culpa diminuir, e algumas podem nunca desaparecer por completo. No entanto, com consciência e autorreflexão você estará em melhores condições de corrigir seu comportamento e garantir que seja o modelo de escolhas saudáveis para seus filhos.

Decida o que você vai fazer e siga adiante

"Eu vou ler duas histórias." Novamente, confiança, gentileza e firmeza são a chave. Decidir o que você está disposto a fazer é uma demonstração de respeito próprio. A vontade de passar um tempo justo e realizar tarefas satisfatórias para e com seus filhos demonstra respeito por eles. No entanto, se você declarar suas intenções de maneira ameaçadora em vez de respeitosa, a eficácia será reduzida. É muito mais eficiente agir do que usar palavras. As crianças respondem a ações, mas tornam-se "surdas" com muitas palavras. Deixe suas atitudes gentis e firmes falarem alto e claro. Se você disser que vai ler duas histórias, atenha-se à sua decisão. No final das histórias, dê um abraço e um beijo e saia do quarto com confiança.

Escolhas limitadas

Dar à criança uma escolha limitada faz com que ela se sinta envolvida, já que ela está usando seu poder, mas também permite que os pais mantenham o controle da situação ao oferecerem apenas duas escolhas. ("Você quer ir dormir sem um abraço e beijo ou com um abraço e beijo?")

Planeje com antecedência

Outra maneira de evitar a cena "conte outra história" é conversar sobre isso com antecedência. Envolva seu filho no planejamento para o futuro. Quando você decide fazer uma mudança, é respeitoso deixar que seu filho saiba e que vocês dois trabalhem em um plano juntos (p. ex., "O que deve acontecer depois de eu terminar de ler a segunda história?").

EXERCÍCIO

Planeje um tempo especial com o seu filho.

Elabore uma lista de ideias de coisas que vocês gostariam de fazer juntos durante o tempo especial. Enquanto estiver tendo ideias, não avalie ou elimine nenhuma. Mais tarde, vocês podem olhar juntos a lista e classificar. Se algumas coisas custam muito dinheiro, coloque-as em uma lista de coisas para as quais vocês devem economizar. Se a lista contiver coisas que demorarão mais do que os dez a trinta minutos que você programou para o tempo especial, coloque esses itens em uma lista de momentos de diversão em família mais longos, da qual vocês podem lançar mão quando tiverem mais tempo. Anote o que você e cada um de seus filhos decidiram fazer em seu tempo especial dessa semana. Certifique-se de incluir o dia e a hora exatos em que isso acontecerá e comprometa-se com isso.

Tempo especial   Dia   Hora

_____   _____   _____

4

INTEGRAÇÃO TRABALHO-VIDA

Anne se lembra de quando teve seu grito de alerta: "Anne, você pode vir ao meu escritório, por favor?" Ela não gostou do tom que percebeu na voz do sócio sênior. Não precisava de outro sermão! Ela havia acabado de desligar o telefone com o marido, Richard, que dissera com toda a clareza que, de agora em diante, ele precisava que ela buscasse a pequena Cindy, de 6 anos, na escola todas as quintas e sextas-feiras. O chefe de Richard estava pressionando-o muito, e ele não queria colocar sua carreira em segundo plano por mais tempo. Anne estava trabalhando oitenta horas por semana e acabara de entregar outro caso de sucesso para seu escritório de advocacia. Tudo bem, Richard não estava feliz, mas certamente os sócios seniores deveriam estar satisfeitos, Anne pensou.

"Anne, nós sabemos que você está fazendo um trabalho fantástico e conquistando sucesso para a empresa", Penélope começou. "Mas nós temos recebido repetidas reclamações sobre seu relacionamento com a equipe júnior e, como resultado, tivemos duas demissões. Contratar e treinar juniores é muito caro, e a empresa simplesmente não pode perder sua reputação no mercado. Manter os melhores talentos em todos os níveis é uma prioridade, Anne, mas você está dificultando isso para nós. O sucesso não pode ser alcançado a qualquer preço!" Anne se lembra de ter ficado chocada. Em vez de ser admirada por toda a sua dedicação, ela estava sendo repreendida. Então, percebeu que também estava sendo muito exigente com seu marido. E como sua carga de trabalho estava afetando a filha deles? Ela estava disposta a pagar o preço de perder a família pelo sucesso no trabalho?

Redefinir o sucesso

Buscar metas pessoais e profissionais não precisa significar escolher entre uma ou outra. Elas podem ser mutuamente benéficas e proporcionar um estilo de vida positivo. Isso se chama integração trabalho-vida. Nossas vidas profissionais hoje são cada vez mais percebidas como parte de nossa satisfação pessoal e autorrealização, não apenas como algum lugar aonde vamos para cumprir horário. Isso é o que a maioria das pessoas experimenta com seu trabalho? Talvez nem sempre. Às vezes o trabalho tem que ficar em segundo plano. Certas coisas não podem ser mudadas – suas crianças serão crianças apenas uma vez e por um tempo muito curto. Ter prioridades fortes pode significar estar disposto a assumir um trabalho menos exigente para ter a flexibilidade de trabalhar em tempo parcial ou, no mínimo, estar em casa na hora certa. A maioria de nós trabalha por obrigação. Desenvolver uma atitude madura e aceitar que o trabalho nem sempre é incrivelmente emocionante e inspirador pode ser um investimento sensato.

Em outros momentos você pode querer priorizar quaisquer oportunidades que apareçam para conquistar crescimento e desenvolvimento profissionais. Se a vida em casa é estressante, isso pode afetar todos os aspectos da sua vida, incluindo seu desempenho no trabalho. A ausência de prioridades claras pode fazer parecer que você está comprometendo suas metas profissionais e levar ao ressentimento em relação a seus filhos e parceiro. Aceitar que, às vezes, uma área da vida terá que abrir caminho para outra é bom, contanto que procuremos equilíbrio ao longo do tempo. Isso nem sempre é fácil. Pode ser útil compreender de onde vêm os sentimentos conflitantes subjacentes, e o que você pode fazer a fim de se preparar para o sucesso e não para o fracasso.

Ter uma perspectiva clara para a sua vida

De acordo com Platão, foi Sócrates quem afirmou "A vida irrefletida não vale a pena ser vivida". Neste caso, isso pode significar pensar sobre o que realmente é sucesso e como ele se apresenta em seu mundo. Normalmente, todos nós temos uma noção de quem somos e do que fazemos, mas como a criação de filhos se encaixa nisso? Pode haver alguns conflitos entre esse novo papel como pais e a percepção de si que existia anteriormente. Como podemos dar tempo e atenção adequados aos nossos filhos e à nossa carreira? Pode parecer facilmente que estamos sendo malsucedidos quando alguma dessas áreas fica para trás.

Muitos de nós sofrem com o efeito "a grama do vizinho é sempre mais verde" – "Se eu tivesse continuado no meu trabalho, estaria lá agora, ganhando esse dinheiro"; "Se eu tivesse escolhido aquele parceiro e me mudado para aquela cidade, seria mais feliz." E se, e se, e se? A verdade é que não sabemos ao certo como alguma coisa poderia ter acontecido – há muitas variáveis desconhecidas e fora do nosso controle. Examinar de fato a sua vida significa redefinir o sucesso não como algo que deve ser alcançado externamente, mas sim como uma sensação de bem-estar que pode ser alcançada internamente. Eis aqui uma virada no jogo: "Sucesso para mim significa que eu me esforço para ser a melhor versão de mim mesmo e para reduzir qualquer impacto negativo que meu comportamento possa ter sobre os outros." Ser a melhor versão de si mesmo significa ser honesto sobre todas as suas necessidades, inclusive aceitar que algumas dessas necessidades podem estar em conflito no curto prazo, mas serem importantes em longo prazo, pois levam à sua plenitude como pessoa. Agir com integridade em relação a si mesmo, sua família e seus colegas reduz quaisquer efeitos negativos e prejudiciais e leva a uma proximidade maior.

Para criar essa motivação interna, pode ser útil desenvolver uma perspectiva de vida. Começamos fazendo uma pergunta profunda: O que você deseja como seu propósito de vida? Quando você tiver mais clareza sobre sua perspectiva de vida e estiver vivendo com fidelidade a ela, encontrará grande paz e contentamento. Se trair a si mesmo, violando essa visão, você terá estresse, ansiedade e infelicidade. Se você nem sabe qual é essa visão, pode estar viajando sem rumo pela vida, correndo o risco de sofrer com arrependimentos e oportunidades perdidas. Se você é como a maioria das pessoas, tem um desejo profundo de ter um relacionamento íntimo e significativo com seus filhos e com seu parceiro e, no final de sua vida, quer que seus filhos digam que se sentiram conectados e amados por você. Realizar os sonhos de sua família, bem como um pouco de felicidade e realização em sua carreira, exigirá introspecção e decisões conscientes para apoiar essa perspectiva. Tudo bem ser guiado pelo sucesso profissional e financeiro, mas, quando expande sua definição de sucesso para incluir realizações em seu relacionamento íntimo, no vínculo com seus filhos e na sua capacidade de permanecer física e emocionalmente saudável, você consegue viver uma vida mais equilibrada e satisfatória.

Fazer escolhas parentais conscientes

Com uma visão clara, você pode dar um passo atrás e olhar para todos os aspectos da sua vida que podem estar causando conflito pessoal e profissional. Vamos começar com suas expectativas em relação à criação de filhos. No passado, ser um profissional de sucesso em geral significava trabalhar muitas horas sempre que necessário, enquanto ser um bom pai/mãe significava estar 24 horas por dia, 7 dias por semana, disponível em casa. Os pais de hoje querem (e muitas vezes precisam) alcançar o sucesso em ambas as áreas. No entanto, se o padrão é 24/7 nas duas áreas, então você está se preparando para falhar. Suas expectativas em relação à paternidade/maternidade serão os instrumentos que darão forma ao modelo de como gerenciar sua casa e equilibrar trabalho-vida. Se a dinâmica de criação de filhos que você observou em sua infância é nociva ou incongruente com a vida de hoje, é importante desaprender o que você aprendeu com seus pais (este livro fornece ferramentas para fazer isso).

Você vai levar tempo para conseguir uma conexão profunda com seus filhos, e também para ensinar a eles as habilidades de vida que precisam para se tornarem adultos responsáveis e bem ajustados. Se você deseja ser bem-sucedido em sua família, isso requer um comprometimento firme de proteger o seu tempo com ela. Sem esse compromisso, as demandas urgentes do trabalho e o incessante apelo das tarefas domésticas roubarão o precioso tempo da construção de relacionamento. Da mesma forma, para ser bem-sucedido e satisfeito no trabalho você precisa proteger esse tempo também e não se sentir culpado por isso. A comunicação é a chave para que sua família nunca se sinta desprivilegiada. Frequentemente, tudo de que se necessita é uma mudança de mentalidade e um pouco de planejamento. Honrar acordos como o tempo especial e as reuniões de família vai ajudar muito (falaremos melhor sobre reuniões de família mais adiante no livro). Planeje seu tempo para que seus afazeres e necessidades pessoais possam ser resolvidos na hora do almoço ou quando as crianças estiverem fora de casa por uma noite ou fim de semana. Tente não executar muitas tarefas ao mesmo tempo durante o tempo com a família. Verifique seu foco – onde está sua mente? Se você está passando um tempo com sua criança, mas sua mente está em outro lugar, é provável que ele ou ela sinta isso e, possivelmente, se comporte mal.

Para ajudá-lo a manter o foco quando estiver no trabalho, você desejará ter certeza de que seus filhos estão bem quando você não está por perto. Nós esclarecemos anteriormente que o desejo natural de estar com os filhos é normal e saudável, e é somente quando não temos sucesso em nossas escolhas e acordos na criação de filhos que a culpa se torna a emoção mais evidente. As crianças não são tão materialistas quanto costumamos pensar. Elas vão preferir tempo de qualidade e gestos genuínos de afeto em um dia qualquer aos presentes de "consciência pesada" vindos de pais ausentes, com sentimento de culpa. Na condição de pai/mãe que trabalha, você será sábio para inventar uma estratégia sobre como manter contato com seus filhos – como e quando eles podem se comunicar com você quando estiver no trabalho. Eles querem ouvir a mensagem: "Você é importante para mim, e suas necessidades têm valor." Enquanto essa mensagem estiver sendo transmitida, você não precisará ficar com eles o tempo todo para que se sintam aceitos e importantes. Use a tecnologia a seu favor: faça chamadas de Skype ou FaceTime quando estiver viajando, e envie textos e *emojis* carinhosos para seus filhos quando eles tiverem idade suficiente para ter seus próprios telefones. Avise-os com antecedência quando você estiver fora de área (em um voo, p. ex.), para que eles não se preocupem se não conseguirem falar com você.

Não são apenas os pais que estão ocupados – as crianças também estão! Sua mente ficará mais leve se você tiver uma boa comunicação sobre planos e agendas. Você desejará acompanhar as muitas tarefas dos seus filhos, então tenha pronto um plano para comunicar mudanças e/ou conflitos de horários. Criar acordos com antecedência é importante no caso de alterações de última hora.

Fazer escolhas parentais conscientes significa que é uma boa ideia consultar o seu parceiro para discutir suas expectativas sobre a criação de filhos e suas ambições, tanto pessoal como profissionalmente. Você provavelmente já ouviu falar que os opostos se atraem. Uma diferença que não aparece até que os filhos cheguem é que um dos pais costuma ser um pouco permissivo em excesso, e o outro, um pouco rígido demais. Uma pequena diferença é normal e inevitável, claro. O problema começa quando os pais brigam sobre quem está certo e quem está errado, o que é ineficaz. Tentem se encontrar no meio e praticar novas habilidades que sejam gentis e firmes ao mesmo tempo, como descrito no Capítulo 2, quando discutimos os cinco critérios para a Disciplina Positiva, o primeiro dos quais é ser gentil e firme.

Fazer escolhas profissionais conscientes

Ser bem-sucedido na integração trabalho-vida requer compreensão do que você realmente quer alcançar no campo profissional. Portanto, pode valer a pena investigar se você está no emprego certo pelas razões corretas. Pergunte a si mesmo: "O trabalho está me oferecendo o que eu preciso, ou eu me sinto preso em uma posição desfavorável para dar espaço a outras prioridades conflitantes do meu parceiro e/ou família?" Como você passa metade das horas úteis da sua vida no trabalho (se você trabalha em tempo integral), então é fundamental que você encontre satisfação no que faz. Ter um alto nível de satisfação na área financeira é o bastante se você odeia o que faz, dia após dia? A revista *Forbes* relata que, por mês, quase 2,5 milhões de americanos – ou cerca de 30 milhões por ano – estão dispostos a deixar seu emprego.[12] É improvável que esses trabalhadores tenham carreiras que sejam significativas ou gratificantes para eles.

Se você sabe intuitivamente que está na área errada, ou se você esteve pensando em ousar e se tornar seu próprio chefe, mas está preocupado, assuma o risco a seu favor (e a favor de sua família) e faça algo que combina com você. Se você não sabe que trabalho seria esse, pesquise um pouco ou encontre um consultor de carreiras. Pense no que gosta de fazer e em que você é bom; dê a si mesmo alguma liberdade para descobrir o que poderia ser. É útil também perguntar a si mesmo o que você estaria disposto a fazer de graça. Uma mulher transformou seu amor pela jardinagem em um negócio de tempo integral ao criar lindos arranjos de flores para as vitrines do comércio em sua pequena cidade. Um cozinheiro *gourmet* abandonou um trabalho que ele considerava entediante para fornecer bufês a festas e casamentos. Descubra qual carreira seria divertida e significativa para você. O esforço valerá a pena. Isso trará uma nova paixão para sua vida e fará de você uma pessoa mais agradável de estar por perto. É importante considerar se o seu trabalho oferece a flexibilidade de que você precisa tanto para passar tempo de qualidade com sua família, como também para fazer outras coisas de que você, pessoalmente, gosta.

Abordar o excesso de trabalho

A Lei de Parkinson afirma que "o trabalho se expande de modo a preencher o tempo disponível para sua conclusão". O que isso realmente quer dizer? Isso significa que, não importa quanto trabalhemos, sempre há mais a ser feito. Nunca tem fim! A maioria de nós sente a pressão de trabalhar longas horas para ter sucesso e subir na carreira da profissão que escolhemos. Os efeitos do excesso de trabalho incluem altos níveis de estresse, perda de intimidade com os filhos, tensão conjugal, aumento de doenças físicas, distúrbios do sono, ansiedade e depressão. Apesar dos danos causados por longas horas de trabalho, existe uma tremenda resistência entre os funcionários a pedir a diminuição da carga de trabalho. Embora saiba que precisa trabalhar menos horas para ter o tempo e a energia necessários para o bem-estar de sua família, você pode ficar relutante em procurar as mudanças necessárias. Parte dessa resistência está fundamentada nas realidades práticas de nossa cultura de trabalho. Mesmo as organizações mais amigáveis em relação à família geralmente esperam que você trabalhe como se não tivesse outra vida. Você pode temer sofrer represálias ou perder o respeito de seu empregador se você for franco sobre sua necessidade de passar mais tempo em casa e menos tempo no escritório. Pode ser perigoso comportar-se de uma forma que sugira que o trabalho não é, nem de longe, sua principal prioridade. Depois, há a questão do consumo excessivo e do materialismo, que nos forçam a trabalhar longas horas para manter nossas "necessidades" em dia.

Parte de viver uma vida equilibrada é abordar suas crenças a respeito de como você é valorizado como ser humano. Se você precisa chegar ao topo da carreira ou da progressão financeira para se sentir valioso, e sente que seu trabalho lhe define como um ser humano, talvez tenha dificuldades para estabelecer os limites necessários para ter tempo pessoal e familiar. Você pode estar viciado em trabalhar. Até que você perceba que tem valor fora de suas realizações profissionais, não será capaz de reduzir o tempo de trabalho quando necessário, e qualquer pressão (de si mesmo ou de outros) para fazer isso provavelmente levará à culpa e à ansiedade.

Vamos revisitar Anne em nossa história de abertura do capítulo. Diante da pressão tanto de seu sócio sênior como de seu marido, ela teve que reavaliar o que o sucesso realmente significava para ela. Quando se deparou com a perda do emprego por causa de sua falta de compaixão e respeito com a equipe de apoio, ela percebeu que seus pais haviam ensinado a ela, desde muito nova, que seu valor dependia de ter sucesso financeiro e um trabalho de prestígio. Isso a transformou em uma viciada em trabalho. Ela percebeu que sucesso pessoal era muito maior que dinheiro ou prestígio. Ela começou a expandir sua definição de valor para incluir como ela tratava os outros, seu relacionamento com o marido e a filha, sua qualidade de vida e suas amizades. Quando começou a basear seu valor em mais do que apenas dinheiro e carreira, foi capaz de se separar do trabalho de maneira saudável. Ela não precisava mais do elogio pelo excesso de trabalho para se sentir valorizada como pessoa.

Viciados em trabalho, ao contrário de outros viciados, são aprovados social e culturalmente em nossa sociedade. Quando trabalha por muitas horas, você recebe aplausos e recompensas materiais. Isso reforça a necessidade de continuar com o vício destrutivo de trabalhar. Um viciado em trabalho é muito diferente de alguém com uma ética sólida de trabalho. Uma pessoa com uma boa ética de trabalho está no controle de sua agenda e tem equilíbrio na vida. Um viciado em trabalho recebe uma correção do próprio trabalho; o trabalho atende a uma necessidade intrínseca que é tão poderosa que se estende além do controle da pessoa. Isso torna o equilíbrio impossível. E, se você trabalha para si mesmo, pode ser ainda mais difícil separar o trabalho do resto da sua vida.

É difícil se libertar da mentalidade de que "tudo é trabalho, sem diversão", mas um bom ponto de partida é lembrar que você é capaz de fazer mudanças. Você escolheu sua vida no trabalho e em casa e pode escolher mudar isso, um passo de cada vez. Comece com o ponto de chegada em mente. Pense em como você gostaria de ser lembrado pelos seus filhos, e pense muito sobre quanto tempo você está dando para seu trabalho. Em seguida, defina limites saudáveis para seu tempo de vida pessoal e familiar. Estabeleça metas para todas as áreas da vida e comece a levar seu parceiro e filhos para passear, encontre um novo *hobby* e faça alguns amigos (mais sobre isso no Cap. 13).

Se a cultura inerente à sua empresa for o vício em trabalho, considere falar ao seu empregador sobre suas outras prioridades. Se houver total resistência em permitir que você tenha uma vida privada longe do trabalho, faça um plano para sair da empresa. Você e sua família merecem o melhor. Pense muito e profundamente sobre as promoções e o impacto que elas terão na sua família. Seja cauteloso ao aceitar um emprego com muitas viagens, pois isso pode prejudicar a vida familiar. Desligue-se da coleira eletrônica para trabalhar. Avise seu supervisor e seus colegas de que você estará indisponível durante determinadas horas. Procure por um trabalho flexível ou faça *freelance* de casa para diminuir seu deslocamento.

Se você é autônomo, pode ter mais controle sobre suas horas e seus hábitos profissionais. Defina um cronograma de trabalho específico e cumpra-o. Se tiver que fazer hora extra, espere até depois do jantar e de ter tido um bom tempo de qualidade à noite com seus filhos. É claro que ser autônomo significa que você sempre precisa trabalhar quando tem demanda, então, sendo assim, você pode ter menos controle sobre suas horas na ativa. Essa falta de controle e a incerteza podem ser mais difíceis de lidar quando se cuida de crianças pequenas. Se você achar que esse esquema não está funcionando para sua família, considere um emprego em tempo parcial até ter mais energia para trabalhar sozinho novamente.

Lidar com pressões financeiras

Analisar honestamente suas expectativas em relação às finanças é um passo importante para alcançar a integração trabalho-vida. Muitas pessoas trabalham demais por um motivo simples – gastam demais. Se você, como a maioria dos norte-americanos, consome 110% ou mais daquilo que ganha, terá poucas opções quando se tratar de mudar para uma profissão menos estressante ou de reduzir suas horas de trabalho, mesmo que seja o melhor para sua família. O endividamento pessoal é a antítese da liberdade e pode ser um fator determinante na relutância das pessoas em reduzir as horas de trabalho. Muitos de vocês gostariam de dar um passo atrás na carreira e passar mais tempo com sua família, mas o alto endividamento torna isso impossível. O pagamento de juros é um capataz cruel.

Há muitas estratégias para colocar sua área financeira em ordem. A primeira é usar apenas cartões de débito, assim você gasta apenas o que tem – o crédito é um assassino! Procure aconselhamento de consolidação da dívida no seu banco ou em outras instituições da sua região se estiver seriamente endividado. Eles o ajudarão a consolidar e reduzir seus pagamentos de dívidas para que possa evitar a falência. Participe de grupos como Devedores Anônimos se seus gastos estiverem fora de controle. Então, pense muito e profundamente sobre suas compras e fale com seu parceiro. Defina metas como família e façam orçamento juntos. Seus filhos aprenderão a administrar o dinheiro observando o que você faz, não o que você diz. Verifique se sua atitude em relação ao dinheiro reflete com precisão seus valores e prioridades.

Quando nos tornamos adultos, mais cedo ou mais tarde a maioria de nós percebe que não "terá tudo" o tempo todo. A vida envolve escolhas e compromissos. Decida o que você fará e onde está disposto a se comprometer. Você está dando exemplos tanto de maturidade como de integridade para seus filhos e colegas ao ser claro e consistente em suas escolhas. O que torna a integração trabalho-vida possível é ter clareza sobre o que você quer alcançar em todas as áreas, e coragem para se libertar de ideais desatualizados que não servem mais a um propósito. Mais à frente no livro você conhecerá ferramentas e estratégias para definição de metas pessoais e profissionais. Para continuar a resolver o dilema trabalho-vida, agora queremos olhar para algumas atitudes e estratégias que vale a pena adotar em casa e no trabalho.

Gestão inteligente da casa ajuda a gerenciar expectativas

Na última seção, discutimos a definição de sucesso em um contexto muito mais profundo – na condição de bem-estar e integridade pessoal, em vez de conquista externa. Aplicar esse pensamento em sua casa e em seu estilo de vida como um todo ajudará você a gerenciar as expectativas e a alcançar o equilíbrio.

Terceirizar

Se você puder contratar um funcionário de limpeza, consiga um. Mesmo que ele venha somente uma vez por mês para fazer uma limpeza completa, vai liberar muito tempo de qualidade que você pode passar com sua família. Ter ajuda de um "faz-tudo" para pequenos consertos e um serviço de jardinagem uma ou duas vezes por ano provavelmente não vai quebrar sua conta bancária, mas pode eliminar muito estresse vindo desses trabalhos que precisam ser feitos, mas para os quais parece que nunca encontramos tempo.

Fazer compras com as crianças pode ser muito divertido, mas também pode levar muito tempo. Se você trabalha por muitas horas e tem um tempo curto e precioso para sua família, talvez prefira levar seus filhos para a biblioteca ou para o parque a que ter que se concentrar nas compras. Ter suas compras entregues em casa, se for possível, pode ser uma grande ajuda. Vários serviços oferecem entrega de alimentos orgânicos e saudáveis, se isso for importante para você, e a maioria deles pode ser contratada para entregas regulares. Hoje em dia há muitas refeições saudáveis e prontas para aquecer disponíveis, e manter algumas delas no *freezer* o tempo todo pode ajudar a liberar você uma noite da cozinha.

Peça ajuda aos seus filhos. Ensinar independência e habilidades de vida desde cedo alivia muito a pressão sobre você ter que fazer tudo por eles. Pedir ajuda faz com que eles se sintam valorizados e especiais. No final deste capítulo, apresentamos dicas sobre como conseguir cooperação trabalhando com seus filhos na divisão e criação de quadros de tarefas para tornar a contribuição em casa uma atividade divertida. Leva tempo no curto prazo, mas as recompensas são enormes em longo prazo.

Aproveite qualquer outra ajuda que esteja disponível à sua volta: carona solidária, alguém para passear com o cachorro, babá compartilhada e cuidadores de crianças. Será que há uma rede de apoio para pais em sua região? No Reino Unido, oferecem aulas da National Child Trust durante a gravidez a fim de se preparar para a chegada do bebê. Os participantes desses grupos geralmente mantêm contato depois e se tornam uma rede entre si. Outros cursos para pais podem estar disponíveis em sua região, onde você pode conhecer outros pais que pensam como você e com quem pode compartilhar tarefas. Não se esqueça do mundo virtual: pode haver grupos de pais próximos a você nas redes sociais que podem ajudar com soluções criativas.

Projete seu espaço para atender à sua família

Sua casa é prática e adequada para seus filhos? Talvez você tenha um jardim ou quintal que requer muita atenção e ninguém tem tempo de cuidar. Se for assim, considere substituir por grama sintética. Não vai ficar totalmente parecida com grama de verdade, mas é muito prática como área de recreação para os pequenos. Você sempre poderá voltar a ter um belo gramado depois que os filhos crescerem. A mesma coisa vale para dentro de casa. Dê uma olhada no seu espaço e veja se em vez de uma sala de jantar você pode ter uma área de brincar. Talvez alguns organizadores práticos e prateleiras encapadas em plástico não pareçam uma ideia retirada de uma revista de decoração, mas, por outro lado, você não precisa se preocupar muito se as crianças sujarem com tinta de dedo. Se você tem crianças pequenas, coloque qualquer mobília cara em um depósito e use mantas, pufes e tapetes para criar um espaço aconchegante e adequado para elas. Ter itens acessíveis em casa significa que os pais podem relaxar e não se preocupar se algo for quebrado ou estragado; isso também pode liberar diversão e criatividade. Se você tem um espaço pequeno que está lotado, avalie o que realmente precisa ficar e o que pode ser doado ou jogado fora. Você vai se sentir melhor tendo um espaço organizado, especialmente se você trabalha em casa.

Proteja o tempo livre da família

É muito importante que crianças e adultos tenham algum tempo ocioso. Muitos pais e educadores relatam estar preocupados com o quanto as crianças estão ocupadas em atividades agendadas, clubes esportivos, jogos coletivos e aulas particulares. É claro que é maravilhoso investir tempo e dinheiro em educação e treino dos seus filhos e em ajudá-los a descobrir seus talentos únicos. Isso só precisa ser balanceado com momentos de sossego, calma e reflexão, que são habilidades de vida igualmente importantes a serem desenvolvidas. De tempos em tempos, corte atividades que podem estar tirando mais da sua família do que acrescentando. Tente passar algumas noites toda semana sem reuniões e caronas para atividades extracurriculares. Sua família se beneficiará com algum tempo programado e sem pressa para jogarem jogos de tabuleiro, assistirem a um filme juntos ou apenas conversar.

Uma boa ideia é ter uma noite livre de tela toda semana: sem TV, telefones, *tablets*, *laptops* ou *videogames*. A chave aqui é comunicar os benefícios para as crianças e ajudá-las a descobrir outras maneiras de interagir e se divertir; caso contrário, pode soar como punição. Se o seu bebê ainda não nasceu, você pode começar a praticar as noites livres de tela com seu parceiro para que isso se torne natural para a criança desde o início (e pode ajudar no seu vício digital e no de seu parceiro).

Proteja a refeição em família sempre que você puder. A hora do jantar em família foi uma das vítimas do nosso mundo acelerado. Algumas famílias comem em frente à televisão, todos conectados com a TV, mas não uns com os outros. Outras famílias comem enquanto se movimentam de um lugar para o outro e em horários diferentes como resultado de agendas lotadas e conflitantes. A refeição em família é uma tradição importante que tem servido para manter as famílias conectadas por séculos. Vários estudos americanos concluem que manter a regularidade das refeições em família leva a um melhor desempenho acadêmico e a menores taxas de comportamentos negativos em adolescentes, como delinquência, abuso de drogas e álcool e comportamento sexual precoce.

Use sua agenda para programar horários não negociáveis em família. Planeje períodos de tempo específicos para reuniões familiares (Cap. 10), horário da família à noite, encontros especiais com cada um de seus filhos e um tempo para o casal. Não tenha medo de dizer não quando seu chefe ou colega de trabalho pedir que você fique até mais tarde ou faça um trabalho extra. Você pode dizer: "Desculpe, já tenho uma reunião muito importante agendada." Eles não precisam saber que é uma reunião de família ou um compromisso de levar o seu filho de 9 anos ao minigolfe.

Celebre as diferenças

Uma ótima maneira de abandonar o perfeccionismo, as dificuldades de superação e as tentativas inúteis de controle é celebrar as diferenças. O lar é um lugar ideal para fazer isso, já que a família é um coletivo naturalmente diverso de diferentes gêneros (na maioria das vezes) e idades. Na Disciplina Positiva, falamos muito sobre criar aceitação e importância, ajudando nossos filhos a se sentirem parte de uma unidade familiar por meio de atividades, princípios e valores familiares. Celebrar nossas diferenças ajuda a modelar a autonomia e o poder pessoal como indivíduos. Você também valoriza a diversidade, uma habilidade de vida extremamente importante para a vida adulta. Por isso que é fundamental deixar até mesmo os pequenos (depois dos 4 anos) liderarem reuniões familiares. Independentemente da idade, todos têm voz e ela é importante. Seja o exemplo para seus filhos da importância de se esforçar para entrar no mundo de outra pessoa e mostrar que você se importa.

Como vimos, algumas das qualidades necessárias para o gerenciamento eficiente do lar são flexibilidade, disciplina e aceitação. Essas são habilidades de vida fantásticas que você fará bem ao dar o exemplo para seus filhos. Elas também são essenciais para o sucesso na área profissional.

Grandes habilidades parentais e grande sucesso profissional

O ambiente de trabalho moderno é um lugar em constante mudança, com pressão de tempo e imprevisível. Empregos, cargos, empresas e funções estão sempre mudando. Para manter a segurança e o sucesso, é, portanto, cada vez mais importante desenvolver habilidades transferíveis e um forte senso de si mesmo. Um dos maiores fatores que ajudarão os pais a alcançarem melhor equilíbrio trabalho-vida é reconhecer que algumas dessas habilidades transferíveis são as mesmas que os tornam pais eficazes.

Faça uma lista com o que vier à sua cabeça sobre o que você acha que são as melhores habilidades e capacidades que está desenvolvendo como pai/mãe. Nós podemos pensar em algumas: paciência (ah, sim!), habilidades de organização, pontualidade, habilidades de comunicação, regulação emocional, altruísmo, senso de humor, resiliência, alegria, aventura, criatividade, ludicidade, coragem, liderança e autoconsciência. Não há nada como a criação de filhos para nos forçar a olhar para dentro.

Vejamos alguns requisitos comuns do ambiente de trabalho. Encorajar e motivar colegas, gerentes, clientes, colaboradores e equipe é uma parte essencial da vida profissional da maioria das pessoas. Orientar e delegar são práticas comuns do ambiente de trabalho que são regularmente ensinadas em treinamento de liderança. Quais são as principais habilidades necessárias para ser um bom treinador e conseguir delegar com eficiência? Paciência, habilidades de comunicação, altruísmo e liderança. Orientar os momentos de brincadeira de seus filhos no museu ou transmitir alegria em aprender durante o momento da lição de casa não precisa ser tão diferente de delegar com paixão e entusiasmo parte do seu projeto a um membro júnior da sua equipe.

Como outro exemplo, a falta de pensamento inovador, tomada de riscos e flexibilidade é um grande problema para muitas organizações. Quais são as principais habilidades necessárias para ajudar sua organização a ser mais criativa? Talvez aventura, diversão, resiliência e criatividade. Você vê os paralelos até aqui? Os papéis podem variar, mas uma habilidade é transferível de uma área para outra. Se você valoriza a diversão com seus filhos, pode transferir essa habilidade para um *brainstorming* criativo em seu trabalho. Não importa se você é bancário, enfermeiro ou empreendedor – um pouco de diversão libera endorfinas e permite que você pense fora da caixa. Um dos pilares fundamentais da Disciplina Positiva é valorizar os erros como oportunidades de aprendizado. Adotar essa política em sua vida cotidiana ajudará você a relaxar aqueles padrões exigentes que guarda para si mesmo e a se tornar um pouco mais flexível e tolerante em casa e no trabalho.

Pode demorar um pouco para ver os paralelos. Ao trabalhar o seu caminho por meio deste livro, esperamos ajudá-lo a se sentir mais confiante em suas habilidades parentais. Então comece a falar sobre isso – comece a compartilhar os paralelos entre a vida parental e sua vida profissional. Comece a procurar as habilidades transferíveis e transmita sua aplicabilidade durante as análises de desempenho, entrevistas e discussões sobre os resultados. Experimente. Comece pequeno, como sempre, ao tentar novos comportamentos. Tente uma nova abordagem com sua equipe, algo que tenha funcionado em casa. Imagine como será extraordinário quando o fato de ser pai ou mãe for visto como uma vantagem em seu ambiente de trabalho!

Adotar métodos de trabalho modernos

Novos profissionais nas indústrias de tecnologia compreenderam o valor de deixar sua força de trabalho ter autonomia e flexibilidade para trabalhar onde e quando quiserem e ainda assim serem produtivos. Se essa ainda não é a política de seu ambiente de trabalho, você pode se envolver para influenciá-la? Isso pode ser mais fácil em organizações menores, mas talvez você possa influenciar sua equipe. Começar pequeno é sempre uma boa ideia. Seu empregador precisa confiar que você pode cumprir seu compromisso embora você tenha outras responsabilidades também. Mostrar que você consegue trabalhar bem quando ganha mais flexibilidade irá impressioná-los e talvez ajude outros colegas que se encontrem na mesma situação. Nem todas as atividades podem oferecer a mesma flexibilidade a todos, é claro. Se você é fisioterapeuta, precisa ir fisicamente ver seus pacientes. Na maioria das atividades, no entanto, o pensamento inovador ainda pode provocar muito mais flexibilidade do que existe atualmente.

Fazer com que a flexibilidade aconteça no trabalho requer disciplina e desapego. Frequentemente é necessário estabelecer limites em relação ao tempo da família e o tempo de trabalho e encontrar maneiras criativas de cumprir seus compromissos, mesmo que você não esteja fisicamente no emprego o tempo todo. Pode exigir dizer o que pensa e fazer exigências no seu local de trabalho. Quando você focar todos os benefícios que uma condição de trabalho flexível traz à sua família em termos de renda, realização pessoal e segurança, será mais fácil fazer isso. É claro que isso nem sempre é viável, e às vezes precisamos apenas baixar a cabeça e seguir em frente.

Concluindo, nós apresentamos anteriormente um ponto sobre a plenitude que a criação de filhos traz. Quais são os benefícios disso para a nossa vida profissional? Cada vez mais hierarquias e estruturas estão se desintegrando e, com isso, a autonomia e a iniciativa individuais estão sendo exigidas. Acordos *freelance*, contratos de curto prazo e empreendedorismo individual estão se tornando mais comuns. Ao viver uma vida plena e completa, você estará bem posicionado para oferecer essa iniciativa ao seu setor. Você é, afinal de contas, o líder de sua própria vida.

DISCIPLINA POSITIVA EM AÇÃO

Monica foi uma gerente de vendas bem-sucedida em uma empresa de *software* por dez anos. Ela tinha um excelente salário, recebia comissões altas e bônus, dirigia um carro da empresa, tinha benefícios excepcionais e recebia um bônus de férias anuais de luxo para ela e o marido. Ela também desfrutava de um horário de trabalho bastante flexível, então podia estar em casa às 16h e cuidar da casa e de seus dois filhos. Mas havia um problema fundamental. Monica odiava o que fazia. Ela odiava as constantes chamadas para prospectar clientes em potencial, as disputas internas entre sua equipe de vendas, as propostas detalhadas que tinha que escrever e o infindável processamento de dados. Ela queria ser psicóloga desde que se entendia por gente. Mas não teve apoio para que seus sonhos prosperassem, então acreditava que dinheiro era a única medida verdadeira de sucesso. Assim, as vantagens financeiras das vendas a impediram de seguir os desejos de seu coração ano após ano. Ela odiava ter que trabalhar todos os dias, mas seu marido, Don, era um empreendedor com menos segurança no emprego, então todos se acostumaram com sua renda alta. Ela se sentia presa, ressentida e insatisfeita.

Mônica ficava cada vez mais infeliz com seu trabalho e com a vida como um todo. Ela chegava em casa mal-humorada e ficava deprimida nas noites de domingo, na expectativa de voltar na segunda-feira a uma rotina que desprezava. Desesperada, ela e o marido criaram um plano para que Monica realizasse seu sonho de se tornar psicóloga. Eles encontraram um programa de mestrado que oferecia cursos uma noite por semana e um sábado por mês durante dois anos. Os dois concordaram que ela ficaria em seu trabalho atual enquanto estivesse fazendo o mestrado. Don aceitou um emprego de consultoria de meio período que ainda lhe permitia ter tempo para suas atividades empreendedoras. Eles reduziram significativamente o orçamento mensal para que pudessem poupar para o momento em que Monica deixaria o emprego e trabalharia com remuneração reduzida.

Inicialmente, ter menos renda trouxe tensão à família. Eles tiveram que cancelar suas férias anuais de esqui, para grande decepção das crianças. Com Monica agora conciliando trabalho e estudos, ela também tinha muito menos tempo para cuidar da casa. Foram necessárias muitas discussões familiares e algumas tentativas e erros, mas, no final, Monica e Don conseguiram comunicar aos filhos a importância de serem felizes e realizados profissionalmente. Quando as crianças entenderam isso, ficaram mais felizes em colaborar e ajudar mais em casa, além de criarem rotinas e quadros de tarefas que todos seguiam. Eles também podiam ver como sua mãe estava animada todos os dias por causa da sua nova realidade, em vez de ficar mal-humorada e difícil – uma mudança de que eles desfrutaram tremendamente! Como Monica tinha um plano em direção à sua carreira desejada, ela parou de se ressentir com a posição atual e, em vez disso, encarou seu trabalho como um meio para um fim muito desejado.

Ferramentas da Disciplina Positiva

Seus filhos são uma grande parte da sua vida, então nós equipamos você com algumas ferramentas práticas que tornarão esse tempo em casa agradável em vez de estressante.

Conquistar cooperação

Rudolf Dreikurs ensinou a importância de "ganhar os filhos" em vez de "ganhar dos filhos". Ganhar dos filhos estimula a revolta ou desistência. Ganhar as crianças estimula a cooperação. Ganhar seus filhos não significa dar a eles o que querem para que eles gostem de você e estejam mais propensos a fazer o que você quer que eles façam. Ganhar seus filhos significa que você criou um desejo para a cooperação baseado no sentimento de respeito mútuo. Uma das melhores maneiras de ganhar seus filhos é fazer as coisas *com* eles em vez de *para* ou *por* eles. Fazer coisas com eles significa envolvê-los respeitosamente para encontrar soluções que funcionem para todos. No processo seus filhos aprenderão habilidades de raciocínio, de resolução de problemas, respeito por si e pelos outros, autodisciplina, responsabilidade, habilidades de escuta e motivação para seguir as soluções que eles ajudaram a criar. Imagine como podemos ser bem-sucedidos tanto em casa como em nossas vidas profissionais quando abrimos mão um pouco do controle e empoderamos os outros.

Trabalhos e tarefas

Quando as responsabilidades familiares são discutidas e compartilhadas juntas, a harmonia e o respeito são mantidos. Evite as expectativas sobre funções estereotipadas como a mamãe cozinha, o papai faz pequenos consertos, o irmão mais novo nunca assume responsabilidades, e assim por diante. Em uma reunião de família, faça uma lista de todos os trabalhos e tarefas que precisam ser executados. Encontre uma maneira de alternar criativamente quem faz o quê. Por exemplo, crie um quadro de tarefas que gira em torno de uma roleta, ou proponha outra maneira criativa de mostrar o que precisa ser feito. Certifique-se de que o sistema inclua uma maneira de registrar quem faz o quê e quando. Isso também ajuda a ensinar habilidades valiosas para a vida a respeito de gerenciamento doméstico e de trabalho em equipe. Regularmente reavalie o progresso nas reuniões de família.

Rotinas

A maioria das pessoas responde bem a expectativas claras e rotinas, e as crianças mais novas, em particular, precisam delas. Nas reuniões de família, discuta todas as áreas que precisam de rotinas, como manhãs, noites e refeições. Decidam como família onde vocês precisam ter rotinas fixas e procurem maneiras criativas de consegui-las. Tente tirar fotos de seus filhos fazendo cada etapa de sua rotina da hora de dormir e cronometre o tempo de cada uma. Em seguida, crie um quadro com todas as fotos do processo afixadas a um grande relógio que mostra quanto tempo levam para concluir cada tarefa. Então, quando seu filho ficar parado e choramingar, você pode mostrar o quadro a ele e lembrar o acordo de vocês ("O que vem a seguir no seu quadro de rotina?"). As crianças são mais propensas a seguir a rotina se contribuem em sua criação. Regularmente reavalie o progresso nas reuniões de família.

Planejamento

Isso é muito semelhante a tarefas e rotinas. O essencial é se divertir. Crie um quadro bem visual das agendas de todos e, em seguida, sentem-se em família para discutir as prioridades de cada um e descobrir como fazer isso funcionar de maneira equilibrada. Faça uma lista dos compromissos de todos. Detalhe quaisquer requisitos, como quem vai levar, quem vai como acompanhante, gastos e assim por diante. Assegure-se de que haja uma distribuição uniforme de tempo, esforço e recursos para cada criança. Crie uma programação divertida que todos possam consultar.

EXERCÍCIO

Esperamos que agora você tenha analisado melhor como integrar seu trabalho e vida doméstica, estabelecendo limites saudáveis e redefinindo o que significa sucesso. Lembre-se, o equilíbrio não acontece do dia para a noite, nem o tempo todo. Há um fluxo e refluxo na vida que devemos aceitar. Certas coisas têm uma "data de validade" – seus filhos serão crianças apenas uma vez e por um tempo muito curto. Oportunidades de carreira vêm e vão, mas se existir uma oportunidade única na vida, mantendo uma parceria saudável com seu cônjuge, estratégias de solução de problemas que funcionam bem em casa e uma excelente comunicação com seus filhos, você não precisará deixá-la passar porque é pai ou mãe. É possível fazer as duas coisas!

Uma declaração sobre visão pessoal ajuda a redefinir o sucesso

Este é um exercício simples, mas muito poderoso. Antes de decidir fazê-lo, talvez você queira certificar-se de reservar algum tempo tranquilo para si mesmo. Para ajudar a redefinir o sucesso, é útil começar com o fim em mente:

1. Qual é a sua visão sobre a vida? Escreva-a. Escreva várias versões, se você precisar e, em seguida, tente escolher a que sentir como a mais verdadeira. Tente não deixar seu ego assumir o controle; realmente escute sua voz interior mais profunda.
2. Como você gostaria de ser lembrado e por quem? Depois que você responder a essa pergunta, volte à sua visão no ponto 1 e pergunte a si mesmo se quer redefini-la.
3. Quais ações, atividades e relacionamentos específicos estão ajudando você a alcançar essa visão? Divida uma página ao meio e escreva-as em um lado da página.
4. Quais ações, atividades e relacionamentos específicos estão impedindo você de alcançar essa visão? Anote-as na outra metade da página.
5. Comprometa-se agora mesmo a adotar medidas para aumentar o que você escreveu no ponto 3 e diminuir o que você escreveu no ponto 4. Anote metas específicas e mensuráveis e como você as alcançará.
6. Dê um tapinha em suas costas. Você acabou de fazer uma grande coisa para você e sua família.

Então, como parte de sua rotina e para verificar o progresso, pergunte a si mesmo toda semana:

- Quão bem eu cuidei de mim?
- O que fiz para me conectar com meu companheiro?
- O que fiz para me conectar com meus filhos?
- Como eu fiz no trabalho?

Deixe as respostas guiarem você para que não perca de vista esse equilíbrio interno de longo prazo.

5

A AGONIA E O ÊXTASE
DOS CUIDADOS INFANTIS

Camilla nos conta a história da primeira vez que deixou a filha na creche: "'Tchau, mamãe!' Meus lábios tremiam. Esse era o terceiro dia dela e eu me senti extremamente grata por ter tido a presença de espírito de tirar uma semana inteira de folga para ajudar Sophia a se acostumar com o novo ambiente. Minha linda menina de 3 anos já tinha saído correndo com um sorriso radiante para fazer novos amigos. Claramente, eu tinha um problema maior que o dela para lidar com o fim de nossos dias inteiros juntas, e em aceitar a nova realidade de voltar ao trabalho e da creche."

Encontrar cuidados infantis de qualidade

Garantir boas creches ou escolas infantis é essencial para pais ocupados evitarem a culpa. A disponibilidade e o custo variam muito dependendo do país ou da comunidade em que você vive. No entanto, existem algumas perguntas universais a serem respondidas durante o processo de pesquisa que fornecerão maior clareza sobre suas escolhas.

As opções de cuidados infantis se enquadram em duas categorias principais: em sua casa e fora da sua casa. Se escolher cuidados infantis fora de casa, você pode preferir a estrutura e a experiência de uma creche ou escola infantil de qualidade, ou talvez se sinta atraído pelo ambiente familiar de uma casa particular. Em qualquer situação, existe uma enorme diferença entre cuidados infantis de qualidade e cuidados infantis ruins. Pense fora da caixa. Algumas famílias combinam cuidados infantis profissionais em alguns dias com outros dias em casas de avós ou de outros parentes. Finalmente, se você estiver empregado, verifique com seu chefe – pode haver sistemas de apoio aos pais na empresa. O que quer que você decida, comece cedo para, então, ter tempo de sobra para fazer sua pesquisa e se sentir satisfeito com sua escolha.

Pesquisar suas opções

Como já discutimos, temos agora ampla e convincente evidência de que crianças sob cuidados infantis de alta qualidade se saem tão bem quanto crianças que ficam sob cuidado parental, o que é uma ótima notícia para os pais ocupados. Para ajudá-lo em sua pesquisa, um estudo do National Institute of Child Health and Human Development oferece um quadro de padrões de excelência para atendimento infantil.

O estudo afirma que a qualidade do cuidado infantil é essencial para determinar o efeito sobre o comportamento e o bem-estar da criança. Para esses fins, a qualidade é dividida em dois parâmetros relevantes – recursos ajustáveis e recursos do processo. Essa informação valiosa oferece uma estrutura que você pode aplicar à sua própria pesquisa para tornar essa experiência mais fácil, mais rápida e, com sorte, causar menos ansiedade.

Recursos ajustáveis

Apesar do título um pouco estranho, isso é realmente bastante simples: medir a proporção de adultos para crianças e avaliar o nível de educação do profissional de cuidados infantis. De quantas crianças cada adulto está cuidando? Em geral, quanto menor o número de crianças sob os cuidados de cada adulto, melhor a qualidade desse cuidado e melhores os resultados no desenvolvimento das crianças. Também é preciso levar em consideração o tamanho do grupo. Quantas crianças há na sala de aula ou no grupo da criança? Grupos menores estão associados a melhor qualidade de cuidado. Em seguida, considere o nível de educação do cuidador. O cuidador cursou ensino médio completo? Faculdade? Pós-graduação? Cuidador com nível superior de educação é preditivo de maior qualidade dos cuidados e melhores resultados no desenvolvimento das crianças.

Educação não é tudo, e algumas pessoas são naturalmente boas com crianças. Ainda assim, sugerimos pelo menos dois anos de estudos em um programa de educação infantil que inclua os fundamentos do desenvolvimento infantil, do desenvolvimento neurológico e dos comportamentos apropriados para cada idade. No entanto, muitos desses programas não oferecem ferramentas suficientes para responder aos desafios de comportamento. Se encontrar uma creche ou escola infantil que pareça certa para você em todas as outras áreas, pode perguntar se o cuidador estaria disposto a ler um livro de Disciplina Positiva, que inclui muitas ferramentas para encorajar as crianças a desenvolverem habilidades de competência e contribuição por meio de autodisciplina, responsabilidade e solução de problemas.

O estudo do NICHD fornece as seguintes diretrizes para os parâmetros citados:

Idade	Proporção adulto--criança	Tamanho do grupo	Treinamento ou educação da equipe
6 meses–1,5 ano	3 crianças para 1 pessoa da equipe	Máximo de 6 crianças	A equipe deve ter treinamento formal após o ensino médio, incluindo certificação ou diploma universitário em desenvolvimento infantil, educação na primeira infância ou em uma área relacionada.
1,5–2 anos:	4 crianças para 1 pessoa da equipe	Máximo de 8 crianças	
2–3 anos:	7 crianças para 1 pessoa da equipe	Máximo de 14 crianças	

Nos Estados Unidos, os governos estaduais e municipais estabelecem padrões mínimos para os recursos ajustáveis, como os listados, os quais devem ser cumpridos pelos prestadores de cuidados infantis para obter licença. No Reino Unido, o OFSTED (Office for Standards in Education) tem essa mesma responsabilidade e função regulatória. Além disso, pode haver outros órgãos que estabeleçam padrões, como a National Association of Family Child Care (nos Estados Unidos) e a Professional Association for Childcare and Early Years (no Reino Unido). A primeira ação na sua lista é, portanto, entrar em contato com o órgão encarregado local e solicitar uma lista de prestadores de cuidados infantis credenciados em sua área, além de pesquisar se quaisquer outras autoridades ou organizações oficiais disponibilizam padrões e/ou credenciamentos similares.

Depois de ter sua lista de prestadores credenciados, você pode entrar em contato com eles e perguntar sobre os parâmetros definidos anteriormente. Você será capaz de obter uma perspectiva geral do prestador de cuidados infantis pela qualidade das respostas e pela comparação entre alguns prestadores diferentes. Isso o ajudará a selecionar alguns para poder investigar mais a fundo. Sugerimos que você pergunte se pode visitar o prestador em questão e passar várias horas observando se a equipe segue as políticas que anuncia. É aqui que entram os recursos do processo.

Recursos do processo

Os recursos do processo se concentram mais nas experiências reais do dia a dia das crianças no ambiente de cuidado infantil. Aqui, estamos analisando os resultados de comportamentos observáveis, como interação com outras crianças e adultos, bem como com brinquedos e jogos. Um dos fatores preditivos mais fortes e consistentes do desenvolvimento infantil, de acordo com o estudo do NICHD, é o cuidado positivo! A tabela a seguir compara os recursos do processo definidos pelo estudo com ferramentas equivalentes de Disciplina Positiva. É claro que você teria muita sorte em encontrar um cuidador que cumprisse todas essas coisas o tempo todo. Assim como não há pais perfeitos, não há cuidadores perfeitos. No entanto, ao aplicar esta lista de verificação à sua pesquisa, você estará aumentando suas chances de encontrar um cuidador que siga uma abordagem positiva, que seja compatível com a Disciplina Positiva que você pratica em sua casa. Essa abordagem consistente certamente resultará em uma criança satisfeita e segura e, consequentemente, em pais ocupados mais livres de culpa.

Recursos do processo	Filosofia/ferramenta da Disciplina Positiva
Mostrar uma atitude positiva. O cuidador geralmente está de bom humor e é encorajador ao interagir com a criança? Ele ou ela é prestativo(a)? O cuidador sorri frequentemente para a criança?	*Gentileza e firmeza.* Rudolf Dreikurs ensinou que gentileza demonstra respeito pela criança. Firmeza mostra respeito por nós mesmos e as necessidades da situação. Os métodos confiáveis são gentis e firmes. Como resultado, este método resultará em maior autoestima, maior competência social e, em geral, maior satisfação com a vida.
Ter contato físico positivo. O cuidador abraça a criança, afaga as costas da criança ou segura a mão da criança? O cuidador consola a criança?	*Conexão antes da correção.* Nós não podemos influenciar crianças em um caminho positivo até criarmos uma conexão com elas. Criar proximidade e confiança em vez de distância e hostilidade, comunicando uma mensagem de amor. Isso pode ser feito com a mão no ombro, abaixando-se até o nível da criança e olhando em seus olhos, validando seus sentimentos, ou dando um abraço.
Responder a vocalizações. O cuidador repete as palavras da criança, comenta sobre o que a criança diz ou tenta dizer e responde às perguntas da criança?	*Validação de sentimentos.* Todos nós nos sentimos conectados quando nos sentimos compreendidos, não é mesmo? Tente validar os sentimentos da criança por meio de uma pergunta ou declaração, por exemplo, "Como você está se sentindo sobre isso?" ou "Estou vendo que isso deixa você muito zangado."
Fazer perguntas. O cuidador encoraja a criança a falar/se comunicar fazendo perguntas que a criança possa responder facilmente, como perguntas "sim ou não" ou questões sobre um membro da família ou brinquedo?	*Perguntas curiosas.* Projetadas para estimular as crianças a compartilharem suas percepções do que aconteceu, o que levou a acontecer, como elas se sentem sobre isso, como os outros podem estar se sentindo, o que aprenderam com isso e quais ideias elas têm para resolver o problema. O verdadeiro significado da educação é "trazer à luz", que vem da palavra latina *educare*. Muitas vezes os adultos tentam "bloquear" em vez de trazer à luz.

(continua)

(continuação)

Recursos do processo	Filosofia/ferramenta da Disciplina Positiva
Falar de outras maneiras. Por exemplo, elogiar ou encorajar (em Disciplina Positiva preferimos encorajamento; para discussão detalhada, ver o Cap. 7). O cuidador responde às ações positivas da criança com palavras positivas, como "Você conseguiu!" ou "Muito bem!"? O cuidador encoraja a criança a aprender ou a repetir frases ou itens aprendidos, como dizer o alfabeto em voz alta, contar até 10 e nomear formas ou objetos? Para crianças mais velhas, o cuidador explica o significado de palavras ou nomes? O cuidador conta histórias, descreve objetos ou eventos ou canta músicas?	*Encorajamento.* Cada ferramenta da Disciplina Positiva é projetada para ajudar as crianças a se sentirem encorajadas e a desenvolverem valiosas habilidades sociais e de vida que as ajudarão a se sentirem capazes. Use o tipo de apreciação que estimule a autoavaliação em vez de validação externa. (Mais sobre isso no Cap. 7.)
Encorajar o desenvolvimento. O cuidador ajuda a criança a se levantar e andar? O cuidador de bebês encoraja o "tempo de barriga para baixo" – atividades que a criança faz quando é colocada sobre o estômago enquanto está acordada – para ajudar os músculos do pescoço e dos ombros a ficarem mais fortes e para estimular o ato de engatinhar? (Temos notícias de locais de cuidado infantil em que os bebês passam horas em cadeirinhas, e as crianças, em frente à TV, vendo desenhos animados.) O cuidador ajuda crianças mais velhas a terminarem quebra-cabeças, blocos de empilhar ou a fecharem zíperes?	*Dedicação de tempo ao treinamento.* O treinamento é uma parte importante do ensino de habilidades para a vida das crianças com base em sua prontidão para o desenvolvimento. Não espere que as crianças saibam o que fazer sem um treinamento passo a passo. Os pais geralmente não dedicam tempo para o treinamento porque a vida é agitada ou porque eles não entendem completamente como é essencial que as crianças contribuam.

(continua)

(continuação)

Recursos do processo	Filosofia/ferramenta da Disciplina Positiva
Antecipar o comportamento. O cuidador encoraja a criança a sorrir, gargalhar e brincar com outras crianças? O cuidador apoia o compartilhamento entre a criança e as outras crianças? O cuidador dá exemplos de bom comportamento? É típico esperar que as crianças consigam compartilhar antes que estejam prontas do ponto de vista do seu desenvolvimento. É importante ensinar habilidades, como compartilhar, desde cedo, sem esperar que as crianças dominem essa habilidade – o que acontecerá somente mais tarde.	*Exemplo.* Modele o que você quer. Seja a pessoa que você quer que suas crianças sejam. Controle com responsabilidade seu próprio comportamento antes de esperar que suas crianças controlem os delas. Encoraje o compartilhamento sem esperar que as crianças compartilhem o tempo todo. Compreenda a adequação do desenvolvimento. E saiba que às vezes você cometerá erros – e pode aprender com eles. Não espere perfeição de si mesmo ou de suas crianças. Aproveite o processo.
Leitura. O cuidador lê livros e histórias para a criança? O cuidador deixa a criança tocar no livro e virar a página? O cuidador de crianças mais velhas aponta para fotos e palavras nas páginas?	*Características e habilidades de vida.* Pense em como as crianças aprendem a falar. Primeiro elas ouvem você falar por um ano. Então elas dizem uma palavra, mas você não espera que elas falem frases. Quando elas aprendem a falar com frases curtas, você não espera um vocabulário universitário. As crianças aprendem sobre responsabilidade da mesma maneira – um passo de cada vez.
Evitar interações negativas. O cuidador se certifica de ser positivo, não negativo, nas interações com a criança? O cuidador tem uma abordagem positiva para interagir com a criança, mesmo em momentos de dificuldade? O cuidador faz questão de interagir com a criança e não a ignorar? Além dessas questões, importante é como o cuidador lida com o mau comportamento. A maioria dos cuidadores não tem formação suficiente (ferramentas específicas) para responder ao mau comportamento de maneira positiva. Na verdade, eles podem se apegar a velhas ideias de que não usar punição permite que as crianças "escapem impunes" de seu mau comportamento.	*Objetivos equivocados.* A Disciplina Positiva ensina que "uma criança malcomportada é uma criança desencorajada", e a punição só aumenta o desencorajamento. O método da Disciplina Positiva ajuda as crianças a melhorarem seu comportamento por meio de ferramentas que são encorajadoras e não punitivas. A maioria dos bons provedores de cuidados infantis estará receptiva a aprender sobre as ferramentas da Disciplina Positiva se você apresentar um livro de Disciplina Positiva e/ou um baralho de cartas de ferramentas da Disciplina Positiva para eles (para uma discussão detalhada sobre objetivos equivocados, ver o Cap. 8).

Cuidados infantis dentro ou fora de casa

Cuidados infantis dentro da sua casa

Você pode escolher os serviços de uma babá que more ou não em sua casa. Muitas pessoas encontraram cuidadores qualificados tão dedicados às crianças que eram quase como membros da família.

Encontrar pessoas bem qualificadas é um desafio para qualquer tipo de empregador, quer você esteja contratando para o seu negócio ou para o cuidado de seu filho. No entanto, há muito mais em jogo quando se contrata alguém para cuidar dos filhos. É essencial verificar suas experiências anteriores, checar suas referências de trabalho e ser muito claro (por escrito) tanto sobre as suas expectativas (como sobre outras tarefas domésticas) como sobre sua filosofia de disciplina. Nós recomendamos que você e o cuidador assinem um contrato e que você verifique a lei trabalhista em sua cidade/país de residência para garantir que esteja em conformidade com os requisitos legais (ou seja, impostos, feriados e faltas por doença). Além disso, é uma boa ideia garantir que o cuidador conheça os primeiros socorros para bebês e crianças e tenha o treinamento em reanimação cardiopulmonar (e você também deve fazer esse treinamento). Uma vez que tenha encontrado alguém de quem você goste, sugerimos que a babá comece durante um período de férias ou em um fim de semana para que você possa estar em casa com a profissional por vários dias antes de deixar essa pessoa sozinha com seus filhos. Você pode aprender muito em pouco tempo sobre as atitudes, habilidades e relacionamento da babá com seus filhos.

Jane teve uma babá, Joanne, que morou em sua casa por onze anos. Joanne estava disposta a ler vários livros de Disciplina Positiva e implementar as teorias dessa abordagem. Ela entendeu a importância de não se tornar uma escrava das crianças, mas, em vez disso, supervisionar o envolvimento delas nas tarefas e acompanhar as outras rotinas que elas ajudaram a criar. Joanne participava de todas as reuniões de família, em que seus membros trabalhavam semanalmente na busca de soluções para os desafios.

Cuidados infantis fora da sua casa

O cuidado de crianças fora de casa pode ser tanto em uma creche ou escola infantil como em um espaço particular. Se você é um dos muitos pais que decidiram que o cuidado das crianças fora de casa atende às necessidades de sua família, existem vários fatores adicionais que você deve considerar.

Instituições de cuidados infantis

Uma creche é um centro dedicado exclusivamente ao cuidado de crianças pequenas (em comparação com a casa de um prestador de cuidados infantis*). A vantagem é que a única ocupação da equipe é o cuidado com as crianças, e a instituição estará repleta de equipamentos e brinquedos adequados às idades de cada um. No entanto, nem todas as creches podem receber o rótulo de "qualidade". Além dos parâmetros sugeridos no estudo do NICHD, sugerimos que você também verifique o seguinte:

- Além do nível educacional da equipe, que tipo de treinamento ela recebe e com que frequência? A equipe recebe treinamento para detectar dificuldades de aprendizado ou problemas físicos e cognitivos?
- A creche verifica as experiências anteriores de seus funcionários? (Pode ser que isso tenha sido feito automaticamente para que a creche obtivesse seu credenciamento, mas verifique assim mesmo.) Como é feita essa análise de antecedentes? *Independentemente da forma de assistência à infância que você escolher, não deixe de dedicar tempo para verificar o histórico de antecedentes.* Referências pessoais são boas, mas uma verificação de antecedentes do indivíduo ou da instituição pode oferecer informações que o ajudarão a decidir se esse é ou não o cuidador para você.
- Qual é a taxa de rotatividade da equipe na instituição? Crianças muito pequenas precisam de consistência, não apenas com o currículo e as rotinas diárias, mas também com aqueles que cuidam delas. Seu filho irá interagir consistentemente com o mesmo cuidador?
- Existe uma política de disciplina? Como os problemas são tratados? No Capítulo 7 discutiremos em detalhes os problemas com os cuidados punitivos e permissivos. A melhor assistência para crianças é desprovida de qualquer tipo de punição (envergonhar e culpar) e usa a disciplina baseada em gentileza e firmeza ao mesmo tempo. Todas as ferramentas da Disciplina Positiva promovem a aptidão, a contribuição e, sempre que

---

* N. T.: Nos Estados Unidos, além da opção de contratar uma babá que vá a sua casa ou de deixar as crianças em creches, há uma terceira opção chamada *in-home day care*. A diferença é que, neste último caso, a assistência à criança é oferecida na casa do cuidador ou em outra residência particular, de modo que os filhos recebam cuidados em um ambiente doméstico em vez do ambiente institucional de uma creche.

possível, o engajamento das crianças na resolução de problemas. Você deve garantir que a instituição escolhida tenha uma política semelhante.

- A instituição prepara refeições e/ou lanches e, em caso afirmativo, em que consistem? Quando e como as refeições e lanches são preparados e servidos? Instituições que compreendem a importância de envolver as crianças para aumentar seu senso de aceitação/pertencimento e capacidade permitem que as crianças se revezem na preparação das refeições e que as crianças se sirvam com a maior frequência possível.

- Como a instituição cuida do ensino de habilidades de uso do banheiro? Qual é a sua responsabilidade com relação a providenciar roupas extras, fraldas e outras coisas a esse respeito? Quais são as condições sanitárias na área dos banheiros? Muitas instituições de cuidados infantis estão dispostas a ensinar habilidades de higiene pessoal a crianças pequenas. Isso funciona muito bem, porque a equipe de cuidado infantil não está envolvida emocionalmente com o aprendizado do uso do banheiro por seu filho. É especialmente eficaz quando a instituição tem sanitários pequenos e um horário regular para usá-los. Sua criança verá outras crianças usando o banheiro, e elas geralmente querem seguir o exemplo umas das outras. "Incidentes" são tratados com o mínimo de confusão, simplesmente permitindo que a criança vista roupas limpas e secas, ajudando apenas no necessário, sem qualquer sentimento de culpa ou vergonha.

- A instituição tem uma política de portas abertas? Você pode passar lá inesperadamente para visitar seu filho na hora do seu almoço? Você pode ser voluntário da sala de aula em eventos especiais? Isso é um ponto muito importante a considerar. Algumas instituições podem alegar que uma visita sua pode ser inquietante para seu filho, e isso pode ser verdade. No entanto, não pense em deixar seu filho em qualquer lugar que não tenha uma política de portas abertas. Se as visitas perturbarem seu filho, considere encontrar uma maneira de espiar de vez em quando, para observar sem ser visto.

- Considere o horário de funcionamento e a logística para ir e voltar da instituição a fim de garantir que funcione com suas rotas e horários (e do seu parceiro).

- Verifique as opções oferecidas por cada instituição para ver se elas atendem às suas necessidades. Por exemplo, eles oferecem cuidado tanto em tempo parcial como em tempo integral? Funcionam apenas no calendário escolar ou o ano inteiro? Eles oferecem cuidados durante as férias escolares?

Uma casa particular

Alguns pais preferem que as crianças sejam cuidadas em uma casa particular por causa do ambiente familiar. Alguns têm a sorte de encontrar um amigo íntimo ou parente para cuidar de seus filhos. As mesmas considerações com relação a uma creche, bem como os recursos do processo, aplicam-se a uma residência particular. Se você decidir que seus filhos sejam cuidados em uma casa, sugerimos que passe um dia inteiro com eles nesse ambiente. Disponha desse tempo no local mesmo que você conheça bem o cuidador ou não. Se isso não for permitido a você, desconsidere essa casa. Não existe melhor maneira de investir seu tempo para ter certeza de que seu filho estará recebendo cuidados infantis de qualidade.

Assim como você ouve histórias terríveis sobre babás e creches, há histórias pavorosas sobre cuidados infantis em casas particulares. Algumas são literalmente depósitos de crianças, que passam o dia sentadas em frente à televisão, são submetidas a punições físicas e não têm acesso ao tipo de equipamento que potencializa o desenvolvimento infantil. Por outro lado, muitos prestadores de cuidados infantis particulares têm sólida formação em desenvolvimento infantil e/ou outro treinamento para assistência infantil de qualidade. Eles criam um ambiente repleto de equipamentos apropriados para o desenvolvimento, rotinas flexíveis e disciplina positiva.

Depois de ter decidido sobre o tipo de cuidado que você quer e ter completado sua pesquisa detalhada, analisando os recursos ajustáveis e do processo (incluindo passar tempo sozinha/sozinho com o cuidador), passe várias horas observando o cuidador com seu filho. Abaixo está uma lista de verificação útil que você pode usar enquanto se senta calmamente perto deles e observa o que se passa. Dê uma nota de 1-10 (com 10 sendo o melhor) para cada item, de modo a ajudá-lo a determinar se esse é realmente o lugar certo para o seu filho.

Lista de verificação de observação

1. A equipe/cuidador parece amar e apreciar as crianças.
2. A equipe/cuidador não espera coisas que as crianças não tenham a idade

apropriada para fazer, como esperar que uma criança de 2 anos fique sentada em silêncio durante o período da história.

3. A equipe/cuidador usa disciplina gentil e firme e evita todo tipo de punição.
4. Não há televisões à vista (em casas particulares pode haver uma, mas fica desligada ou é usada apenas para fins educacionais).
5. O ambiente é limpo e seguro.
6. Existem rotinas sem rigidez. Por exemplo, eles têm um "tempo de leitura", mas permitem que as crianças se movimentem e brinquem com outros brinquedos se não estiverem interessadas? Eles servem comida nutritiva, mas permitem que as crianças comam apenas a quantidade que quiserem? Eles têm a hora de dormir, mas permitem que as crianças que não têm sono leiam tranquilamente um livro?
7. Existem brinquedos que são simplesmente divertidos tanto como muitos brinquedos educacionais apropriados para o desenvolvimento?
8. Eles evitam estímulos acadêmicos para crianças menores de 6 anos, que aprendem melhor com brincadeira e socialização?
9. Eles tratam os pais como parceiros e não como intrusos?

Cuidados depois da escola

Quando seus filhos entram na escola, existem outras opções de cuidados infantis disponíveis. Algumas escolas têm atividades extras em suas próprias dependências para que seus filhos possam ficar mais tempo na escola. Outras escolas oferecem serviço de transporte para seus filhos irem a outra instituição de cuidado. As mesmas diretrizes de habilitação, segurança, disciplina e envolvimento dos pais listadas anteriormente se aplicam àqueles que cuidam da sua criança em idade escolar.

Comunicação é fundamental

Independentemente da opção escolhida, é importante ficar conectado ao seu filho e ao seu prestador de cuidados infantis. Dedique tempo a manter seu cuidador atualizado sobre o desenvolvimento do seu filho e sobre qualquer coisa que estiver acontecendo em casa; por exemplo, o nascimento de um novo bebê ou doença na família podem afetar o comportamento de seu filho, e seu cuidador vai lidar com isso melhor quando compreender a situação. Além disso, peça ao seu cuidador para mantê-lo atualizado e certifique-se de formalizar o processo – *e-mails* semanais, telefonemas mensais etc. Nem sempre é possível ter tempo para conversar ao entregar ou buscar seu filho.

Uma mãe compartilhou: "Aprendi a importância da comunicação frequente com meu marido e nossa babá depois de descobrir que Julianne comeu ervilhas e espaguete no almoço *e* jantar por dois dias seguidos. A babá deu a ela o mesmo almoço duas vezes seguidas, e meu marido ofereceu a ela o mesmo jantar também duas vezes seguidas." Isso levou à criação de anotações diárias e reuniões de família regulares que incluíam a babá. Os pais completavam o diário quando estavam com Julianne para transmitir as informações essenciais para a babá, e a babá registrava as outras partes do diário enquanto cuidava de Julianne para que os pais se mantivessem informados. Parte da reunião de família incluiu o planejamento do cardápio das refeições, que envolveu a todos.

Diário de eventos de Julianne		Data: _____
Acordou:	Cochilou:	Foi para a cama:
Refeições/lanches/bebidas	Hora	Comentários
Café da manhã:		
Lanche da manhã:		
Almoço:		
Lanche da tarde:		
Jantar:		
Refeições/lanches/ bebidas	Hora	Comentários
Atividades:		
Saúde e disposição geral:		
Novas conquistas:		
Medicação:		

Soluções criativas

Muitos homens e mulheres têm optado por uma vida profissional mais flexível, como discutimos na Introdução. Talvez isso envolva uma combinação de trabalhar em casa, em espaços independentes, em cafés e na empresa do cliente.

Ou talvez você trabalhe apenas a partir de casa. Como você pode resolver o dilema do cuidado com as crianças se essa é sua realidade? Alguns de vocês podem sentir que não há diferença entre isso e trabalhar o dia todo fora de casa. Você ainda consideraria a assistência em tempo integral. Quão bem funciona a opção de cuidar das crianças em casa se você ou seu parceiro estiverem em casa também, mas envolvidos em atividades profissionais? Sem dúvida, as novas mães, em particular, acharão extremamente difícil realizar qualquer trabalho se o novo bebê estiver por perto. E é assim que deve ser – afinal, nós somos instintivamente chamadas a nutrir nossos filhos.

Se você decidiu continuar a seguir sua carreira quando tiver filhos e trabalha em casa, pode precisar fazer algumas alterações na configuração do seu escritório em casa. Para alguns, a única solução é sair de casa e trabalhar em outro lugar. Se você escolheu um cuidador para estar em sua casa, ele ou ela pode cuidar do seu filho sem você pairando sobre eles – e você pode continuar sendo produtivo. Dependendo do tamanho da sua casa, você poderá encontrar um local suficientemente isolado da área onde as crianças ficarão, e talvez funcione dessa maneira. Ou, se você precisar trabalhar em casa, mas não tiver espaço suficiente, o cuidado infantil fora de casa pode ser a melhor opção.

Atualmente, muitas áreas oferecem serviços flexíveis, como babás de meio período – por exemplo, você tem uma babá às terças e quintas-feiras. Essa pode ser outra ótima alternativa se você decidir trabalhar em meio período ao mesmo tempo que cuida do seu filho. Há também compartilhamentos de babá, nos quais você compartilha uma babá com outra família (ou seja, dois bebês com uma babá em sua casa ou na casa da outra família). Tudo isso, naturalmente, também depende da sua flexibilidade e do setor de trabalho em que você está. Por exemplo, o seu trabalho é sazonal? Você tem que estar disponível em horários fixos todos os dias, ou pode definir seu próprio horário? Pensar nesses fatores tornará mais fácil decidir sobre a melhor opção para você e sua família.

Seja qual for a solução que escolha e por mais confiante que esteja em sua pesquisa, conhecemos poucos pais que não sofreram alguma ansiedade de separação quando chegou a hora de deixar o bebê pela primeira vez, assim como Camilla em nossa história de abertura. Mesmo que tudo corra bem no começo, algo pode mudar para o seu filho e ele ou ela pode passar do amor ao ódio pelo cuidador ou creche, com consequente mau comportamento. De qualquer forma, estar preparado para alguns momentos emocionais é fundamental.

Uso da Disciplina Positiva para lidar com a ansiedade de separação

Permita que as crianças tenham seus sentimentos. Nunca é uma boa ideia dizer a uma criança que pare de chorar – ou, pior ainda, dizer a uma criança: "Garotas grandes [ou garotos] não choram." Sabemos que os adultos têm uma boa intenção quando dizem "Não chore", mas é o mesmo que dizer "Não se comunique. Isso me deixa desconfortável". Você pode se sentir diferente sobre o choro da criança quando entende que ele é uma linguagem. Você será mais eficiente quando aprender a compreender (não falar) essa linguagem. Você pode dizer: "Tudo bem chorar. Espero que logo você se sinta melhor." Use sua intuição (e/ou o quadro dos objetivos equivocados, explicado no Cap. 8) para lhe dar pistas sobre por que seu filho está chorando. Ele ou ela pode estar usando "o poder da lágrima" como uma maneira equivocada de conseguir aceitação. Chorar nem sempre significa ansiedade. Às vezes é uma expressão de necessidade genuína, e às vezes é a expressão de um capricho. (Necessidades devem ser atendidas, mas nem sempre é saudável ter todos os caprichos satisfeitos.) Às vezes o choro representa frustração, falta de habilidades de comunicação, ou simplesmente um método de transição. Para crianças que ainda não falam, a ansiedade de separação é muito real. (Crianças criadas em famílias extensas raramente experimentam ansiedade de separação porque se acostumaram a ter muitas pessoas ao seu redor. Claro, a ansiedade pode aparecer quando elas encontram um estranho.) No entanto, você pode confiar que, ao seguir todas as precauções para encontrar cuidado infantil de qualidade e ao dar exemplo de fé e confiança, seu filho ficará bem.

Certifique-se de que o cuidador está disposto a embalar e confortar seu filho, se necessário. Assim, se seu filho ainda estiver tendo dificuldade em separar-se, saia o mais rápido possível para que ele não tenha que lidar com a energia da sua culpa e ansiedade, enquanto precisa fazer seus próprios ajustes emocionais. O mesmo acontece se você estiver fazendo um grande esforço para deixar seu filho. Não prolongue a despedida, pois isso pode deixá-lo inseguro. Saia e lide com seus sentimentos em particular. Quem não teve uma crise de choro no carro a caminho do trabalho? Assim que seus filhos tiverem idade suficiente, dedique tempo para ensinar habilidades que os ajudarão a aprender outras maneiras de se comportar e se comunicar em vez de fazer cena, como dizer a eles "Use suas palavras". Desde que não haja risco de provocar alergia, borrife um pouco do seu perfume ou loção pós-barba na blusa do seu filho.

Diga-lhe: "Você pode sentir esse cheirinho aqui quando ficar com saudade e se lembrar de que eu vou voltar para buscá-lo no final do dia." Você provavelmente já tem lembranças do seu filho com você o tempo todo! Fotos como fundo de tela, alguém?

DISCIPLINA POSITIVA EM AÇÃO

Linda, uma mãe solteira de três filhos pequenos, encontrou em sua igreja uma estudante de meio período com excelentes referências para ficar em sua casa quarenta horas por semana. Linda tinha o benefício adicional de conhecer essa pessoa e sua família. Ela descobriu que era mais viável economicamente e menos estressante ter alguém em sua casa. Como ela explicou, "Eu precisava de alguém maravilhoso para cuidar dos meus filhos, e também precisava de ajuda para fazer algumas tarefas de limpeza da casa. Depois de longos dias vendendo publicidade, conseguia voltar para casa e encontrar um ambiente arrumado, com a roupa lavada e o jantar na mesa (expectativas que haviam sido acordadas com antecedência).

"Meus filhos a amavam e adoravam ter alguém em casa, porque eles podiam receber seus amiguinhos. Minha babá também fazia coisas como ir ao supermercado, comprar presentes de aniversário ou buscar roupas na lavanderia. Dessa forma eu conseguia relaxar e curtir meus filhos quando chegava em casa à noite. Eu nem posso imaginar quão estressante seria buscar meus filhos na creche e ir para uma casa bagunçada e com a geladeira vazia. Esse esquema funcionou lindamente para mim por sete anos. Meus filhos nunca tiveram que perder nada porque eu trabalhava, e eu pude participar da maioria dos eventos deles porque não precisava gastar tempo com todas as outras tarefas e assuntos."

Ferramentas da Disciplina Positiva

"Parte meu coração quando meu filho chora e se agarra em mim quando o deixo na creche. É o suficiente para me fazer querer parar de trabalhar." Você já pensou assim? Mesmo que você não esteja compartilhando sua ansiedade com seu filho, você ainda pode estar se sentindo assim, como Camilla, de nossa história de abertura, que sofreu uma terrível ansiedade de separação ao pensar em deixar sua filha, embora Sophia parecesse bem ajustada ao novo ambiente. Vejamos algumas ferramentas específicas da Disciplina Positiva que podem ajudar.

Demonstre confiança

O processo de lidar com a separação faz parte dos desafios normais de desenvolvimento de todas as crianças. As crianças sobrevivem (e prosperam) na separação, desde que recebam amor e suporte, tanto em casa como no ambiente de cuidado infantil. É útil saber que algumas crianças se ajustarão mais cedo que outras. Encorajar a dependência é contraproducente para o desenvolvimento da autoconfiança e leva à dependência excessiva dos outros. Sim, os bebês devem depender de outras pessoas, mas o objetivo dos pais e cuidadores é ajudar as crianças a desenvolverem o senso de confiança em si mesmas – incluindo a confiança de que elas podem lidar com decepção e ansiedade. Lembre-se, pesquisas têm mostrado que as crianças podem prosperar quando recebem amor em casa e em uma instituição de cuidado infantil de qualidade. Isso ajudará você com sua própria ansiedade de separação também.

Desapego

Desapegar-se não significa abandonar seu filho. Significa permitir que ele aprenda a ter responsabilidade e a se sentir capaz. É difícil ver seu filho sofrer, mesmo quando você sabe que as lições aprendidas assegurarão a ele forças em longo prazo. Muitas vezes é mais difícil para você do que para seu filho. Aguente firme. Lembre-se de que desapegar-se permite que seu filho ganhe força ao exercitar seus "músculos da decepção" e suas habilidades de resolução de problemas.

Dedicar tempo para abraçar

Não importa quão ocupado você esteja, sempre há tempo para um abraço de três segundos. Um abraço genuíno pode elevar os espíritos e mudar atitudes, seus e de seus filhos. Às vezes um abraço pode ser o método mais eficaz de parar o mau comportamento. Experimente o abraço da próxima vez que estiver se sentindo esgotado e seu filho estiver choramingando, e veja por si mesmo como ele funciona bem. Uma mãe compartilhou: "Eu me lembro da vez em que fiquei tão brava com meu filho de 3 anos que senti vontade de bater nele. Em vez disso, eu me abaixei e dei um abraço nele. Sua lamúria parou imediatamente, e o mesmo aconteceu com a minha raiva. Mais tarde, percebi que ele estava choramingando porque estava sentindo a energia do meu estresse. Abraçá-lo foi o suficiente para me acalmar, ainda que eu pensasse que estivesse fazendo isso para acalmá-lo. Bem, são necessárias duas pessoas para um bom abraço, e ambas se beneficiam."

Não espere até que você esteja com raiva ou que seu filho esteja se comportando mal. Dê abraços de manhã, logo após o trabalho, várias vezes durante a noite, um bem longo antes de dormir. Quando oferecer esse abraço, você também pode sussurrar para seu filho uma palavra amorosa sobre o quanto o ama e quanto ele significa para você.

Um pai contou que uma vez parou a birra de seu filho de 4 anos ao perguntar ao pequeno se ele poderia ganhar um abraço. Isso confundiu totalmente o menino, que esqueceu por completo que estava no meio de uma birra. Em vez disso, ele teve a chance de, em sua mente, ajudar seu pai, que precisava de um abraço, e isso fez o menino se sentir necessário e especial. Você pode tentar isso da próxima vez.

Escreva mensagens de amor para seus filhos

Não leva muito tempo escrever e colocar uma mensagem na lancheira, no travesseiro ou no espelho do seu filho. Uma mãe trabalhadora muito ocupada decidiu colocar uma mensagem na lancheira da filha todos os dias durante um ano. Ela usava o tempo em que estava em aviões ou enquanto esperava para um compromisso para escrever várias mensagens ou rimas bobas com antecedência, como "Rosas são vermelhas / Violetas são azuis / Todos os dias / Seu sorriso me conduz". Quando viajava, ela entregava as mensagens ao cuidador de sua filha para serem colocadas na lancheira a cada dia em que ela estivesse fora. Os amigos de sua filha se reuniam em volta dela na hora do almoço, ansiosos por ouvir a mensagem do dia. Sua filha se sentia muito amada.

EXERCÍCIO

Reveja as listas de verificação sobre os cuidados infantis do início deste capítulo para mapear quais são suas necessidades e ideias. Inspecione seus cuidadores atuais para ver se é necessário fazer alguma melhoria. Para ajudá-lo a decidir, escreva como você gostaria que o cuidador ideal fosse: como ele se parece, quais sentimentos você espera para si e seu filho e quais atividades são importantes para você – digamos, tempo de contato com a natureza, ou talvez passeios? Essa imagem ideal pode servir como seu guia quando você começar a pesquisar e entrevistar os cuidadores. Lembre-se, quer você escolha ter cuidadores em sua casa ou na casa de outra família, ou em uma instituição, vale a pena ter um segundo plano em caso de doença e durante períodos de férias.

Parte 3

CRIAÇÃO DE FILHOS E DESENVOLVIMENTO INFANTIL

6

DINÂMICA GERACIONAL E COMO A TECNOLOGIA AFETA A PARENTALIDADE

"Só mais cinco minutos!" Janine grita de dentro do seu quarto, que está com a porta trancada. Sua mãe está irritada. Essa é a terceira vez que pediu a Janine para desligar o *notebook* e se preparar para dormir. "Eu juro que ainda estou fazendo meu dever de casa, mãe." A mãe já ouviu isso antes. Janine está no segundo ano do ensino médio e é uma estudante igual a tantas outras. Ela participa de muitas atividades esportivas depois da escola e tem uma vida social agitada. Por causa de todos os seus compromissos, ela precisa se esforçar muito para dar conta de seus trabalhos escolares, e sua mãe se preocupa com a sua dificuldade em conseguir dormir o suficiente durante a semana. Recentemente sua mãe notou que Janine tem ficado acordada cada vez até mais tarde. Janine diz que está ocupada fazendo o dever de casa, mas, quando a mãe vai conferir, encontra a garota navegando na internet, conversando com amigos *on-line* e assistindo a vídeos do YouTube. "Eu não entendo a obsessão dela por estar *on-line*. Parece uma perda de tempo!" A mãe reclama com sua melhor amiga, que simplesmente concorda. Certamente não era assim quando elas estavam crescendo.

O que a história pode nos ensinar sobre a parentalidade

Muitas vezes ouvimos que as crianças são diferentes hoje e que, portanto, temos que adaptar o modo como educamos nossos filhos para atender às necessidades dessa nova geração. Sem dúvida é isso mesmo. No entanto, também existem evidências consideráveis que sugerem que, ao longo das últimas décadas, os pais também mudaram. Então, nós temos uma situação do tipo "quem nasceu primeiro, o ovo ou a galinha?" – são as crianças ou a criação a causa dessa mudança? Provavelmente um pouco de ambos.

Alfred Adler ensinou a importância dos sentimentos de aceitação/pertencimento e importância/significância para o desenvolvimento saudável da criança, e enfatizou que a importância é alcançada por meio do senso saudável de contribuição. O objetivo da Disciplina Positiva é, portanto, ajudar as crianças a desenvolverem sentimentos de aceitação e importância por meio da contribuição que promove nelas um forte senso de si e dos outros. Nossa habilidade como pais de realizar isso será fortemente influenciada pela forma como as nossas próprias necessidades foram satisfeitas enquanto crescíamos e pelos sistemas de crenças que foram instalados dentro de nós. Como isso vem acontecendo ao longo das gerações?

Geração	Pré- -boomers (Geração silenciosa)	*Baby boomers*	Geração X	*Millennials* (Geração Y ou geração do milênio)	Geração Z (iGeração)
Data de nascimento Faixa (aproximada – não há concordância entre as datas)	Antes de 1945	1946-1955 (algumas vezes chamados de *boomers* antigos) 1956-1965 (*boomers* mais novos)	1966-1980	1981-1995	1996-2010
De quem eles são pais?	*Baby boomers* e Geração X	Geração X e *Millennials*	*Millennials* e Geração Z	Geração Z e ?	?

Antes de respondermos a essa pergunta, vamos esclarecer como as gerações são chamadas e quem são os pais de quem. É interessante notar que em geral não há concordância sobre quando exatamente uma geração começa e quando termina, então as datas apresentadas aqui são aproximadas. Como as mudanças comportamentais são graduais, talvez isso não importe muito. No momento da publicação deste livro, ainda não temos um nome para a geração após a Geração Z. Será interessante observar como a sociedade considerará o desenvolvimento dessas novas crianças e quais serão as características que definirão essa geração.

Principais tendências que moldam as gerações

De acordo com o Center for Generational Kinetics (CGK), existem três tendências principais que moldam uma geração: parentalidade, tecnologia e economia (tendo em mente, é claro, que, no nível individual, todo mundo é diferente). O CGK também confirma que a forma como criamos nossos filhos é moldada pela maneira como fomos criados. Nós fazemos certas coisas porque as consideramos sensatas ou porque é a única maneira como sabemos fazer. Também existem coisas que fazemos deliberadamente de forma diferente porque não gostamos quando foram feitas conosco (p. ex., palmadas) ou porque os tempos mudaram e os nossos filhos têm necessidades diferentes (como ocorre com a tecnologia).

Vejamos alguns exemplos de como a criação de filhos molda uma geração. Muitos acreditam que a filosofia dos *baby boomers* mais novos e da Geração X é "Queremos que seja mais fácil para nossos filhos do que foi para nós, e queremos ser capazes de dar a eles tudo o que não tivemos". Isso contribuiu para criar a percepção de direito dos *Millennials* (um assunto muito debatido). Essa tendência ainda é forte na parentalidade de hoje (principalmente por meio da influência da Geração X), e gira em torno da ideia de que as crianças são o centro do universo, são vulneráveis e precisam de proteção e acompanhamento constantes: "Se meu filho não está de alguma maneira feliz/bem-sucedido/engajado, isso reflete mal em mim e eu devo ser um fracasso como mãe/pai; portanto, devo verificar o tempo todo se ele está bem." Esses pais cometeram o erro de pensar que a importância é reforçada com a oferta de mais aceitação (mimos, socorros, excessos), em vez de permitir que seus filhos desenvolvam resiliência por tentativa e erro, criando, assim, uma geração "eu, eu, eu". Muitas crianças e jovens adultos hoje, portanto, têm um forte sentimento de aceitação por causa do amor incondicional que recebem, mas lhes falta um senso de importância por meio da contribuição.

Gerações anteriores, por outro lado – aquelas que vieram antes e as que vieram logo nos primeiros anos do *baby boom* –, enfatizavam conquista e lealdade (à família, à profissão, aos estudos etc.). Elas cometeram o erro de pensar que essas características poderiam ser desenvolvidas pela "obediência" à autoridade – governo, pais e professores – em vez de o serem por meio de amor e aceitação. Sua grande busca é encontrar um valor intrínseco além da conquista e ter a sensação de ser "bom o suficiente". Muitas crianças dessa geração (*boomers* mais novos, Geração X), portanto, desenvolveram senso de importância por meio de suas habilidades (e muitas vezes fazem grandes contribuições para a sociedade), mas sem um sentimento de aceitação (amor incondicional). Eles, por sua vez, queriam criar seus filhos de maneira diferente e lhes dar "tudo o que não tiveram", daí a dinâmica descrita anteriormente.

Pré-*boomers*, *baby boomers* e Geração X

Muitos de nossos leitores podem não ser da geração do *baby boom*, mas podem ter sido criados por pais *boomers*. Como tal, é interessante entender como esses estilos e crenças mais antigas sobre criação de filhos moldaram os pais de hoje. Pré-*boomers* e os primeiros *baby boomers* criaram os *boomers* mais novos e os filhos da Geração X de maneira bem diferente daquela como eles foram criados. Houve muitas mudanças na dinâmica familiar causadas por mudanças socioeconômicas que vieram durante e após a Segunda Guerra Mundial. Muitas mulheres começaram a trabalhar fora de casa, ambos os pais trabalhavam mais horas e as taxas de divórcio aumentaram, levando muitos *boomers* mais novos e filhos da Geração X a se tornarem crianças desamparadas. Isso significava que frequentemente as crianças voltavam para uma casa vazia depois da escola, faziam a lição de casa sozinhas, sabiam como entreter a si mesmas e às vezes até cozinhavam para si mesmas e suas famílias. Isso levou os *boomers* mais novos e os filhos da Geração X a funcionarem com independência e comportamento autodirigido – basicamente um forte senso de importância e contribuição. Muitos, no entanto, sofreram de um senso precário de aceitação (sentimentos de abandono). Para compensar isso, essas gerações frequentemente demostram uma obsessão pouco saudável por conquistas e competição – uma dinâmica de fazerem mais e mais em um esforço para tentar compensar um sentimento intrínseco de falta.

Talvez como uma reação a essa dinâmica, a geração de *Millennials* que foi criada por esses *boomers* mais novos e pelo início da Geração X teve uma experiência completamente diferente de parentalidade. Essas famílias eram muito mais centradas na criança, e os pais dos *boomers* ou da Geração X estavam ativamente envolvidos na vida de seus filhos (às vezes envolvidos em excesso, por isso os termos "pai helicóptero" e "mãe tigre"). Muitos *Millennials* cresceram sendo sobrecarregados, superprotegidos e supervalorizados (é importante lembrar que tudo isso foi feito em nome do amor). Portanto, essa geração não é vista como independente nem como autodirigida, e precisa de muito elogio e validação (consequentemente, um forte sentimento de aceitação, mas fraco de importância ou contribuição).

Nós ainda não sabemos como a Geração Z (e a próxima geração) vai se sair, embora nas seções seguintes façamos algumas previsões. O que podemos observar é que muitos de seus pais, a Geração X mais nova/*Millennials* iniciais, a maioria dos quais é profissionalmente ativa, continuam se sentindo no limite ao tentar alcançar a perfeição em todas as áreas, com consequências negativas para eles e suas famílias. Dois de nós, autores deste livro, têm uma experiência pessoal sobre esse conflito; além disso, vários amigos sofreram de ansiedade e depressão como resultado de tentar conciliar tudo com excelência. Lembre-se, a Geração X está condicionada a "fazer", para dar conta dos aspectos práticos da vida, mas pode não ter se sentido tão cuidada em virtude da ausência dos seus pais; em consequência, pode ser difícil para eles se sentirem emocionalmente seguros e abandonarem a necessidade de perfeição e realização.

A geração de *Millennials*

Muito tem se falado sobre essa geração como detentora apenas de direitos e egoísta; às vezes eles são chamados de Geração Eu ou a geração *selfie*. De onde veio essa sensação de "tenho direito"? Como acabamos de ver, nessa geração as crianças eram o centro da família; disseram a elas que eram especiais (como reação à educação dos pais) e que poderiam ter e conseguir o que quisessem. Eles receberam prêmios apenas por participarem (mesmo que eles ficassem na última colocação), e, se seus pais tivessem influência suficiente, eles poderiam até ser colocados em turmas de níveis acima do deles porque os professores e os diretores simplesmente não queriam entrar em conflito.

Sabemos que, quando as crianças recebem recompensas e prêmios sem realmente terem vencido, isso tanto desvaloriza o prêmio dado às crianças que de fato ganharam como leva a um sentimento de vergonha e constrangimento por parte daqueles que não tiveram êxito. Não há como fugir disso, uma vez que não existe aperfeiçoamento de habilidade correspondente para justificar o prêmio. Em seu livro *Mindset,* Carol Dweck explica que esse processo conduz a uma mentalidade fixa em que a criança terá medo de assumir riscos e sempre buscará motivação externa por meio de elogios e recompensas de outras pessoas.[13] Além disso, se os pais se precipitam e fazem tudo por elas, essas crianças não amadurecem a crença de que são capazes e tampouco a compreensão de que recompensa duradoura e satisfação com a vida levam tempo e esforço.

Outra dinâmica que traz confusão é que a geração de *Millennials* é desafiada do ponto de vista socioeconômico. Eles são a primeira geração do mundo ocidental que dificilmente alcançará um padrão de vida mais elevado do que seus pais. Educação e habitação se tornaram mais caras, e o mercado de trabalho está mais competitivo do que nunca. Segurança no trabalho e uma carreira para a vida toda são coisas do passado. Junte isso à dinâmica de crescer em um mundo tecnológico, que nos ensinou que podemos ter qualquer coisa quase instantaneamente – exceto, como se pode ver, satisfação no trabalho e relacionamentos profundos e significativos. Ao mesmo tempo, em virtude da evolução dos cuidados de saúde, nutrição e educação, os *Millennials* são mais inteligentes e mais instruídos do que qualquer geração antes deles. Muitos argumentam que as estruturas sociais são, de fato, o que os detém. Por exemplo, existe atualmente um fluxo financeiro líquido indo dos mais jovens para os mais velhos em muitos países ocidentais. Por quê? Talvez porque as pessoas mais velhas sejam mais ricas, mais influentes e tendam a votar, e por isso são favorecidas politicamente.

Millennials como pais

Noventa por cento de todos os bebês hoje são nascidos da geração de *Millennials,* e, dos 40 milhões de pessoas dessa geração nos EUA, com idade entre 25-34 anos, 22,9 milhões já têm filhos.[14] Com 10 mil mulheres dando à luz todos os dias somente nos Estados Unidos, como será o seu modo de educar os filhos?

Um estudo recente do popular portal infantil *Baby Center* revela que pais *Millennials* demonstram estilos parentais mais relaxados do que a geração de pais que os precedeu. "Mães *Millennials* estão claramente reagindo à maneira como foram criadas", diz Mike Fogarty, no Baby Center. "Elas rejeitam a pressão sob a qual cresceram."[15] Sessenta e três por cento dessas mães descrevem o estilo parental de seus próprios pais como "protetor" e, consequentemente, querem proporcionar aos seus filhos maior sensação de liberdade, esperando que isso resulte em maior resiliência e autonomia. Os pais *Millennials* são os mais caseiros de todas as gerações, e aceitarão mais naturalmente compartilhar as tarefas domésticas e a criação dos filhos. Isso potencialmente facilitará aos casais dessa geração alcançar maior igualdade e equilíbrio entre trabalho e vida pessoal, bem como permitirá que as mulheres *Millennials* sejam mais assertivas em suas carreiras.

Alguns podem adiar a paternidade/maternidade em virtude das pressões econômicas em torno da educação, habitação e mercado de trabalho. Muitos deles, talvez da primeira geração, também terão lembranças de suas próprias mães que trabalhavam fora e sofriam com menos igualdade de oportunidades e equilíbrio trabalho-vida. Mas, para aqueles que se tornam pais, criar bem seu filho é uma prioridade. De acordo com a Pew Research de 2010, cerca de 52% dos entrevistados disseram que a paternidade/maternidade foi um dos objetivos mais importantes de suas vidas. Na pesquisa de 2015, metade dos pais da geração de *Millennials* alegou sentir que estava fazendo um bom trabalho como pais. Eles certamente têm mais informações disponíveis – existe uma infinidade de *blogs* e *sites* em que os pais podem aprender e encontrar apoio como nunca houve antes.

Millennials no local de trabalho

A geração de *Millennials* quer impactar o mundo – eles querem ter um propósito. Talvez por causa de todas as incertezas que enfrentam, eles, mais do que qualquer geração anterior, estão exigindo saber o *porquê* do que são solicitados a fazer. Eles têm uma demanda muito maior para a integração entre vida pessoa e profissional e valorizam muito as atividades fora do trabalho para sua satisfação pessoal. Embora possa haver uma lacuna entre suas expectativas e as realidades do local de trabalho, eles também são extremamente adaptáveis – mudam de emprego muitas vezes porque precisam, e trabalham *on-line* e fora do escritório. Eles são muito mais propensos a ter carreiras "múltiplas" (como consultor de TI/instrutor de yoga/fotógrafo astral), e não veem interesses e *hobbies* como algo separado dos empreendimentos profissionais. Isso está colocando pressões adicionais sobre as organizações para se adaptarem e tornarem-se mais claras em seu propósito. A geração de *Millennials* é engenhosa, criativa e flexível. Eles também são muito mais igualitários, bem adaptados às estruturas mais horizontais que estão surgindo em toda a sociedade.

Geração Z, moldada pela tecnologia

Essa geração é chamada de geração sob demanda. Eles nunca conheceram um mundo sem tecnologia. Trocaram a TV e o computador de mesa pelos *laptops* e dispositivos móveis. E não é de admirar – a tecnologia tem feito parte de suas vidas desde a infância. Os pais dessa geração não lhes deram um livro de colorir e lápis de cor ou mesmo os colocaram em frente à TV para distração. Em vez disso, deram a eles um *tablet* ou *smartphone*, então eles aprenderam a deslizar a tela antes de aprenderem a falar (vá a qualquer restaurante e você verá dezenas de *smartphones* apoiados para que as crianças pequenas possam ver seus personagens preferidos ou jogar seus jogos favoritos enquanto os adultos desfrutam de suas refeições e conversas entre si). Mais de um terço da Geração Z diz que usa a tecnologia tanto quanto possível, em comparação a 27% da geração de *Millennials*. Além disso, eles têm um limiar de atenção de oito segundos (menor que o de um peixinho dourado!), provocando a crescente popularidade das propagandas em vídeo de dez segundos (ou menos) de duração e de aplicativos como o Snapchat.[16] Uma estatística impressionante diz que 100% da Geração Z está conectada por pelo menos uma hora por dia.

A tecnologia de hoje está permitindo que as crianças aprendam e assimilem rapidamente certas habilidades que as gerações anteriores nunca tiveram, ou tiveram que se esforçar para desenvolver, e que são essenciais no mundo digital em que vivemos atualmente. Mas, com a crescente presença das telas na vida das crianças, temos que nos perguntar, na condição de pais: O que elas estão perdendo? O que está acontecendo com suas habilidades de relacionamento pessoal, de adiar gratificação e com a capacidade de planejar soluções que podem levar mais de três minutos ou até três dias para serem concluídas? A tecnologia também está provando ser altamente viciante, e, como a Geração Z é a primeira a nascer sem qualquer memória de um mundo analógico, eles são muito vulneráveis a esse vício (mesmo a maioria dos que são da geração de *Millennials* se lembra de uma infância menos dominada por telas e pode, então, ter alguma perspectiva). Estamos vendo algumas crianças da Geração Z com dificuldade para formar relacionamentos profundos e significativos por causa de seu vício em tecnologia. Isso ocorre porque elas têm menos oportunidades de praticar as habilidades interpessoais frente a frente com seus colegas e não têm os mecanismos de enfrentamento para lidar com o estresse porque estão recorrendo aos dispositivos em vez de procurar as pessoas.

Eletrônicos e tecnologia estão aqui para ficar, e apresentam o que é, possivelmente, a mudança mais desafiadora para os pais até hoje. Queremos aproveitar ao máximo enquanto também ensinamos aos nossos filhos o valor das conexões interpessoais. Especialmente com a introdução de novas tecnologias, nós veremos mais oportunidades para o tempo de tela (positivo e negativo), não menos. Como pais da Geração Z (e além) – Geração X e geração de *Millennials* –, temos que levar essa dinâmica muito a sério. Como nossos filhos não têm memória do mundo analógico, cabe a nós garantir que ofereçamos muitas oportunidades para que eles experimentem atividades livres de tela, centradas em relacionamentos interpessoais, criatividade e resolução de problemas. Como muitos de nós também somos bastante viciados em telas, isso pode ser um verdadeiro desafio. Lembre-se de que as conexões interpessoais das crianças têm sempre prioridade sobre as virtuais; elas precisam de tempo com você mais do que precisam de tempo com seus dispositivos. O mais importante é descobrir o que funciona melhor para sua família e encontrar esse equilíbrio entre abraçar a tecnologia e também uns aos outros.

Disciplina Positiva para todas as gerações

Compreender a dinâmica específica que moldará sua parentalidade, bem como a pressão socioeconômica que está sobre a geração atual de crianças, pode ajudá-lo a ajustar seu estilo parental. Vale a pena verificar o seu próprio equilíbrio entre aceitação e importância. Se você é um pai da Geração X, você sofre com uma baixa sensação de aceitação? Ou acredita que isso depende de suas realizações e perfeccionismo? Nesse caso, é provável que você compense exageradamente fazendo muito pelo seu filho, o que pode torná-lo menos capaz de desenvolver um forte senso de contribuição. Portanto, convém garantir que você não se precipite e resgate seu filho, mas aprenda a deixá-lo descobrir, fracassar e exercitar a resiliência.

Catherine Steiner-Adair argumenta em seu livro *The Big Disconnect* que, quando se trata de tecnologia que substitui o tempo de interação face a face, não há mais nenhuma divisão geracional real. "Nativos ou imigrantes digitais, todos nós amamos nossas telas e dispositivos digitais." Por isso é essencial que os pais gerenciem seu próprio uso de tecnologia para modelar a autorregulação necessária para sobreviver e prosperar neste mundo digital em constante mudança. Além disso, você precisará agendar muitos momentos livres de tela, como atividades ao ar livre, refeições e jogos de tabuleiro ou outras atividades familiares e reuniões de família semanais (em que as telas não são permitidas). Durante as reuniões de família, as crianças praticam interação face a face ao oferecer e receber reconhecimentos, assim como têm ideias de soluções para os desafios da família. E não se esqueça de programar um "momento especial" (sem telas ou trabalho) com cada um dos seus filhos e seu parceiro.

DISCIPLINA POSITIVA EM AÇÃO

Vamos ver um exemplo real de como a limitação do tempo de tela pode ajudar a fortalecer o senso de aceitação e importância das crianças (e dos pais). Aqui o pai solteiro Brad conta sua história.[17]

"Quando meus filhos não estão fazendo o dever de casa ou praticando música, eles estão na frente de uma tela: TV, computador, Wii ou iPad. Mesmo quando saímos de casa, eles assistem a um DVD em um aparelho portátil que fica no carro. Eu não me orgulho disso. Mas, quando meus filhos não estão olhando para uma tela, eles estão se encarando, discutindo, incomodando um ao outro e gritando 'Paaaaai!'. Então eu tenho que ser o juiz da disputa daquele momento. Para dificultar ainda mais essa situação, o meu trabalho requer que eu passe um bom tempo na frente do computador. Então é difícil, para mim, dar um bom exemplo para as crianças. Mas estou comprometido com a melhoria das minhas habilidades como pai, então eu faria todos os esforços para limitar o tempo de tela.

"Durante uma reunião de família, meus filhos decidiram que, no decorrer da semana letiva, assistiriam a uma hora de TV por dia e somente depois que o dever de casa e a prática de música estivessem concluídos. Também concordamos com meia hora de brincadeira no computador e meia hora de *videogame* todos os dias. Usar o computador para fazer o dever de casa não contava.

"Nós encontramos um obstáculo imediatamente. Como meus filhos chegam da escola às 15h e eu trabalho até as 17h, não havia como monitorar a quantidade de tempo que as crianças passavam assistindo à televisão ou jogando *videogame*. Percebi que era quase impossível limitar o tempo de tela a qualquer período específico. O único método realmente eficaz seria desligar o interruptor de energia.

"Então, em vez disso, tentaríamos ter um período do dia em que tudo estivesse desligado. Das 18h às 20h todos os dias, estaríamos sem tela. Meu filho adolescente ficou cético no início – ele estava convencido de que manter o controle do tempo de tela funcionava muito bem –, mas logo percebeu que estávamos muito longe dos limites estabelecidos anteriormente.

"Naquela noite, o relógio bateu as 18h e eu desliguei todas as telas da casa. Depois de um momento de silêncio desconfortável, olhamos um para o outro e meu filho disse: 'Então, o que faremos agora?' Eu disse: 'Bem, quais são algumas das coisas na nossa lista? Que tal se levarmos o cachorro para passear?' Minha filha não tinha se sentido bem naquele dia, então ela ficou em casa e leu um livro enquanto seu irmão e eu levamos o cachorro para passear. Nós dois realmente aproveitamos o tempo juntos e a chance de sair de casa para tomar um pouco de ar fresco.

"Quando voltamos, decidimos jogar cartas, e então meu filho mostrou a mim e à irmã alguns truques com as cartas que ele conhecia. Depois nos sentamos e jogamos uma partida de Pictionary* com muitas risadas e diversão. Já eram 19h30 e eu falei para minha filha que era hora do banho. Enquanto ela estava no chuveiro, sentei-me e toquei violão, algo que não fazia havia meses. Quando eram 20h, todos nós nos sentamos juntos e assistimos ao *American Idol*. E conseguimos assisti-lo sem comerciais porque meu filho tinha gravado o programa durante nosso tempo livre de tela. (Outro bônus!)

"Juntando tudo, o plano funcionou muito bem. Eu não imaginava como seria prazeroso desligar tudo por duas horas. Uma coisa de que eu precisava me lembrar era que a perfeição na criação de filhos é inatingível. Eu me via esperando a perfeição dos meus filhos, o que trazia tensão ao nosso relacionamento. E, focado no meu objetivo de limitar o tempo de tela, acabei substituindo

---

* N. T.: Jogo de tabuleiro em que os participantes trabalham em equipe; um jogador representa, em desenho, a palavra que está em um cartão retirado do baralho do jogo, e os outros da equipe precisam adivinhar que palavra é essa.

esse tempo por atividades de construção de relacionamento. Foi um bom lembrete para eu me concentrar no objetivo de longo prazo de melhorar meu relacionamento com meus filhos."

—*Brad Ainge, "Single Dad Brad", www.singledadbrad.com*

Ferramentas da Disciplina Positiva

Queremos enfatizar as ferramentas da Disciplina Positiva que irão ajudá-lo a garantir um sentimento saudável de aceitação e importância em seus filhos. Também queremos abordar especificamente o gerenciamento do tempo de tela. Conforme for passando por essas ferramentas, pense em Janine e seus pais na história de abertura e imagine como o uso eficaz dessas ferramentas pode ajudar na situação deles. É importante ter em mente que mesmo as melhores soluções podem não funcionar para sempre e precisarão ser revistas de tempos em tempos.

Dedicar um tempo especial programado regularmente

Você tem visto essa ferramenta aparecer algumas vezes até agora por um bom motivo – programar regularmente um "momento especial" é uma maneira muito poderosa de ajudar as crianças a desenvolverem um forte senso de aceitação. Crianças muito pequenas precisam de um tempo especial de pelo menos dez a quinze minutos diariamente.

Após os 6 anos, de trinta a sessenta minutos por semana funcionam bem. Dedique alguns minutos ao final de cada um desses momentos com a criança para decidir o que vocês farão durante o próximo tempo especial, elaborando ideias para uma lista de coisas divertidas que podem fazer juntos. A contribuição de seu filho aqui é fundamental para ajudá-lo a se sentir importante. Pode ser um passeio de bicicleta, um jogo de bola, um jogo de tabuleiro, uma ida à biblioteca ou o que você e seu filho gostarem de fazer juntos. E lembre-se de que o tempo especial nunca é um momento para corrigir o comportamento; é um tempo de pura conexão e prazer.

Infelizmente, os adolescentes muitas vezes perdem o interesse em passar o tempo com você, preferindo seus amigos. Eles podem se sentir especialmente envergonhados por serem vistos com você em um local público. No entanto, você pode convencê-los a sair uma vez por semana, em uma noite só para os dois. Ou levá-los para esquiar ou alguma outra viagem longa o suficiente para passarem um tempo viajando juntos. Se vocês forem de carro, faça antecipadamente um acordo em que você ouvirá as músicas do seu filho adolescente durante a metade do tempo de viagem, caso ele ou ela converse com você sobre coisas importantes na outra metade.

As crianças interagem de maneira diferente quando estão sozinhas com você do que fazem quando estão competindo com seus irmãos ou outras pessoas pela sua atenção. Esses momentos especiais ajudarão você a conhecer melhor seu filho e a criar uma forte conexão com ele.

Faça acordos

Às vezes, os pais interpretam fazer acordo com seus filhos assim: "Vou lhe dizer o que fazer e você concordará em fazê-lo." Muitas mães e pais pensarão que chegaram a um acordo com as crianças sobre o tempo de tela quando, na verdade, trata-se de uma regra que eles ditaram para seus filhos – uma regra com a qual as crianças "concordam" apenas para que seus pais as deixem em paz. Os pais, então, ficam surpresos e frustrados quando as crianças não cumprem o acordo e o problema aumenta.

A chave para criar acordos de sucesso é o envolvimento. Envolvimento é igual a cooperação. As crianças costumam manter seus acordos quando são respeitosamente envolvidas na criação deles. Sentem-se juntos durante um tempo tranquilo, com todas as telas desligadas, e tenham uma discussão respeitosa sobre o uso saudável do computador, celular ou TV. É importante esperar até que você não esteja envolvido em uma discussão recente sobre o tempo de tela e todo mundo tenha se acalmado para que consigam ter uma discussão racional. (Use o exercício no final deste capítulo como um guia para criar este acordo.)

Partilhem igualmente. Durante a discussão, certifique-se de que todos tenham a oportunidade de compartilhar seus pensamentos e sentimentos sobre o problema. Interrupções não são permitidas quando alguém estiver expondo suas ideias. Algumas famílias usam uma ampulheta ou um *timer* de três minutos. A pessoa que está compartilhando pode usar os três minutos inteiros, ou pode parar antes de seu tempo acabar; é só dizer que acabou. Não é permitido que a pessoa, ou as pessoas, que esteja ouvindo se defenda, explique ou dê sua opinião até que seja sua vez de falar. Elaborem uma lista de ideias para soluções.

Crianças, por serem crianças, podem não manter seus acordos, mesmo quando foram respeitosamente envolvidas. Ainda que realmente tenham a intenção de fazê-lo, elas não têm as mesmas prioridades que os adultos. Elas podem ter a intenção de desligar a TV depois de um programa, mas, como limitar seu horário de TV não está no topo de sua lista de prioridades, isso pode ser esquecido. Quantas vezes você se envolve em uma atividade de que gosta e quer continuar "só mais um pouquinho"? Como limitar o tempo das crianças assistindo à TV está no topo da sua lista de prioridades (não na delas), e como você envolveu seu filho na criação de um acordo em torno do tempo de tela, é bom lembrar respeitosamente ao seu filho: "Qual foi o nosso acordo?"

Se essas etapas não promoverem acordos bem-sucedidos em relação ao uso de meios eletrônicos em sua casa, comece de novo do início. Durante a discussão, você pode descobrir os motivos de não ter funcionado – e estará dando a todos a oportunidade de continuar aprendendo com os erros.

Acompanhamento

Muitos pais têm ótimas intenções ao estabelecer limites e gerenciar o tempo de tela de seus filhos, mas, por um motivo ou outro, esses limites nunca são mantidos. Ou não são mantidos de forma consistente. Às vezes, a falta de acompanhamento dos limites de tempo de tela se deve à perda do controle do horário estabelecido – você diz aos seus filhos que eles podem assistir à televisão por meia hora e, antes que você perceba, uma hora ou mais se passou, porque você estava absorvido em outras tarefas. Ou, como Brad admitiu em sua história, talvez você não queira realmente que o tempo de tela termine, porque isso significará que as crianças voltarão a discutir ou brigar; a tela é uma distração bem-vinda, e você não está preparado para lidar com os problemas que surgem quando ela é desligada. Ou talvez você simplesmente não queira ser o "cara mau" que tem que dizer aos filhos que o tempo de tela acabou, ou que eles precisam sair do telefone e parar de enviar mensagens para seus amigos. Eles estão aproveitando o tempo, e é difícil ser aquele que acaba com isso.

Seja qual for o motivo, não fazer o acompanhamento sobre o limite que você definiu a respeito do tempo de tela dos seus filhos envia algumas mensagens negativas: que limites de tempo de tela não são importantes; que você não se importa com o que eles fazem com o tempo deles; que você não faz o que diz; que não há problema em continuar jogando ou assistindo mesmo quando você diz para parar; que você não prioriza o envolvimento familiar; e que eles não podem confiar em você como pai/mãe.

As crianças sabem quando você faz o que diz e quando não faz. É realmente simples assim. Se você disse algo, faça, e, se você fez, siga em frente. Os pais que dizem o que querem dizer e falam sério não precisam usar muitas palavras. Na verdade, quanto menos palavras forem usadas, melhor. Quando você usa muitas palavras, está dando sermões, e as crianças ignoram. Uma razão para usar muitas palavras é porque está tentando se convencer, assim como a seu filho, de que o que você quer está certo. Se o que você está pedindo é razoável, tenha confiança em seu pedido.

Quando chegar a hora de desligar a TV, o *videogame* ou o jogo do computador, certifique-se de que realmente isso aconteça em tempo hábil. Pode ser que você precise ajudar seus filhos a seguirem os limites do tempo de tela por meio de ações gentis e firmes. Pode demorar um pouco para as crianças se acostumarem com a sua determinação sobre os limites, mas, se você for capaz de seguir em frente toda vez, elas entenderão que você fala sério quando se trata de limites nos eletrônicos. Diga algo, leve a sério o que diz e siga em frente.

Seja o exemplo

Como você já descobriu, o que você oferece de exemplo para seus filhos é fundamental. Quais são os seus próprios hábitos em relação às telas? Você acha que é correto dizer aos adolescentes "Faça o que eu digo, não o que eu faço"? Por exemplo, se você fizer um acordo de que não haverá telefones na mesa do jantar, então não está correto você usar seu telefone na mesa do jantar. Mesmo que tenha que atender a uma ligação importante de trabalho, você pode dar o exemplo ao se levantar respeitosamente da mesa para atender à chamada e, assim, não perturbar o horário de refeição de todos. Melhor ainda, você pode deixar a família saber de antemão que está esperando uma ligação de trabalho importante e que talvez precise sair por alguns minutos durante a hora do jantar.

O mesmo vale sobre ter tecnologia no quarto. Pesquisas mostram que o uso de telas uma hora antes de dormir reduz a liberação de melatonina (o hormônio do sono) no cérebro, estimulando-o a ligar em vez de desligar. Então,

Dinâmica geracional e como a tecnologia afeta a parentalidade

não é bom para qualquer um de nós (incluindo adultos) levar a tecnologia para nossas camas. Muitas famílias têm uma "base" para todos os eletrônicos em um lugar central da casa, onde podem colocar tudo para recarregar durante a noite e não cair na tentação de ligá-los enquanto descansam.

O tempo de tela é realmente viciante para pais e filhos, por isso, se possível, discutam como casal quais são suas expectativas antes que as crianças tenham idade suficiente para imitar seu comportamento. Se você esperar até que elas tenham telefones e não limitar seu próprio tempo de tela até então, será mais difícil, pois elas já estarão observando vocês por vários anos. Você terá que desaprender seu próprio comportamento ao mesmo tempo que esclarece suas expectativas com seus filhos. Limitar o tempo de tela em geral significa que também nos desconectamos do trabalho, um benefício igualmente importante que nos ajuda a estar mais focados durante o tempo em família.

EXERCÍCIO

Criar um acordo de tecnologia em família com a Disciplina Positiva.

Aqui está uma amostra de alguns pontos que você pode incluir no acordo de tecnologia da sua família. Isso tem a intenção de servir como um guia, e não um substituto para o passo a passo descrito na seção "Ferramentas da Disciplina Positiva" deste capítulo. Lembrem-se de checarem periodicamente o acordo, decidirem em família o que está funcionando e o que não está, e revisarem conforme necessário.

1. Não esperamos que você saiba tudo sobre o uso da tecnologia. Dedicaremos um tempo para ensiná-lo sobre a posse responsável do telefone, *tablet* e *laptop*.

2. Começaremos sabendo sua senha. Se acharmos necessário acessar seu telefone ou verificar seus *e-mails*, faremos isso. Não estamos tentando invadir sua privacidade e isso não será para sempre. É para nos ajudar a mantê-lo seguro e ajudá-lo a desenvolver bons hábitos a respeito da tecnologia.

3. Quando ligarmos para você, atenda o telefone. Nós não estamos ligando só para bater papo; não queremos que as nossas ligações sejam ignoradas.

4. Use as mesmas boas-maneiras respeitosas ao telefone e no computador que você sempre usa pessoalmente. Diga "olá", "adeus", "por favor" e "obrigado". Seja gentil, cortês e compreensivo. Se você não diria alguma coisa a alguém pessoalmente, ou se estiver em dúvida se está tudo bem falar isso, abstenha-se de dizê-lo por telefone ou no computador.

5. Você pode levar seu telefone e *laptop* para a escola, mas eles precisam ficar desligados durante o horário de aula e permanecer na mochila ou no armário (a menos que seja necessário para o trabalho escolar). Você deve concordar em aderir à política de uso de dispositivos da sua escola.

6. Recarregar seu telefone passará a fazer parte das rotinas após a aula e à noite. Você pode verificar seu telefone por quinze minutos depois da escola, enquanto faz um lanche, e então ele deve ser recarregado. Depois da lição de casa e dos esportes, você pode acessá-lo novamente, mas precisa deixá-lo na base de carregamento às 20h durante a semana e às 22h nos fins de semana.

7. Desligue o telefone em lugares públicos, como teatros ou restaurantes, e especialmente quando estiver interagindo com outra pessoa. Isso pode ser difícil às vezes. Nós vamos usar um sinal não verbal que combinamos para lembrá-lo dessa regra de etiqueta de uso do telefone.

8. Lembre-se de que o número de "curtidas" que você recebe em seus *posts* nas redes sociais não tem nada a ver com quantos amigos verdadeiros você tem. Para ter um amigo, seja um amigo.

9. As mídias sociais geram insegurança. Evite nomear publicamente os "melhores amigos" e não poste fotos que possam magoar os sentimentos de outras pessoas.

10. Esteja ciente das fotos que você publica nas mídias sociais. Limite o número de *selfies* postadas. Essa foto realmente precisa aparecer para o mundo inteiro ver?

11. Haverá momentos em que insistiremos para que você deixe seu telefone em casa. O tempo em família é importante.

12. Você é humano e vai cometer erros, e tudo bem! Nós também cometemos os nossos! Erros são oportunidades de aprendizado; nós vamos ajudá-lo a descobrir como corrigi-los quando eles acontecerem. Estamos no seu time.

13. Vamos verificar e revisar este acordo sobre tecnologia periodicamente em nossas reuniões de família.

14. Nós confiamos em você para lidar com a responsabilidade de usar a tecnologia e fazer boas escolhas. Vamos ficar um passo atrás e permitir que você aprenda à medida que avança, ficando por perto para apoiá-lo e encorajá-lo ao longo do caminho.

15. Concordamos em seguir as mesmas diretrizes. Pode ser que algumas vezes tenhamos que lidar com algo do trabalho ou alguma emergência, e vamos comunicar isso a vocês.[18]

7

CRIAÇÃO DE FILHOS EFICAZ *VERSUS* INEFICAZ

Durante um encontro do grupo de pais, Stan compartilhou uma história de sua infância, quando ele colou em uma prova da quinta série: "Eu fui estúpido o suficiente para escrever algumas respostas na palma da minha mão. A professora me viu abrir a mão para encontrar uma resposta. Ela pegou minha prova e o rasgou, na frente da turma toda. Recebi um F no teste e fui publicamente chamado de trapaceiro. A professora contou aos meus pais, e meu pai me deu uma surra e me colocou de castigo por um mês. Nunca mais trapaceei, e certamente mereci a nota F. Então, sim, eu fui punido quando era criança, mas acho que fiquei bem." É esse "bem" que queremos para nossos filhos, ou podemos fazer melhor?

Estilos parentais

Como você aprende a ser um pai ou mãe melhor? Afinal, o bebê vem sem um manual de treinamento. No Capítulo 6, aprendemos que a maioria de nós faz uma das duas coisas: (1) criamos nossos filhos como fomos criados, ou (2) criamos nossos filhos de maneira oposta à que fomos criados porque não nos sentimos bem sobre como fomos educados. Nesta seção, vamos rever os quatro tipos de estilo parental mais utilizados (a maioria dos pais é formada por alguma combinação dos quatro tipos).

Eles são:

- Autoritário (ditador).
- Permissivo (liberal).
- Negligente (ausente).
- Competente (Disciplina Positiva = gentil *e* firme ao mesmo tempo).

Estilo parental autoritário (ditador): ordem sem liberdade

Pais com um estilo parental autoritário usam o controle como base para a criação dos filhos, impondo regras e usando ameaças, punição e recompensas para "enquadrar" as crianças. Muitas vezes os pais usam esse método porque acreditam que a única alternativa a isso é a permissividade. Eles querem evitar que se tire proveito deles e temem o caos e a falta de controle que acompanham o estilo parental permissivo.

Infelizmente, a mensagem implícita para a criança é "É óbvio que você não é capaz de fazê-lo por conta própria, então vou obrigar você a fazer do meu jeito e no meu tempo". Esse estilo parental costuma estimular as disputas por poder, vingança e sentimentos de inadequação. Como resultado, os pais geralmente recebem o comportamento oposto ao que eles querem (irresponsabilidade, rebeldia, comportamentos de risco etc.). A ironia é que, no esforço dos pais para controlar o comportamento de seus filhos, eles muitas vezes perdem completamente o controle.

Quando os pais se sentem estressados e sobrecarregados, é fácil cair na armadilha do estilo parental autoritário. "Porque eu estou mandando" é simplesmente muito mais fácil. Sermões e comandos parecem vir naturalmente: "Faça isso", "Não faça aquilo", "Não esqueça disso", "Por que você não pode simplesmente..." A coisa mais triste de cair nessas armadilhas é que esperamos que nossos filhos controlem seu comportamento quando nós mesmos não controlamos o nosso. Às vezes, o melhor que podemos fazer é cometer esse erro, reconhecê-lo, pedir desculpas e trabalhar com nossos filhos em busca de soluções.

Estilo parental permissivo (liberal): liberdade sem ordem

Os pais que se concentram no estilo parental permissivo (mimar) geralmente se envolvem demais, são superprotetores e excessivamente tolerantes. Você está tentando fazer tudo? Você acha que é seu trabalho tirar seus filhos da cama, vesti-los, ter certeza de que eles tomaram o café da manhã, preparar o lanche da escola, verificar o dever de casa, resolver suas brigas e colocá-los a caminho da aula no horário – tudo isso enquanto se prepara para chegar a tempo em seu trabalho? Se for assim, você está gerando estresse desnecessário para si mesmo e criando filhos mimados, que se tornarão mais exigentes e menos cooperativos à medida que avançam em suas habilidades manipuladoras.

Vamos aceitar a realidade. Quando estamos nos sentindo estressados e sobrecarregados, pode ser tão fácil ser permissivo quanto ser autoritário. Muitas vezes cometemos o erro de sentir pena dos nossos filhos. Pode parecer mais fácil simplesmente salvá-los. Mais uma vez, esquecemos os resultados em longo prazo. Crianças fazem birra, birra, birra. Os pais dizem não, não, não. Crianças fazem birra, birra, birra. Os pais dizem não, não, não. Crianças fazem birra, birra, birra. Os pais ficam sem tempo ou paciência e cedem, o que põe um fim ao comportamento (no curto prazo). Essa cena se repete várias vezes nas lojas, na hora de dormir, pela manhã. Assim como o controle excessivo convida as crianças a pensar e agir "contra" seus pais, a permissividade estimula as crianças a pensar e agir "para" si mesmas de maneira egoísta. A permissividade convida as crianças a adotar a crença "O mundo me deve a vida" ou "Amar significa fazer as outras pessoas me darem tudo o que eu quero". Quando as crianças fazem birra e os pais acabam cedendo, ensinam a seus filhos que "não" não significa não. Ensinam a eles que "não" significa "continuar incomodando até eu ceder". Em essência, eles treinam seus filhos para que as birras ou outras formas de mau comportamento funcionem. Temos um ditado: "Não faça nada pelas crianças que elas possam fazer por si mesmas."

Estilo parental negligente (absenteísmo/abandono): sem liberdade, sem ordem

Os pais que seguem um estilo parental negligente provavelmente não estarão lendo este livro. Um pai ou mãe pode ser ausente em virtude de doença, vício, morte ou abandono. Pela razão que for, ele ou ela pode se sentir incapaz de fazer seu trabalho como pai ou mãe. Às vezes é uma pessoa que simplesmente não gosta de ser pai ou mãe e preferiria fazer outra coisa em vez disso. Ele ou ela pode deixar as crianças com uma babá, ou simplesmente deixar as crianças entregues a si mesmas. Isso estimula a criança a se sentir sem importância, sem amor e indigna, e certamente não a ajuda a experimentar qualquer senso de aceitação e importância.

Estilo parental competente (Disciplina Positiva): liberdade com ordem

O estilo parental competente incorpora o princípio da Disciplina Positiva de gentileza *e* firmeza ao mesmo tempo. Isso significa respeito por si mesmo e pelos outros na mesma medida. Significa incluir as crianças nas tomadas de decisão assim que tiverem idade suficiente para isso. Os princípios da Disciplina Positiva são baseados em um estilo parental competente.

Mesmo que sinta que o seu é uma mistura de estilos (ou oscila entre dois), você muito provavelmente pode identificar um traço dominante. No Capítulo 12 nós vamos discutir o conceito de "*top card*", que é uma maneira de entender suas tendências comportamentais. O conceito de *top card* lhe dará mais pistas sobre o tipo de estilo parental pelo qual você se sente mais atraído. Ao estar ciente de suas próprias tendências, será mais fácil identificar com quais dos seus comportamentos específicos você precisa trabalhar em si mesmo. Mantenha isso em mente enquanto trabalha o seu jeito com a ajuda deste livro.

Como isso funciona quando os pais têm estilos diferentes? Muitos casais entram em conflito porque talvez um seja permissivo enquanto o outro é autoritário. Como isso pode influenciar seus filhos e a dinâmica de sua família? As crianças aprendem muito cedo quem é o "policial bom" e quem é o "policial mau", e muito rapidamente elas vão descobrir como manipular a situação. Muitas vezes elas criam uma rachadura no relacionamento do casal, jogando um contra o outro. Quando um diz não, elas correm para o outro, que provavelmente dirá sim. Honestamente, as crianças não querem de forma consciente causar problemas entre os pais. Elas não estão pensando nas consequências em longo prazo de seu comportamento. Elas só querem conseguir o que querem, e são muito espertas em trabalhar o "sistema" que seus pais criaram pelas diferenças nos estilos parentais. É melhor respeitar o estilo parental do seu parceiro enquanto, calmamente, dá exemplo do seu próprio. Desde que exista respeito tanto pelo estilo do seu parceiro como pelo seu, e as crianças se sintam amadas, elas ficarão bem.

Independentemente do seu estilo parental, você será perfeito e nunca cometerá erros? Não, claro que não. Isso pode, entretanto, ser uma bênção para seus filhos. Abrace seus próprios maus comportamentos e ensine o conceito da

Disciplina Positiva de olhar os erros como maravilhosas oportunidades de aprendizagem.

Os problemas com a parentalidade punitiva (autoritária)

De onde tiramos a ideia de que, para fazer as crianças agirem melhor, devemos primeiro fazê-las se sentir pior? Isso descreve a filosofia na qual a punição está baseada. Ela funciona como uma teoria motivacional para nós adultos? Não! Mesmo assim achamos que deveria funcionar para as crianças, normalmente por causa de duas coisas: (1) nós mesmos fomos punidos quando crianças e "nos saímos bem", e (2) funciona como uma maneira de disciplinar as crianças. Sim, a última afirmação é verdadeira – a punição realmente funciona, mas apenas no *curto prazo*. Ela não ajudará seus filhos a desenvolverem traços de caráter eficazes, pelo menos não em seu nível máximo. As crianças aprenderão a superar e a resolver coisas, mas que tal destacar-se com seu senso de autoestima intacto? Como a punição faz você se sentir como pai ou mãe? Você ainda desejaria punir se filho se pudesse motivá-lo a melhorar o comportamento dele de maneiras gentis e firmes? A punição costuma despertar, naquele que pune, o sentimento de culpa e arrependimento, além de uma sensação de não estar fazendo a coisa certa em longo prazo.

Infelizmente, dos pais que punem crianças, a maioria o faz porque verdadeiramente ama seus filhos. Eles acreditam que a punição ajudará seus filhos a aprenderem a se comportar melhor. Alfie Kohn afirma de forma eloquente o que sabemos ser verdade: "A notícia inquietante é que recompensas e punições são inúteis na melhor das hipóteses, e destrutivas na pior delas, para ajudar as crianças a desenvolverem tanto valores como habilidades. O que recompensas e punições conseguem é a complacência temporária. Elas nos garantem obediência. Se isso é o que queremos dizer quando dizemos que 'funcionam', então sim, elas fazem maravilhas. Mas, se estamos preocupados com o tipo de pessoas que nossos filhos se tornarão... nenhuma manipulação comportamental jamais ajudou uma criança a desenvolver o compromisso de se tornar uma pessoa afetuosa e responsável."[19] A punição física também comunica às crianças que não há problema em usar violência contra os mais fracos.

A punição tem o objetivo de fazer as crianças *pagarem* por seus erros. Disciplina que *ensina* (a definição que preferimos) tem o objetivo de ajudar as crianças a *aprenderem* com seus erros em uma atmosfera de encorajamento e apoio. Esse aprendizado vai ajudá-las a crescer e desenvolver sistemas positivos de crenças estabelecidos em torno de ser capaz e amado, o que vai fazê-las prosperar – não apenas superar e ficar "bem". Vamos ilustrar esse conceito crucial revisitando nossa história de abertura. Stan tinha sido pego colando em um teste no quinto ano, e sentiu que merecia a punição que recebeu. Aqui, a líder do *workshop* guia Stan por meio de sua lógica pessoal para descobrir como seu sistema de crenças foi afetado pela punição. Ela então conduz os participantes a um cenário alternativo que teria levado a um crescimento maior:

LÍDER: Todos concordam com Stan que ele merecia a nota F?

GRUPO: Sim.

LÍDER: Isso teria sido suficiente para ensinar a ele as consequências de suas escolhas, ou ele também precisava da punição?

GRUPO: Hmmm...

LÍDER: O que você acha, Stan? Como você se sentiu ao receber o F por ter colado?

STAN: Eu me senti muito culpado e muito envergonhado.

LÍDER: O que você decidiu a respeito disso?

STAN: Que eu não faria aquilo de novo.

LÍDER: O que você decidiu depois de receber a surra?

STAN: Que eu era uma decepção para meus pais. Eu ainda me preocupo em desapontá-los.

LÍDER: Então, como a punição o ajudou?

STAN: Bem, eu já tinha decidido que não iria colar novamente. A culpa e a vergonha de ser pego na frente dos outros foram suficientes para me ensinar essa lição. Na verdade, a preocupação em desapontar meus pais é um verdadeiro fardo.

LÍDER: Se você tivesse uma varinha mágica e pudesse mudar o roteiro daquela situação, como você a mudaria? Como mudaria o que alguém disse ou fez?

STAN: Bem, eu não teria colado.

LÍDER: E depois disso?

STAN: Eu não sei.

LÍDER: Quem teria alguma ideia para o Stan? Em geral é mais fácil ver alternativas quando você não está envolvido emocionalmente. O que a professora ou os pais de Stan poderiam ter feito ou dito que demonstrasse uma disciplina gentil e firme?

MEMBRO DO GRUPO: Eu sou professor. A professora poderia ter levado Stan a um local reservado e perguntado por que ele estava colando.

LÍDER: Stan, como você teria respondido a essa pergunta?

STAN: Que eu queria tirar uma boa nota na prova.

MEMBRO DO GRUPO: Então eu diria a ele que apreciava seu desejo de ir bem na prova e perguntaria como ele se sentia sobre colar como uma maneira de conseguir isso.

STAN: Eu prometeria nunca mais fazer isso de novo.

MEMBRO DO GRUPO: Eu diria que ele teria que receber um F naquela prova, mas que eu estava feliz por ele ter aprendido a evitar a trapaça. Então, eu pediria que ele preparasse um plano para mim sobre o que faria para tirar uma boa nota na próxima prova.

STAN: Eu ainda me sentiria culpado e envergonhado por ter colado, mas também apreciaria a gentileza com firmeza. Agora vejo o que isso significa.

LÍDER: Agora você tem alguma ideia de como você poderia usar sua varinha mágica para mudar o que seus pais fizeram?

STAN: Teria sido bom se eles tivessem reconhecido quão culpado e envergonhado eu me sentia. Eles poderiam ter empatia pela lição difícil que eu aprendi. Então eles poderiam expressar sua confiança em mim para aprender com a minha experiência e para fazer a coisa certa no futuro. Eles poderiam afirmar que me amavam independentemente de qualquer coisa, mas esperavam que eu não desapontasse a mim mesmo no futuro. Uau, que conceito – me preocupar mais em desapontar a mim mesmo do que a meus pais. Acho isso muito encorajador.

Vários pontos podem ser destacados dessa discussão sobre educação não punitiva.

1. Educação não punitiva não significa deixar que as crianças "escapem" com seu comportamento.
2. Educação não punitiva significa ajudar as crianças a explorar as consequências de suas escolhas em um ambiente de apoio e encorajamento para que o crescimento e a aprendizagem duradouros possam ocorrer.

3. A maioria das pessoas fica "bem" mesmo após uma punição, mas elas poderiam aprender ainda mais se recebessem tanto gentileza como firmeza para aprenderem com seus erros.

Você está satisfeito com "ficar bem" ou quer que seus filhos tenham o tipo de educação que os ajuda a se tornarem as melhores pessoas que podem ser?

Os problemas com a educação permissiva

Como você viu anteriormente, a falta de contribuição inerente a uma criação permissiva tira das crianças as oportunidades para desenvolverem resiliência e persistência e as torna menos adaptadas à vida adulta. Uma criação permissiva muitas vezes aparece de três formas: recompensas, elogios e mimos.

Recompensas
No início de sua carreira, antes de receber treinamento em Disciplina Positiva, Joy usava quadros de recompensas em sua sala de aula. Uma menina ficou fascinada pela ideia de ganhar estrelas douradas por ajudar com as atividades na sala de aula. Um dia os pais foram convidados a visitar a turma e havia refrescos para serem servidos. Antes mesmo de pedir, Joy ficou encantada ao ver como sua aluna "mais dedicada" tomou a iniciativa e arrumou os copos e os guardanapos. Ela então se aproximou de Joy com o rosto radiante e a mão estendida e disse: "Professora, posso receber minha estrela agora?" Joy ficou chocada ao perceber que estava ensinando as crianças a se tornarem dependentes de formas externas de recompensa para diversão e senso de autoestima.

Kohn descreve vários projetos de pesquisa que demonstraram que as recompensas realmente prejudicam o desempenho, e que as crianças que tentaram ganhar recompensas, na verdade, cometeram mais erros do que aquelas que simplesmente foram informadas dos resultados de seus esforços na execução de uma tarefa. Pesquisas atuais sobre teoria motivacional dos adultos provam que, para algo que seja mais que uma tarefa repetitiva básica, a punição e as recompensas não funcionam como motivadores. Discutiremos essa dinâmica detalhadamente no Capítulo 16. Devemos deixar claro que o uso desnecessário e superficial das recompensas está criando uma geração de crianças viciadas em aprovação e que não as preparará para as realidades da vida adulta. Trabalhar duro pelas conquistas e ser reconhecido pelos esforços é o que levará a um saudável senso de contribuição e autoestima.

Elogio

Como vimos no Capítulo 6, as tendências recentes dos pais têm estado muito focadas em fazer as crianças desenvolverem um forte senso de aceitação, mas os pais, erroneamente, costumam usar recompensas e elogios para conseguir isso. O elogio encoraja as crianças a reconhecerem seu próprio valor, ou as encoraja a depender das opiniões dos outros? Achamos que é o último, mas é compreensível que o elogio e o encorajamento sejam frequentemente confundidos. O elogio se concentra na realização externa, enquanto o encorajamento está na motivação interna e no esforço.

Existe algum espaço para o elogio? Pode ajudar se você pensar em elogios como uma sobremesa. Um pouco pode ser muito satisfatório. Muito pode não ser saudável. Todas as crianças querem saber que seus pais se orgulham delas. Se os pais ouviram falar dos perigos do elogio e, por isso, nunca o usam, seus filhos podem se sentir desencorajados. Isso ficou claro quando Jane recebeu a seguinte carta de Jill Fisher, da Austrália.

PERGUNTA: *Estou no limite com minha filha de 13 anos. Nossa outra filha tem nove. Nós temos seguido a Disciplina Positiva há cerca de dois anos e isso mudou muito a forma como agimos e falamos com nossas meninas em casa. Este último mês estamos tendo um problema com a palavra "elogio" com a nossa filha de 13 anos. Ela vai muito bem na escola e tira notas incríveis; ela ama a escola! Então, nas últimas provas, ela voltou para casa e nos contou seus resultados, e meu marido e eu dissemos a ela: "Uau, resultados incríveis, Zara! Você deve estar muito orgulhosa. E está claro que você trabalhou duro e isso valeu a pena!" Ela nos desconcertou quando respondeu: "Por que vocês não podem simplesmente dizer que estão muito orgulhosos de mim, como todos os outros pais normais?"*

Nós costumávamos usar os métodos Supernanny, como mandá-la para o castigo ou mandá-la para a cama cedo quando ela tinha um mau comportamento. Agora ela prefere o Canto da Calma, que todos nós usamos, e depois conversamos quando nos acalmamos e usamos regularmente os quatro R da reparação! Nós fazemos reuniões de família semanais, o que definitivamente mudou muito nossa casa – tarefas, oportunidades com erros etc. Mas tem apenas uma coisa que meu marido e eu não fazemos ideia de como lidar. Devo sentar com ela e dizer: "É claro que estamos muito orgulhosos de você e você está se esforçando muito na escola e obtendo resultados surpreendentes, mas, mais importante que isso, você deve estar muito orgulhosa de si mesma"?

—Jill Fisher, Austrália

RESPOSTA: Oi, Jill. Estou tão feliz que você tenha feito essa pergunta. Eu sei que você representa muitos pais que enfrentam o mesmo problema.

Primeiro, quero esclarecer um ponto importante: pode ser ineficaz usar qualquer ferramenta como "técnica" sem entender o princípio por trás da ferramenta. Quando você entende o princípio e o leva em seu coração e consciência, há muitas maneiras de usar as ferramentas de forma que não soem como roteiros prontos. Eu ouvi seu coração e sua consciência em alto e bom som quando você escreveu: "Devo sentar com ela e dizer: É claro que estamos muito orgulhosos de você e você está se esforçando muito na escola e obtendo resultados surpreendentes e deve estar muito orgulhosa de si mesma. Isso é o mais importante!" Tenho certeza de que você tem muito orgulho dela – então, diga isso a ela. Admita que cometeu um erro e não lhe contou a verdade sobre o orgulho que sente por ela porque temia que isso a tornasse dependente da opinião dos outros. Deixe que Zara saiba o alívio que é poder dizer a ela como está orgulhosa e que também gostaria de saber o quanto ela está orgulhosa de si mesma.

Mimo

Mimar (permissividade, superproteção, resgate) está do outro lado do espectro da punição. Os pais que mimam esperam que seus filhos pensem: "Obrigado por me amar tanto que nunca terei que sofrer. Eu serei eternamente grato e compensarei você sendo o melhor menino do bairro." Assim, os pais acabam cedendo às exigências por doces no supermercado ou pelo item da última moda "porque todo mundo tem". Talvez seja particularmente fácil os pais que trabalham caírem nessa armadilha em virtude da culpa que carregam, o que exploramos em detalhes no Capítulo 3. De fato, alguns pais dizem que sua principal razão para trabalhar é que seus filhos possam ter mais coisas (embora eles prefiram a palavra "vantagens"). Eles podem até sofrer tentando entender por que seus filhos são tão ingratos e continuam a exigir mais deles. Quando os pais pensam sobre isso, no entanto, percebem que seus filhos não podem desenvolver habilidades de sobrevivência e resolução de problemas se nunca tiverem a oportunidade de praticá-las. E, sim, eles podem, de fato, sobreviver às frustrações.

A permissividade é quase sempre algo que "outros pais fazem", e a maioria reconhece sua ineficácia quando vê outros pais fazendo isso. Milhões de pessoas assistiram, chocadas, há alguns anos, uma equipe de reportagem de um programa de TV acompanhar pais que levavam seus dois filhos para uma grande loja de descontos. Um dos filhos queria um determinado brinquedo. Os pais conversaram com ele muito gentil e razoavelmente sobre por que não poderiam comprar o brinquedo. O menino teve uma crise de birra. Ele pegou o brinquedo da prateleira e o colocou no carrinho. A mãe o tirou do carrinho e o colocou de volta na prateleira, enquanto continuava a discutir o assunto com muita firmeza. Mas, quanto mais o volume de voz da criança aumentava, mais a força de vontade da mãe diminuía. No fim, ela cedeu e comprou o brinquedo para a criança. Isso provocou um grande alvoroço nos comentários dos espectadores. Alguns disseram: "Esse garoto deveria ter levado uma surra no minuto em que a birra começou." Outros disseram: "Não posso acreditar que esses pais puderam ser tão fracos." Ou "Nunca deixaria meu filho agir assim."

É verdade que os pais eram inconsistentes e fracos. É possível que esses pais tivessem ficado horrorizados se estivessem assistindo a outra pessoa! É muito fácil julgar os outros quando você não está emocionalmente envolvido, totalmente frustrado e sem tempo. É verdade que as crianças não são educadas da melhor forma quando os pais cedem. No entanto, a única alternativa é uma palmada ou alguma outra forma de punição? Claro que não! Nenhum dos dois métodos produz resultados eficazes em longo prazo se você considerar o que as crianças podem estar decidindo em resposta tanto à permissividade como à punição.

O que aqueles pais estavam pensando? Nós podemos apenas imaginar. Estariam eles pensando: "Eu não suporto quando meu filho faz birra?" Eles estavam preocupados com o que os outros estavam pensando? Ou no fim eles cederam porque simplesmente não sabiam mais o que fazer? Todos esses pensamentos provavelmente cruzaram suas mentes, mas o último pode ter tido o maior peso. Muitos pais amorosos simplesmente não têm instrumentos em sua caixa de ferramentas de criação de filhos além da permissividade ou da punição. É provável que esses pais não aceitem a punição como uma opção e viram a permissividade como a outra única escolha.

Disciplina Positiva oferece alternativas para punição e permissividade

É interessante notar que os pais não precisam de treinamento nos métodos parentais mais populares: punição, permissividade, recompensas, elogio, resgate e excesso de tolerância. Esses métodos parecem vir naturalmente. Os pais ocasionalmente se veem oscilando de um extremo ao outro: são permissivos até não suportarem seus filhos, depois controladores até que não suportem a si mesmos. Além disso, é impressionante a quantidade de pais que temem que, se não mimarem ou punirem, a única alternativa seja a negligência. Negligenciar nunca é aceitável. A Disciplina Positiva oferece muitas alternativas que são respeitosas, gentis e firmes ao mesmo tempo, e eficazes em longo prazo. No entanto, é preciso conscientização, treinamento e prática para usar métodos não punitivos. Cabe a você praticar, cometer erros, aprender com seus erros e continuar praticando. Criar filhos capazes, confiantes e carinhosos exige tempo, energia e paciência (e estamos cientes de que você pode estar com estoque baixo dos três!), mas é possível e vale a pena o esforço.

Quais poderiam ser algumas soluções gentis e firmes para aqueles pais na loja? Quando a criança pediu o brinquedo, os pais poderiam validar os sentimentos dela (conexão) e depois dizer não apenas uma vez (firmeza). Algo parecido com isto: "Eu sei que você realmente quer esse brinquedo, e você não pode tê-lo hoje." Então eles poderiam fechar a boca e agir gentilmente e com firmeza, levando a criança para o carro, onde ela poderia expressar seus sentimentos (fazer birra) com privacidade. Ou os pais poderiam perguntar: "Você tem dinheiro suficiente guardado da sua mesada?" Quando a criança fizesse bico e dissesse que não, eles poderiam responder: "Assim que economizar dinheiro suficiente, você pode ter o brinquedo." Uma outra opção, os pais poderiam avisar antecipadamente aos filhos que todos deixariam a loja de imediato se houvesse algum mau comportamento.

Você cultiva o melhor em seus filhos quando seus métodos atendem aos cinco critérios para uma disciplina eficaz que estabelecemos no Capítulo 2: ajuda as crianças a terem um senso de conexão, aceitação e importância; é gentil e firme ao mesmo tempo; é eficaz em longo prazo; ensina valiosas habilidades sociais e de vida; e empodera as crianças (e os pais) a se sentirem capazes e a usarem seu poder de forma construtiva. Sim, a disciplina eficaz pode ajudar as crianças a terem um senso de conexão, aceitação e importância. Punição não. A disciplina da gentileza e firmeza é respeitosa com a criança e com o adulto. Punição, permissividade, recompensas, elogios e ajuda em excesso não são. Disciplina eficaz tem resultados positivos em longo prazo. Métodos punitivos podem parar o comportamento em curto prazo, mas têm um impacto negativo nos resultados de longo prazo. Por último, mas não menos importante, tanto você como seu filho se sentirão capazes e experimentarão a alegria de usar seu poder de forma construtiva.

Ensinar habilidades parentais

É uma boa ideia saber o que você quer para seus filhos. Assim como em todos os empreendimentos na vida, as chances de sucesso aumentam quando temos clareza sobre o que queremos. Só então podemos entender melhor como chegar lá. No final deste capítulo, temos um exercício sobre a definição das características e habilidades de vida que você quer para seus filhos. Como você ensina essas importantes características e habilidades de vida? Para responder a essa pergunta, você também fará uma lista dos de comportamentos desafiadores que experimenta com seus filhos. Acredite ou não, esses desafios são as oportunidades que você precisa. Os maus comportamentos são pistas de como você pode mudar seu próprio comportamento e escolher as ferramentas da Disciplina Positiva mais apropriadas.

Como muitos pais, você pode se surpreender ao descobrir que mudar seu próprio comportamento é a coisa mais importante que você pode fazer para inspirar as crianças a mudarem o delas. Vamos exemplificar. Em nossas aulas de educação parental, nós gostamos de usar o exemplo da "não escuta" para uma atividade que demonstra como os pais modelam o oposto de escutar. Em vez disso, eles *falam*, e falam *tagarelando* em vez de oferecer um diálogo. Eles falam para as crianças o que aconteceu, o que levou isso a acontecer, como elas devem se sentir sobre isso, e o que devem fazer sobre isso. Então eles se perguntam por que as crianças não só não escutam (ou seja, obedecem) como muitas vezes "retrucam". Então as crianças são repreendidas por seguirem os mesmos comportamentos dos seus pais.

Em vez disso, ensinamos a habilidade de fazer perguntas curiosas por meio de frases como "O que aconteceu?", "Como você se sente sobre isso?", e "Que ideias você tem para resolver esse problema?", e encorajamos os pais a realmente escutarem as respostas. Quando os pais fazem o papel da criança, ouvindo essas respeitosas perguntas curiosas, eles ficam impressionados com o quanto se sentem escutados e, como resultado, com o quanto seus filhos sentem vontade de cooperar. Pense nas suas próprias reações quando alguém lhe dá sermões em seu local de trabalho. Você sente vontade de cooperar ou tem vontade de escapar? Você pode até querer retrucar, mas segura a língua para não perder o emprego. Por outro lado, quando alguém respeitosamente faz uma pergunta e escuta sinceramente suas respostas, como você se sente? Você fica mais propenso a se sentir parte de uma equipe cooperativa?

Vamos ver outro exemplo. Se seu filho está com dificuldades acadêmicas, digamos que em matemática, o que você faz? Você provavelmente se senta com ele, divide o problema em passos menores, encoraja ele ou ela, mostra confiança de que ele ou ela é capaz de fazer e tem paciência. Agora, o que você faz quando seu filho tem dificuldades em uma ou mais habilidades de vida importantes? Você mostra a ele um pequeno passo? Dedica tempo para treinamento? Modela paciência enquanto ele ou ela está aprendendo uma nova habilidade? Alguns pais têm dificuldade em modelar a paciência ou muitas outras habilidades de vida, então retrocedem à punição e à culpa. Por que isso acontece? Eles se envolvem emocionalmente. Pensar de forma racional e ajudar com algo como a matemática é mais fácil – você não está se sentindo desafiado, estressado ou sobrecarregado.

As ferramentas da Disciplina Positiva que você está aprendendo neste livro não apenas *modificam o comportamento negativo*, tanto o seu como o dos seus filhos, mas também encorajam o desenvolvimento das *características e habilidades de vida* que você deseja para seus filhos (e para si mesmo). Viva! Finalmente, você pode começar a ver os maus comportamentos como oportunidades e ficar empolgado com a ideia de que, toda vez que eles acontecem, você tem a oportunidade de encorajar seu filho a se tornar um ser humano responsável e independente!

A tabela a seguir resume os métodos parentais ineficazes e eficazes, conforme discutido neste capítulo, e pode ser um guia útil para as atitudes e estratégias que você deseja desenvolver.

Pais que usam métodos parentais ineficazes	Pais que usam métodos parentais eficazes
Veem as crianças como posses	Veem as crianças como presentes
Tentam moldar as crianças para serem o que eles querem	Educam as crianças para serem quem são
São amigos não confiáveis (ou insistem que os pais não podem ser amigos do filho)	São amigos respeitosos e apoiadores
Cedem ou fazem a criança ceder	Permanecem gentis e firmes
Controlam e mandam	Orientam e treinam
Esforçam-se pela perfeição (da criança e deles)	Ensinam que erros são oportunidades
Tentam ganhar da criança	Tentam ganhar a criança
Usam sermão ou punição ("para o seu próprio bem")	Envolvem a criança em soluções
Tratam a criança como um objeto ou um destinatário	Tratam a criança como um agente
Superprotegem	Oferecem supervisão apropriada
Evitam sentimentos (tentam prevenir ou salvar as crianças de senti-los)	Permitem sentimentos e são empáticos
Consertam para a criança	Ensinam habilidades de vida
Dão bronca e em seguida socorrem	Permitem que a criança experimente e depois explore as consequências de suas escolhas
Tomam o comportamento como pessoal	Ajudam a criança a aprender com o comportamento
Pensam apenas em seu próprio ponto de vista	Entram no mundo da criança
Têm medo	Têm confiança
São centrados na criança	As crianças são envolvidas

DISCIPLINA POSITIVA EM AÇÃO

Nicole compartilha a história de sua descoberta de estratégias parentais eficazes: "Quando nossos filhos eram pequenos, meu marido e eu batíamos neles frequentemente, sempre que eles se comportavam mal e nós estávamos bravos. Fizemos um curso de Disciplina Positiva e tivemos uma verdadeira revelação. Fizemos nossa primeira reunião de família e dissemos às crianças (9 e 11 anos naquela época) que nunca mais puniríamos ou bateríamos. Eles não acreditaram em nós. Nós dissemos a eles que, se fizéssemos isso, estaríamos errados e pediríamos desculpas. Nunca mais batemos neles de novo. Com certeza houve um período de adaptação com muitos conflitos e birra, com as crianças testando nossos limites e a nova realidade delas. Mas conseguimos, na maioria das vezes, manter estratégias mais positivas, como pausa positiva e acompanhamento de acordos.

"Eu senti como se um peso fosse tirado dos meus ombros. Eu não precisava mais lidar com tudo, nem ser ou fazer as regras. Eu não tinha toda a responsabilidade; nós compartilhamos poder e responsabilidade entre nós, pais e filhos. Nós nos tornamos uma equipe, trabalhando juntos pelo bem da família, ajudando uns aos outros. Estou admirada com a sabedoria que as crianças mostram quando lhes damos a oportunidade. Meu filho de 12 anos decidiu em um momento não fazer uso de telas por uma semana quando viu que não era útil para ele. Outro resultado surpreendente do uso de ferramentas da Disciplina Positiva (como colocar as crianças no mesmo barco e resolver os problemas em reuniões de família) é que as brigas entre irmãos quase não acontecem mais. A Disciplina Positiva trouxe um forte espírito de equipe para a família."

Ferramentas da Disciplina Positiva

Ensinar características e habilidades de vida pode ser tanto divertido como estimulante quando você percebe quantas oportunidades existem para fazer isso. Para saber se você está no caminho certo com o seu próprio comportamento, aqui estão algumas ferramentas fundamentais da Disciplina Positiva que vale a pena saber de cor!

Gentileza e firmeza

Firmeza e gentileza devem sempre andar de mãos dadas para evitar os extremos de ambas. Comece validando sentimentos e/ou mostrando compreensão. Ofereça uma escolha quando possível. Aqui estão alguns exemplos: "Eu sei que você não quer escovar os dentes *e* eu vou conduzir você até o banheiro"; "Você quer continuar jogando *e* está na hora de ir para a cama. Você quer que eu leia uma história ou duas?"; e "Eu amo você, *e* a resposta é não".

Evitar mimo e punições

Os pais cometem um erro quando mimam em nome do amor. Um dos maiores presentes que você pode dar aos seus filhos é permitir eles desenvolvam a crença "eu sou capaz". Mimar gera fraqueza porque as crianças desenvolvem a crença de que os outros devem fazer tudo por elas. A punição pode parar o comportamento em curto prazo; no entanto, as consequências em longo prazo podem ser devastadoras, pois a criança desenvolve sentimentos de ressentimento e vingança. Às vezes são as experiências mais difíceis para você e seus filhos que trarão os maiores benefícios para o resto de suas vidas.

Perguntas curiosas

Em vez de sermões com a tentativa de enfiar na cabeça, tente perguntas curiosas para trazer informações à tona. Quando as crianças ouvem uma pergunta respeitosa, geralmente se sentem capazes e cooperam. A chave é usar perguntas que comecem com "O que" e "Como", por exemplo "O que você precisa fazer para estar pronto para a escola no horário?"; "Como você e seu irmão podem resolver esse problema respeitosamente?"; "O que você precisa levar se não quiser sentir frio lá fora?"; e "Qual é o seu plano para fazer seu dever de casa?"

Consequências naturais

As crianças podem desenvolver resiliência e capacidade ao experimentar as consequências naturais de suas escolhas. Evite dar sermões ou dizer "Eu disse que isso iria acontecer". Em vez disso, demonstre empatia: "Você está encharcado; deve estar desconfortável". Seja acolhedor sem resgatar: "Um banho quente pode ajudar". E sempre valide os sentimentos: "Parece que foi muito embaraçoso". Depois de permitir que seu filho vivencie as consequências naturais de uma escolha, você pode usar as perguntas curiosas para começar uma conversa e ajudá-lo a ficar mais consciente de como ele pode ter mais controle sobre o que acontece com base em suas escolhas.

EXERCÍCIO

Criando um roteiro para a sua parentalidade.

Comece criando uma lista de desafios que você está enfrentando atualmente com seus filhos. A seguir você encontra uma compilação dos desafios apresentados por milhares de pais de todo o mundo. Você pode achar reconfortante saber que não está sozinho! Embora existam algumas diferenças culturais ou situacionais, na maioria dos casos os desafios que enfrentamos são adequados à idade e fazem parte do crescimento e desenvolvimento naturais das crianças. Sinta-se à vontade para adicionar qualquer comportamento que seja desafiador para você e que tenhamos deixado de fora.

Desafios

- Exigir sua atenção
- Não fazer tarefas domésticas/trabalho
- Não escutar

- Retrucar
- Não ter motivação
- Querer ter direitos
- Ser materialista
- Ser teimoso

- Desafiar

- Ter vício em tecnologia
- Estar sempre mandando mensagens no celular
- Fazer birra

- Choramingar
- Trapacear

- Brigar (especialmente com os irmãos)
- Morder
- Agredir
- Mentir
- Roubar
- Ter problemas com a lição de casa

- Aborrecer na hora de levantar e na hora de dormir

- Usar linguagem imprópria
- Interromper

Agora, reserve alguns minutos para criar uma lista de características e habilidades de vida que você espera que seus filhos desenvolvam. Imagine seu filho como um adulto que veio a sua casa para uma visita. Com que tipo de pessoa você gostaria de passar o tempo? Sua lista é semelhante a esta que virá a seguir?

Características e habilidades de vida

- Habilidades de solução de problemas
- Responsabilidade
- Gratidão
- Cooperação
- Autodisciplina
- Autocontrole
- Habilidades de comunicação
- Resiliência
- Autoconfiança

- Coragem
- Cortesia
- Paciência
- Mente aberta

- Senso de humor
- Compaixão
- Respeito por si e pelos outros
- Empatia
- Integridade
- Entusiasmo pela vida
- Interesse em aprender
- Honestidade
- Crença em sua capacidade pessoal
- Consciência social
- Automotivação
- Gentileza

Adicione qualquer outra característica à sua lista que você sinta que ficou de fora. Volte ao capítulo e revise as estratégias ineficazes que você percebe que vem usando. Pergunte a si mesmo: "Essas estratégias promovem alguma das características que eu quero? E elas reforçam algum dos comportamentos negativos que eu quero eliminar?" Então, olhe para as estratégias eficazes descritas no capítulo e pense de que forma elas podem ajudá-lo a ensinar e desenvolver as características positivas e habilidades de vida que você está buscando. Mantenha suas listas à mão e consulte-as frequentemente para verificar se as ferramentas da Disciplina Positiva deste livro estão ajudando você a oferecer a atmosfera que inspira o desenvolvimento das características que você quer, e as estratégias para lidar com os desafios que enfrenta. E lembre-se de que são os desafios que nos fornecem as oportunidades para ensinar essas importantes características e habilidades de vida.

8

COMPREENDER OS OBJETIVOS EQUIVOCADOS

A crença por trás do comportamento

Neste capítulo, trataremos da abordagem fundamental do comportamento infantil, como é entendida na psicologia adleriana, com uma ferramenta chamada Quadro dos objetivos equivocados. Nós usamos o quadro para identificar as crenças equivocadas e aprender a corrigir o mau comportamento de maneira positiva. Este capítulo será um pouco mais técnico, por isso pegue uma xícara de chá e se concentre aqui por um tempo! Mesmo que você precise reler algumas vezes, queremos enfatizar a importância de entender essa ferramenta fundamental da Disciplina Positiva. Se você dominar isso, terá uma chave para desvendar praticamente qualquer situação desafiadora de comportamento, inclusive com adultos. Ela é mesmo poderosa!

Perspectiva da Disciplina Positiva sobre o comportamento das crianças

Você se lembra das suas fantasias sobre como seria ter um filho antes de realmente ter um? Essa criança nunca teria o nariz escorrendo, estaria sempre bem-arrumada e seria muito querida, se comportaria bem e, certamente, nunca teria permissão para retrucar. A esta altura você já passou pelo despertar impactante, porque a verdade é que as crianças nem sempre se comportam da maneira que esperamos ou desejamos que o façam. Isso aumentou a sua sensação de estresse e de estar sobrecarregado? Sentir-se ainda mais estressado e sobrecarregado não significa que você seja um pai ou mãe ruim. Significa apenas que existe uma enorme diferença entre fantasia e realidade, que pode levar pais estressados a escolher, inconscientemente, estratégias parentais ineficazes (afinal, eles também se sentem desencorajados). O mau comportamento é uma parte normal tanto do desenvolvimento da primeira infância como do processo de individuação do adolescente. A psicologia adleriana fornece uma excelente estrutura para a compreensão do comportamento infantil. Neste capítulo, você aprenderá que é normal que as crianças se comportem mal à medida que crescem, desenvolvem e testam seus próprios limites. Isso deve ajudar a aliviar parte do estresse e ajudá-lo na escolha de métodos parentais encorajadores.

Por que as crianças se comportam mal?

É normal que as crianças sondem (se comportem mal) para descobrir como se encaixam neste mundo. Como elas encontram aceitação, conexão e capacidade? Como elas descobrem quem são, separadas de seus pais? Como elas lidam com a percepção de serem menos capazes que os outros? Como elas lidam com a frustração de não ter as habilidades necessárias para realizar seus desejos? Muitas vezes, a maneira como elas lidam com suas percepções e frustrações é se sentindo desencorajadas e depois se comportando mal. Lembre-se do que Rudolf Dreikurs disse: "Uma criança malcomportada é uma criança desencorajada."

Como discutimos na Introdução, muitas vezes é difícil entender por que as crianças acreditam que não são aceitas ou sentem que não são capazes. Por exemplo, como uma criança acredita que não é aceita mesmo que seus pais a amem? Por que ela decide que não é aceita quando seus pais têm outro bebê? Por que uma criança pequena acredita que não é capaz só porque não consegue fazer algo tão bem quanto uma criança mais velha? Sua mente não se desenvolveu o suficiente para compreender lógica e, consequentemente, conceitos como causa e efeito e cenário geral, então ela se sente desencorajada. É por isso que Dreikurs ensinou: "As crianças são boas observadoras, mas intérpretes precárias." Em outras palavras, as crianças observam uma situação, interpretam o que ela significa (com base em suas habilidades ilógicas e pouco desenvolvidas de pensamento), sentem algo a respeito, decidem algo sobre si mesmas, sobre os outros ou sobre o mundo e, em seguida, agem com base em suas interpretações, sentimentos e decisões sobre a situação.[20]

A maioria dos pais não percebe que seus filhos estão sempre tomando decisões. Essas decisões formam a base da personalidade e do comportamento futuro. As crianças não têm consciência de suas decisões, mas as tomam mesmo assim. Essas decisões que moldam a vida geralmente se enquadram nas seguintes categorias:

Eu sou _____ (bom ou ruim, capaz ou incapaz, medroso ou confiante, e assim por diante).

Os outros são _____ (prestativos ou ofensivos, carinhosos ou indiferentes, encorajadores ou críticos, e assim por diante).

O mundo é _____ (ameaçador ou amigável, seguro ou assustador, e assim por diante).

Portanto, eu devo _____ para sobreviver ou prosperar.

Quando as crianças tomam decisões sobre prosperar, elas escolhem comportamentos que as ajudam a se transformar em pessoas capazes. Quando elas tomam decisões sobre como se comportar com base em suas percepções de como sobreviver, geralmente escolhem o que os adultos chamam de mau comportamento.

Vamos dar uma olhada em um dos exemplos mais comuns de decisões na primeira infância. Uma criança de 3 anos geralmente se sente destronada com o nascimento de um novo bebê. Ora, essa criança foi a rainha do castelo por três anos. Ela recebeu amor e atenção ilimitados e prefere que continue assim. De repente, sem consultá-la, mamãe e papai trazem para casa um bebê. Esse bebê é fofo e ela gosta dele (de certa forma), principalmente quando o segura ou brinca com ele, mas ela também se tornou, subitamente, menos importante. Ou assim parece. As pessoas vêm à sua casa, passam direto por ela e admiram o bebê. Elas trazem presentes para o bebê. Pior de tudo, mamãe e papai estão enfeitiçados. Eles pairam em torno do bebê; mamãe o alimenta, papai o embala, e eles falam sobre isso o tempo todo. Nossa menina de 3 anos faz bico e ninguém percebe. Obviamente, algo deve ser feito sobre essa situação. O processo de decisão dela pode parecer algo assim: "Eu não sou importante; os outros estão me ignorando; o mundo é inseguro; portanto, devo me comportar de uma maneira que faça com que eles se importem comigo novamente."

É típico das crianças pequenas que acreditam que foram substituídas por um novo bebê agir como bebês. Elas perdem o interesse pelo uso do banheiro, querem a chupeta de volta e insistem em tomar leite na mamadeira. Elas também acham que "não podem" adormecer sem que alguém caminhe com elas enquanto as embala. Esse comportamento faz sentido para elas e está baseado na crença inconsciente de que "Mamãe e papai me darão mais tempo e atenção se eu agir como um bebê", mas certamente isso parece mau comportamento para seus pais!

Ver o desencorajamento por trás do comportamento

Os adultos geralmente observam o comportamento, a ponta do *iceberg*, sem compreender o desencorajamento ou crença que motiva o comportamento (o que está embaixo da superfície). Em vez de ver uma criança malcomportada como uma criança desencorajada, esses adultos dão a ela todos os tipos de rótulo, como "malcriada", "cabeça-dura", "teimosa", "desobediente", "malvada", "personalidade forte", "mentirosa", "preguiçosa", "irresponsável", "mimada" e assim por diante. Essas palavras criam uma mentalidade muito negativa. Eles rotulam a criança sem ver o que ela está tentando dizer por meio do mau comportamento: "Sou uma criança e só quero ser aceita."

Dreikurs foi capaz de ver além do comportamento e identificar quatro objetivos equivocados que explicam as crenças por trás dos maus comportamentos. Eles são chamados de *objetivos equivocados* porque o *objetivo real* é conseguir aceitação, conexão e competência. O erro é que as crianças escolhem uma maneira ineficaz de alcançar seu objetivo real. Como Alfred Adler ensinou, todo comportamento tem um propósito. Entender o comportamento de objetivo equivocado ajuda os adultos a entenderem que o verdadeiro objetivo está oculto, como um código, em um comportamento que parece ilógico. Novamente, isso ocorre porque as crianças realmente ainda não têm a capacidade cognitiva de expressar suas necessidades de maneira mais eficaz e positiva.

Quatro objetivos equivocados do comportamento
1. Atenção indevida ("Eu sinto que sou aceito somente se você prestar atenção constante em mim").

2. Poder mal direcionado ("Eu sinto que sou aceito somente se mandar em você/se não deixar você mandar em mim").
3. Vingança ("Eu não sinto que sou aceito e isso dói, mas pelo menos eu posso magoar de volta").
4. Inadequação assumida ("Eu não sinto que sou aceito e não tenho esperança de ser, então desisto").

Compreender como os objetivos equivocados funcionam

Quando você entender o comportamento de objetivo equivocado, saberá que, de certa forma, as crianças estão realmente falando em código. Quando entende o código, você pode responder ao que a criança está dizendo por meio do seu mau comportamento, de maneira que dará a seus filhos experiências encorajadoras que podem levar a diferentes crenças e decisões. Quando as crianças não se sentem mais desencorajadas, quando encontram aceitação, conexão e competência, elas respondem comportando-se de maneira positiva e apropriada. Quando convidamos participantes adultos em nossos *workshops* a assumirem o papel de crianças em situações semelhantes, eles geralmente chegam às mesmas conclusões e ganham uma perspectiva privilegiada sobre as atitudes de seus filhos.

O quadro dos objetivos equivocados

Dê uma olhada no quadro dos objetivos equivocados, no final deste capítulo, ou procure-o no Apêndice 2 e mantenha-o próximo a você (e cole-o na geladeira depois de concluir a leitura deste capítulo). Observe a segunda coluna: a primeira pista que ajuda você a entender o objetivo equivocado da criança é identificar seus próprios sentimentos, pois eles geralmente levam você a se comportar de maneira ineficaz, como visto na coluna 3. Agora, observe a coluna 4: a segunda pista é como a criança reage a intervenções ineficazes (o seu comportamento), conforme listado na coluna 3. Quando compreende o comportamento de objetivo equivocado, você pode considerar seus sentimentos desconfortáveis como sinais de alerta de que seu filho está envolvido em um ou vários objetivos equivocados. Em vez de reagir à maneira como você está se sentindo e ao comportamento irritante do seu filho, você pode se concentrar no que a criança está realmente dizendo – a mensagem codificada. Vamos verificar os objetivos equivocados um a um e observar os sentimentos tipicamente associados a eles, os maus comportamentos e as mensagens codificadas, juntamente com algumas das habilidades parentais que podem ajudar seu filho a se sentir encorajado e, assim, eliminar o mau comportamento.

Atenção indevida

Quando você se sente aborrecido, irritado, preocupado ou culpado, seu filho está envolvido no objetivo equivocado de atenção indevida e tem a ideia equivocada de que ele ou ela será aceito *apenas se* você lhe der atenção quase constante ou assistência exagerada (ou seja, fazer coisas que ele ou ela é capaz de fazer). A razão pela qual esse objetivo é chamado de atenção "indevida" é que todos têm uma necessidade saudável e apropriada de atenção. As crianças são muito engenhosas. Se acreditam que não são aceitas e escolhem o objetivo equivocado de atenção indevida, elas podem tentar interromper, agir como bobas, choramingar, chorar, fingir esquecer, incomodar, agir como se fossem indefesas, se agarrar, fazer palhaçadas e manipular por meio de birra.

Embora esses comportamentos sejam irritantes, eles costumam chamar sua atenção (especialmente se você passa algum tempo no trabalho e já se sente culpado por não estar em casa), levando a criança a acreditar, erroneamente, que assim encontrará aceitação, conexão e competência. Em vez disso, sentir-se aborrecido, irritado, preocupado ou culpado pode levar você a escolher estratégias ineficazes como a punição. A mensagem codificada das crianças que procuram atenção indevida é "Observe-me, envolva-me de maneira útil, eu quero participar e me sentir necessário". No entanto, o comportamento de objetivo equivocado delas consegue exatamente o oposto. As crianças apresentam o comportamento de objetivo equivocado e os pais respondem de maneira equivocada (consultar a coluna 3 do quadro dos objetivos equivocados), o que apenas convence as crianças de que elas não são aceitas. Quando os pais respondem à mensagem codificada em vez do mau comportamento, sua resposta pode ajudar as crianças a atingirem seu objetivo de serem aceitas e se sentirem importantes. A mensagem codificada mostra uma maneira de os pais quebrarem esse ciclo de desencorajamento e darem aos filhos o que eles realmente precisam, o que interromperá o mau comportamento.

Brad é um pai solteiro, cria três filhos e trabalha em período integral fora de casa. Como em muitos lares, suas manhãs são muito agitadas. Em uma manhã, ele não conseguiu encontrar uma calcinha limpa para Emma, sua filha de 3 anos. Depois de uma busca frenética, ele achou uma calcinha e a entregou a Emma com a advertência: "Vista bem rápido." Em seguida, Emma entrou na sala completamente nua. Brad perguntou: "Por que você não está vestida?" Emma sorriu docemente e disse: "Minha calcinha está molhada." Ela tinha feito xixi nela de propósito. Brad ficou boquiaberto.

Quando você entende o comportamento de objetivo equivocado, é fácil ver que Emma teve a ideia equivocada de que ela não era importante, pois seu pai corria de um lado para o outro tentando fazer todos saírem a tempo. Emma encontrou uma maneira criativa de obter atenção indevida. Não importa que o pai de Emma a ame muito e saiba que ela é aceita. Ele está fazendo um trabalho notável por cuidar de seus filhos sozinho enquanto trabalha em período integral. As crianças não veem o cenário completo e, ao contrário, baseiam seu comportamento no que está bem na frente delas – no caso de Emma, o pai dela perseguindo-a pela casa.

O que Brad poderia ter feito para ajudar Emma a ter um senso de aceitação, conexão e competência? Não demoraria muito tempo a mais para pegar Emma pela mão e, em vez de procurar por si mesmo, dizer: "Preciso da sua ajuda para encontrar uma calcinha limpa. Onde você acha que ela poderia estar?" Além disso, muitos de seus aborrecimentos matinais poderiam ser evitados ao ajudar Emma a arrumar toda a sua roupa para a manhã seguinte, como parte da rotina noturna.

Uma vez que a atenção indevida é determinada como o objetivo do mau comportamento do seu filho, há muitas coisas que você pode fazer para incentivar a mudança de comportamento. Alguns estão listados na última coluna do quadro dos objetivos. Lembre-se de que todas as ferramentas para pais deste livro foram projetadas para ajudar as crianças a sentirem pertencimento, conexão e competência e, assim, reduzir todo mau comportamento.

Poder mal direcionado

Quando você se sente desafiado, ameaçado, zangado ou derrotado, seu filho está envolvido no objetivo equivocado de poder mal direcionado. Sua criança pode ter a ideia equivocada de que será aceita *apenas se* ele ou ela for "o chefe" ou tentar mostrar que "você não manda em mim". As crianças precisam de um senso de poder (ou autonomia), e o usarão de uma maneira ou de outra. O trabalho dos pais é orientá-las no uso construtivo do poder para evitar o uso equivocado dele. Algumas das maneiras criativas (apesar de equivocadas) pelas quais as crianças buscam aceitação quando escolhem o objetivo equivocado de poder mal direcionado são as provocações, ao dizer "Você não manda em mim", ao concordarem, mas não cumprirem sua parte no acordo, ao serem mandonas com os outros, ao fazerem apenas o suficiente para tirar você "do pé delas", mas não para sua satisfação, ao fazerem exigências desrespeitosas e fingirem esquecer.

Observe que o último comportamento, fingir esquecer, também foi listado como atenção indevida. Muitos dos mesmos comportamentos podem ter objetivos diferentes. É por isso que você precisa estar atento aos *seus* sentimentos para ajudá-lo a entender qual é o objetivo. Uma criança que finge esquecer porque quer atenção indevida provavelmente estimulará você a se sentir irritado. Uma criança que finge esquecer porque quer poder mal direcionado provavelmente suscitará sentimentos de raiva. Quando você está cansado depois de trabalhar o dia inteiro ou executar tarefas sem fim, pode parecer mais fácil simplesmente dar ordens. No entanto, seria muito mais eficaz prestar atenção à mensagem codificada. A mensagem codificada para o objetivo equivocado de poder mal direcionado é "Deixe-me ajudar. Dê-me escolhas e limites claros".

Muitos pais ficam dando ordens para seus filhos e depois se perguntam por que eles se rebelam. São necessárias duas pessoas para se envolver em uma disputa por poder. Em vez de dobrar os esforços para fazer seu filho obedecer usando ameaças ou punição, você pode desarmar a situação ao sair da disputa por poder e usar algumas das sugestões na última coluna do quadro dos objetivos equivocados que respondem à mensagem codificada. Às vezes, isso requer um esforço sobre-humano e autocontrole.

Scott, de 9 anos, era respeitoso e cooperativo na escola, mas, em casa, era um pequeno tirano. Ele mandava no irmão de 4 anos e causava problemas justamente quando seu pai, que trabalhava em casa para uma empresa de tecnologia, estava sob muita pressão com prazos de entrega. Ele subia na beliche com o dedo apontado para a mãe e dizia: "Vá buscar minha mochila na van agora! Mexa-se! Eu preciso dela!"

Desesperada, a família de Scott levou-o ao consultório de um terapeuta familiar em busca de ajuda. Os pais ficaram chocados ao saber que Scott se sentia um "alienígena" em casa. Durante a terapia de brincar na areia, Scott escolheu um pequeno alienígena prateado para representar a si mesmo. Ele alinhou sua mãe, pai e irmão mais novo em frente a ele em posições de raiva e culpa. O menino confidenciou ao terapeuta que sempre se sentia como se estivesse em apuros. Ele acreditava que seus pais amassem o pequeno Steven mais do que a ele e que sempre estavam ocupados demais para ele. Scott se sentia culpado por todos os problemas entre ele e o irmão mais novo, porque seus pais diziam: "Você é mais velho e tem obrigação de entender as coisas."

Scott era um garoto muito infeliz. Ele estava se sentindo desencorajado porque sua principal necessidade de aceitação/pertencimento não estava sendo atendida em casa. É por isso que essa mesma criança podia se comportar tão bem em um ambiente (na escola, onde ele se sentia encorajado) e ser um "monstrinho" em outro (em casa, onde se sentia desencorajado). Pais que entendem que uma criança que se comporta mal é uma criança desencorajada sabem que a melhor maneira de lidar com o mau comportamento é encorajá-la, o que a ajudará a sentir aceitação, conexão e competência. Quando uma criança se sente encorajada, o mau comportamento desaparece.

Os pais de Scott foram convidados a passar um tempo a sós com ele todos os dias durante a semana seguinte, independentemente do seu comportamento. Ao pai foi pedido que levasse Scott para um passeio de sua escolha, sem o irmão mais novo. Os pais também foram instruídos a evitar tomar partido quando os meninos brigassem e, em vez disso, simplesmente separá-los. Uma semana depois, a mãe disse ao terapeuta: "É um milagre. Scott está uma criança diferente. Ele é prestativo e divertido de se ter por perto. Como isso aconteceu?" Quando uma criança acredita que é aceita, os comportamentos positivos vêm a seguir. Quando uma criança se sente desencorajada e não amada, o mau comportamento retorna.

O dedo do adulto está frequentemente apontado para as crianças como a "causa" das disputas por poder. Os pais reclamam: "Por que ele não me ouve? Por que ele não faz o que sabe que deve fazer? Por que ela diz que vai fazer, mas não faz?" Em muitos casos, o dedo pode estar apontado na outra direção – não por culpa, mas por senso de consciência. A criança poderia reclamar: "Por que você não me escuta? Por que não fala comigo respeitosamente? Por que não me envolve em decisões que me afetam em vez de dar ordens?" Nunca vimos uma criança movida por poder sem um adulto movido por poder perto dela.

Se você reconhece que está envolvido em disputas por poder com uma criança, um bom começo é assumir a responsabilidade e pedir desculpas por sua parte. Lembre-se, uma disputa por poder precisa de duas pessoas. Esteja disposto a olhar para a sua parte. Talvez você esteja sendo muito autoritário ou muito controlador. Peça desculpas e ofereça-se para trabalhar com seu filho a fim de encontrarem mais soluções respeitosas. Muitas vezes, quando os pais insistem em ganhar a disputa por poder, a criança se torna a perdedora. Isso magoa, e muitas vezes é um convite para a criança buscar vingança.

Vingança

Quando você menos espera, seu filho pode fazer ou dizer algo que incita você a se sentir magoado, descrente, decepcionado ou até enojado. Essa é uma ótima pista de que seu filho foi magoado e está buscando vingança. Alguns comportamentos típicos de vingança são xingamentos, humilhações, destruição intencional de propriedade, falha intencional, mentira, roubo e comportamentos autodestrutivos.

Você pode ter magoado seu filho sem saber. Às vezes as crianças não se sentem amadas ou se sentem amadas condicionalmente por causa das altas expectativas de seus pais – "Você me ama apenas quando eu tiro boas notas ou correspondo às suas muitas expectativas" –, e isso magoa. Ou elas sentem que foram negligenciadas. Às vezes elas podem ter sido magoadas por outra pessoa. De qualquer forma, pode ser muito fácil para os pais cair em um ciclo de vingança: quando a criança faz algo ofensivo, o pai a castiga, a criança se sente mais magoada e revida, então o pai a castiga mais severamente. Quando as crianças se sentem magoadas e estão magoando de volta, pode ser extremamente difícil ver a mensagem codificada, mas esta é a única saída do ciclo de vingança. A mensagem codificada para o objetivo equivocado de vingança é "Estou sofrendo, valide meus sentimentos". As crianças que escolhem a vingança têm seu desejo de aceitação, conexão e competência quase submersos. Elas estão mais focadas em sua necessidade de revidar o sofrimento.

Marina, de 9 anos, tem sido difícil. Sua mãe, Tamara, tem um emprego de período integral e uma vida social ativa. Em um sábado, Tamara levou Marina para a pista de boliche, onde Tamara estava ansiosa por uma tarde de diversão com três de suas melhores amigas. Sua intenção era passar um tempo com Marina enquanto também se divertia.

Marina cooperou no início e gostou de tentar fazer a bola atravessar a pista. Depois de duas horas, porém, a paciência da menina se foi. Ela começou a gritar e se jogou no chão, batendo os punhos e gritando: "Eu odeio você! Você é a pior mãe do mundo!" Tamara ficou pasma. Ela tentou explicar às amigas que o comportamento de Marina não costumava ser assim. Constrangida, ela arrastou Marina até o carro. No caminho para casa, Tamara humilhou e culpou Marina. "Você está de castigo por uma semana! Como pôde me constranger assim na frente das minhas amigas?" Vários dias depois, com a terapeuta de família, Marina disse que sentia que sua mãe só se importava com suas amigas, não com ela. Marina não sabia como dizer à sua mãe o que ela realmente queria. Em vez disso, ela escolheu o objetivo equivocado de vingança.

Dois dias depois, Marina se sentiu ignorada e começou a gritar com a mãe. Dessa vez, Tamara disse: "Parece que você está se sentindo com raiva e rejeitada agora. Eu amo você, e falaremos sobre isso assim que você se acalmar." Tamara ficou surpresa com a rapidez com que Marina se acalmou. Ela observou pessoalmente que as crianças que escolhem a vingança geralmente sentem algum contentamento apenas por terem seus sentimentos validados. Elas podem precisar de um pouco mais de tempo antes de estarem prontas para uma discussão mais profunda, mas o fato de se sentirem compreendidas é um grande primeiro passo. Poucas horas depois, Tamara perguntou a Marina se ela estava pronta para conversar. Marina concordou. Tamara validou seus sentimentos novamente e juntas discutiram algumas soluções para resolver o problema.

Mais uma vez, você é convidado a usar autocontrole sobre-humano para evitar reagir a uma criança que está sendo ofensiva. É da natureza humana que, quando magoado, você queira magoar de volta. Mas, assim como Tamara descobriu, retaliação e punição apenas reforçarão a crença de seu filho de que ele não é aceito e só aumentará seu mau comportamento. A validação de sentimentos no momento e a elaboração de ideias para soluções em um momento mais calmo desarma o ciclo de vingança e ajuda a criança a sentir aceitação, conexão e competência, reduzindo, assim, o mau comportamento.

Inadequação assumida

Quando você se sente desesperado, sem esperança, impotente ou inadequado, é provável que seu filho esteja sentindo o mesmo e tenha escolhido o objetivo equivocado de inadequação assumida. Dreikurs chamou isso de inadequação "assumida" porque a criança não é inadequada, mas assumir a inadequação pode ter os mesmos resultados. Crianças que perderam a confiança em sua capacidade de serem bem-sucedidas se defendem desistindo de tentar. Elas estão muito desencorajadas e podem ter reservas profundas de inadequação percebida. Elas costumam optar por "desistir" ao retirar-se, buscar isolar-se dos outros, fazer observações autodepreciativas e não tentar.

Essa criança costuma dizer "Eu não posso" e você sabe que ele ou ela acredita nisso. É diferente de uma criança que escolheu o objetivo equivocado de atenção indevida e que costuma dizer "Eu não posso", mas vocês dois sabem que ela realmente pode. É comum que os pais espelhem os sentimentos do filho que escolheu o objetivo equivocado da inadequação assumida em vez de compreender a mensagem codificada. A mensagem codificada para o objetivo equivocado de inadequação assumida é "Não desista de mim. Confie em mim. Mostre-me um pequeno passo". Você pode se sentir muito desamparado e inadequado ao tentar ajudar seu filho que se sente um fracasso ou quer desistir e ser deixado sozinho. Essas crianças podem ser muito convincentes. A pior coisa que você pode fazer é deixá-las sozinhas. Isso diz ao seu filho que ele ou ela realmente é tão sem valor quanto se sente. Por outro lado, bajular e atormentar a criança agrava seu profundo senso de inadequação.

Eppie, de 6 anos, era uma criança muito desencorajada que se recusava a tentar qualquer coisa. Tudo o que ela queria era agarrar-se aos seus pais e dizer "Eu não posso". Os pais de Eppie acreditaram em seu desamparo, a resgataram e fizeram tudo por ela. Eppie não teve a chance de exercitar a sua capacidade, o que a fez ficar ainda mais convencida de que ela era inadequada. Ela teve muita dificuldade em deixar seus pais para ir à escola e passava boa parte do tempo sentada em sua carteira, tentando evitar ser notada. A professora recomendou uma avaliação com o psicólogo da escola, que descobriu que Eppie era muito capaz, mas simplesmente havia desenvolvido a crença de que não era. O psicólogo da escola explicou o comportamento de objetivo equivocado aos pais de Eppie e sugeriu um plano para ajudá-la a se sentir encorajada.

Seus pais tiveram dificuldade em perceber a possibilidade de que Eppie não se sentia aceita, conectada e capaz porque eles a amavam muito. Na verdade, eles a "amavam" tanto que não exigiam muito de Eppie. Eles faziam tudo por ela, o que a sufocou. Eles acharam que isso a faria se sentir mais amada, não inadequada.

Quando os pais entenderam como Eppie chegou à conclusão de inadequação, começaram o processo de libertá-la de sua dependência deles. Teria sido radical parar de fazer tudo por Eppie de uma vez só. Em vez disso, eles deram pequenos passos e mais tempo para treinamento. Por exemplo, Eppie nem queria calçar seus próprios sapatos e meias. Seu pai começou dizendo: "Vou colocar uma meia e mostrar a você alguns segredos, como subir a meia, e você pode calçar a outra." Sua mãe se sentava com ela durante o dever de casa e dizia: "Vou desenhar a primeira metade do círculo, então você pode desenhar a segunda metade." À medida que Eppie começou a fazer mais coisas por si mesma, ela desistiu de acreditar que era inadequada.

Muitas experiências poderiam levar algumas crianças a decidir que são inadequadas. É importante notar que crianças diferentes chegam a conclusões diversas com as mesmas experiências. As crianças que sentem que não atenderam às expectativas dos pais no passado podem desenvolver defesas para evitar expectativas futuras. Elas podem ser passivas, fingir não se importar com nada ou ninguém e se recusar a tentar. Outras podem decidir se esforçar mais. Às vezes as crianças têm medo de levar adiante seu melhor esforço. Se elas não tentarem e depois falharem, podem voltar atrás sabendo que isso aconteceu porque não deram o melhor de si. Se elas tentam de verdade e ainda falham, confirmam o que já suspeitam: "Eu sou um perdedor." Outras crianças podem se sentir desafiadas pelos fracassos e simplesmente tentar novamente. Algumas crianças podem desenvolver percepções de inadequação porque os pais fizeram muito por elas e elas não tiveram a oportunidade de desenvolver confiança em si mesmas, como Eppie. Outras simplesmente desconsideram os esforços de seus pais em fazer muito por elas e insistem em fazer as coisas por si mesmas.

O papel dos pais no comportamento de objetivo equivocado

Considerar o papel que os pais têm no desencorajamento de seus filhos não deveria ser acompanhado de um sentimento de culpa, mas por um senso de conscientização. Lembre-se de que cada criança é única e cada uma pode formar uma percepção diferente da mesma experiência. Analisar essas poucas possibilidades (entre muitas outras hipóteses) pode aumentar sua compreensão do comportamento de objetivo equivocado.

Comportamento dos pais	Crença da criança	Objetivo equivocado da criança
Superproteger e exagerar	*"Eu sou aceito somente se recebo atenção constante ou serviço especial."*	Atenção indevida
	"Sou aceito somente se sou o chefe e os outros fazem o que eu quero." ("Eu não aprendi a resolver problemas com soluções em que todos ganham.")	Poder mal direcionado
	"Eu não sou aceito porque você não tem confiança em mim, e isso magoa, então vamos ficar quites."	Vingança
	"Eu não sou aceito porque sou inadequado, então eu vou desistir." ("Todo mundo faz tudo muito melhor.")	Inadequação assumida
Controlar	*"Não consigo receber atenção de maneira útil, então vou chamar a atenção da maneira que eu puder."*	Atenção indevida
	"Eu não tenho habilidades para usar meu poder de maneira útil, então vou usá-lo para desafiar ou dominar os outros."	Poder mal direcionado
	"Às vezes parece que você se importa mais com minhas conquistas do que comigo. Isso dói, então eu vou magoar de volta."	Vingança
	"Você não acredita que sou capaz, então por que eu deveria acreditar que sou?"	Inadequação assumida
Punição	*"Não me sinto aceito quando você me magoa, mas talvez fazer você prestar atenção em mim, ainda que negativa, provará que você me ama."*	Atenção indevida
	"Eu não sinto que sou aceito quando você me magoa, mas talvez usar o poder de maneira desrespeitosa como você está fazendo seja o caminho para alcançar um senso de aceitação."	Poder mal direcionado
	"Não me sinto aceito quando você me magoa, mas pelo menos posso magoá-lo de volta."	Vingança
	"Não me sinto aceito quando você me magoa, então vou desistir e tentar ficar fora do caminho."	Inadequação assumida

A variedade de possibilidades novamente ilustra que as crianças podem tomar decisões muito diferentes, dependendo de suas percepções. Estar disposto a ver como você pode ser parte dessa equação pode inspirá-lo a mudar seus comportamentos, a fim de ajudar seus filhos a mudarem os deles. Para entender com mais detalhes como suas crenças contribuem para as decisões que você toma na criação dos seus filhos, consulte a coluna 6 no quadro dos objetivos equivocados. Obviamente, existem muitas outras razões pelas quais as crianças podem desenvolver uma crença que cria um dos objetivos equivocados, e alguns podem estar fora de seu controle (p. ex., a rejeição de colegas pode fazê-las sentir que não são aceitas).

Como as decisões das crianças não são tomadas em um nível consciente, dependemos do auxílio de uma teoria chamada Revelação dos objetivos equivocados para analisá-las.

Revelação dos objetivos equivocados

As pessoas costumavam perguntar a Dreikurs: "Como você pode continuar colocando as crianças nessas caixas?" Dreikurs respondia: "Eu não continuo colocando as crianças lá; eu continuo encontrando-as lá." Durante seus estudos com crianças, Dreikurs perguntava: "Será que você faz isso [comportamento específico] porque essa é uma boa maneira de levar as pessoas a prestarem atenção em você?" Dreikurs procurava pelo reflexo de reconhecimento. Se a criança desse um sorriso espontâneo ao dizer "Não", Dreikurs responderia: "Sua voz está me dizendo não, mas seu sorriso está me dizendo sim." Se a criança apresentasse um reflexo de reconhecimento, Dreikurs não continuaria com as perguntas de revelação de objetivos, mas começaria a elaborar ideias com a criança sobre como obter atenção de maneiras úteis.

Se a criança dissesse não sem sorrir, Dreikurs continuaria com a próxima pergunta: "Será que você faz isso para mostrar que você é o chefe?" Novamente, Dreikurs obteria como resposta um não direto ou um sorriso com um não. Se a criança mostrasse um reflexo de reconhecimento, Dreikurs diria: "Sua voz me diz que não, enquanto seu sorriso diz que sim." Depois, ele ajudaria a criança a encontrar maneiras de usar seu poder de maneira construtiva.

Se a resposta fosse não, sem um reflexo de reconhecimento, a próxima pergunta seria: "Será que você demonstra esse comportamento porque se sente magoado e quer magoar de volta?" Novamente, podia haver um sorriso malicioso enquanto a criança dizia "Não". No entanto, algumas crianças se sentem compreendidas quando ouvem isso e simplesmente dizem "Sim". Se a resposta fosse sim, Dreikurs validaria os sentimentos da criança e em seguida trabalharia com ela para encontrar soluções.

Se Dreikurs ainda não obtivesse um reflexo de reconhecimento ou um sim, ele perguntaria: "Pode ser que você tenha esse comportamento porque sente que não pode fazer melhor e você quer apenas desistir?" Seria raro obter um sorriso de reconhecimento por uma inadequação assumida. Seria mais provável que a criança chorasse. Com esse reflexo de reconhecimento, Dreikurs poderia dizer: "Eu tenho um segredo. Eu sei que você pode. Você só precisa de um pouco de treinamento. Vamos trabalhar em um plano juntos."

Dreikurs ensinou que a revelação de objetivos é uma maneira de "cuspir na sopa da criança"* – às vezes o comportamento perde seu apelo quando se torna consciente. Além disso, há algo sobre se sentir compreendido que ajuda a criança a se sentir encorajada, de modo que o mau comportamento também perde seu apelo. O comportamento de objetivo equivocado é uma maneira de entender por que as crianças se comportam mal. Existem muitas outras maneiras. Às vezes, o que parece ser mau comportamento em crianças menores de 4 anos é realmente um comportamento que está adequado para o período do desenvolvimento; há mais sobre isso no Capítulo 9.

DISCIPLINA POSITIVA EM AÇÃO

Marie é mãe de três: Mathieu, 10 anos; Louis, 8 anos; e Amélie, 4 anos. Depois de passar seis anos na Hungria com as crianças, que frequentavam a escola no sistema britânico, Marie e o marido levaram sua família de volta para a França, sua terra natal. Não foi uma transição fácil para as crianças, especialmente Mathieu. Quando Mathieu começou em sua nova escola francesa, ele lutou para se adaptar. Era estressante para ele se manter bem academicamente em um novo sistema escolar com métodos diferentes. Quando era obrigado a

---

*   N. T.: Para motivar a reorientação, Adler empregou uma técnica de espelho, que confrontava o paciente com seus objetivos e intenções. Ao começar a reconhecer seus objetivos, a própria consciência do paciente se torna um fator motivador. Ele chamou esse processo de "cuspir na sopa do paciente". Fonte: https://www.adlerpedia.org/concepts/88.

memorizar e escrever todos os verbos franceses de cor, ele achava muito difícil. Marie recorda: "Lembro-me de arrancar a página do livro e fazê-lo escrever várias vezes até que estivesse certo. Eu até disse que ele deveria ficar em seu quarto até que memorizasse todos os verbos e pudesse recitá-los para mim de cor. Um dia fui ao quarto dele para ver como estava e reparei que ele havia destruído completamente sua mesa ao fazer enormes buracos com um compasso. Fiquei muito confusa. Por que ele destruiria sua própria mesa? Também fiquei magoada porque era uma mesa antiga, que compramos quando estávamos na Hungria, e tinha um valor sentimental para nós.

"Depois de conhecer a Disciplina Positiva e o quadro dos objetivos equivocados, entendi o motivo do comportamento do meu filho – uma luz se acendeu. Mathieu estava sofrendo e queria me magoar de volta por fazê-lo estudar tanto sem reconhecer seus sentimentos. Ficou muito claro para mim que seu objetivo equivocado era a vingança. Ao olhar para trás, posso ver como ele estava desencorajado. Agora eu sei como lidar com as coisas de maneira diferente. Em vez de focar o comportamento negativo e no que eu quero, agora escuto e valido seus sentimentos para me conectar com ele antes de focarmos soluções. Isso criou confiança e estabeleceu uma conexão mais forte. Ele agora sabe que eu me importo mais com ele do que com o resultado final."

Ferramentas da Disciplina Positiva

Revelação do objetivo equivocado

Resolver o mistério do motivo por que seus filhos se comportam mal pode ser divertido e benéfico. Depois de decifrar o código, você terá mais informações sobre como encorajar a mudança de comportamento (ver o exercício no final deste capítulo para se tornar um detetive de objetivos equivocados). Em Disciplina Positiva, enfatizamos a importância da compreensão da crença por trás do comportamento. Você pode usar o quadro dos objetivos equivocados para atingir esse objetivo. Você será muito mais eficaz em encorajar a mudança de comportamento quando lidar com a crença por trás do comportamento em vez de apenas com o comportamento.

Quadro dos objetivos equivocados

O objetivo da criança é:	Se o pai ou mãe se sente:	E tende a reagir:	E se a resposta da criança é:	A crença por trás do comportamento da criança é:
Atenção indevida (para manter os outros ocupados ou conseguir alguma vantagem especial)	Aborrecido Irritado Preocupado Culpado	Lembrando Adulando Fazendo coisas pela criança que ela poderia fazer por si mesma	Interrompe o mau comportamento por um tempo, mas depois o retoma ou assume outro comportamento irritante. Para o comportamento quando recebe atenção individual.	Eu pertenço (sou aceito) somente quando estou sendo percebido ou consigo alguma vantagem especial. Sinto que sou importante somente quando mantenho você ocupado comigo.
Poder mal direcionado (para estar no comando)	Bravo Desafiado Ameaçado Derrotado	Brigando Cedendo Pensando "Você não vai conseguir escapar dessa" ou "Vou forçar você" Querer ter razão	Intensifica o comportamento. Obedece desafiando. Acha que venceu quando os pais estão irritados. Poder passivo	Eu sou aceito somente quando sou o chefe ou estou no controle, ou provando que ninguém manda em mim. Você não pode me obrigar.
Vingança (pagar na mesma moeda)	Magoado Decepcionado Descrente Ressentido	Retaliação Ficando quites Pensando "Como você pode fazer isso comigo?" Tomando o comportamento como pessoal	Revida Magoa os outros Destrói coisas Paga na mesma moeda Intensifica Agrava o mesmo comportamento ou escolhe outra "arma"	Não acredito que sou aceito, então vou magoar os outros da mesma maneira que me sinto magoado. Não acredito que possam gostar de mim ou me amar.

Compreender os objetivos equivocados

Como os adultos podem contribuir:	Mensagem codificada:	Respostas proativas e empoderadoras dos pais incluem:
"Eu não tenho fé em você para lidar com a frustração." "Eu me sinto culpado se você está infeliz."	Perceba-me. Envolva-me de maneira útil.	Redirecionar o comportamento ao envolver a criança para uma tarefa útil a fim de ganhar atenção positiva. Dizer o que você fará: "Eu amo você e ____" (Ex.: "Eu me importo com você e vamos passar um tempo juntos mais tarde"). Evitar oferecer vantagens especiais. Dizer uma vez e então agir. Confiar na criança para lidar com seus próprios sentimentos (não consertar ou resgatar). Planejar um tempo especial. Estabelecer rotinas. Envolver a criança na resolução do problema. Fazer reuniões de família. Ignorar o comportamento (toque sem palavras). Criar sinais não verbais.
"Eu estou no controle e você deve fazer o que eu mando." "Eu acredito que dizer a você o que fazer, bem como dar sermão ou punição quando você não obedece, é a melhor maneira de motivá-lo a fazer melhor."	Permita-me ajudar. Dê-me escolhas.	Reconhecer que você não pode obrigar seu filho ou filha a fazer alguma coisa e redirecionar para o poder positivo, pedindo ajuda. Oferecer escolhas limitadas. Não brigar e não ceder. Afastar-se do conflito e acalmar-se. Ser firme e gentil. Agir, não falar. Decidir o que você vai fazer. Deixar a rotina ser o chefe. Desenvolver respeito mútuo. Pedir a ajuda da criança para estabelecer alguns limites razoáveis. Praticar o acompanhamento. Fazer reuniões de família.
"Eu dou conselho (sem escutar você) porque penso que assim estou ajudando." "Eu me preocupo mais com o que os vizinhos pensam do que com o que você precisa."	Estou magoado. Valide meus sentimentos.	Validar os sentimentos feridos (você pode ter que adivinhar quais são). Não tomar os comportamentos como pessoais. Sair do ciclo de vingança, evitando punições e ofensas. Sugerir pausa positiva para vocês dois; em seguida focar soluções. Praticar a escuta ativa. Compartilhar seus sentimentos usando mensagens em primeira pessoa. Pedir desculpas e fazer reparos. Encorajar os pontos fortes. Colocar as crianças no mesmo barco. Fazer reuniões de família.

(continua)

(continuação)

O objetivo da criança é:	Se o pai ou mãe se sente:	E tende a reagir:	E se a resposta da criança é:	A crença por trás do comportamento da criança é:	
Inadequação assumida (desistir e não ser incomodado)	Desesperado Desamparado Impotente Inadequado	Desistindo Fazendo coisas pela criança que ela poderia fazer por si mesma Ajudando além do necessário Demonstrando falta de fé	Recua ainda mais. Torna-se passivo. Não mostra melhora. Não é responsivo. Evita tentar.	Não acredito que posso ser aceito, então vou convencer os outros a não esperarem nada de mim. Sou inútil e incapaz. Nem adianta tentar porque não vou fazer a coisa certa.	

Empodere seus filhos

Todas as ferramentas da Disciplina Positiva visam a capacitar seus filhos, e você mesmo, no processo. Nossa definição de empoderamento é "entregar o controle às crianças o mais rápido possível para que elas tenham poder sobre suas próprias vidas". Quando você compartilha o controle com as crianças, elas desenvolvem as habilidades necessárias para ter poder sobre suas próprias vidas. Algumas das maneiras mais rápidas e eficazes de empoderar seus filhos: ensine habilidades de vida, foquem soluções juntos, confie em seus filhos, desapegue-se (em pequenos passos) e aumente a autoconsciência com perguntas curiosas, por exemplo, "Como você se sente? O que você acha? Como isso afeta o que você quer para sua vida?"

Compreender os objetivos equivocados

Como os adultos podem contribuir:	Mensagem codificada:	Respostas proativas e empoderadoras dos pais incluem:
"Eu espero que você atenda às minhas mais altas expectativas." "Eu pensei que fosse meu trabalho fazer as coisas por você."	Não desista de mim. Mostre-me um pequeno passo.	Decompor uma tarefa em pequenos passos. Tornar a tarefa mais fácil até que a criança experimente sucesso. Criar oportunidades para que a criança tenha sucesso. Dedicar tempo ao treinamento. Ensinar habilidades/mostrar como fazer, mas não fazer por ela. Suspender todas as críticas. Encorajar todas as tentativas positivas, não importa quão simples sejam. Demonstrar confiança nas habilidades da criança. Focar os pontos fortes. Não ter pena. Não desistir. Apreciar a criança. Basear-se em seus interesses. Fazer reuniões de família.

EXERCÍCIO

Formulário de pistas do detetive de objetivo equivocado

1. Pense em um desafio recente que você teve com seu filho. Anote. Descreva o que aconteceu como se você estivesse escrevendo um roteiro de filme. O que seu filho fez, como você reagiu e o que aconteceu em seguida?

2. O que você estava sentindo durante esse desafio? (Escolha um sentimento da coluna 2 do quadro dos objetivos equivocados.) Anote.

3. Agora verifique a coluna 3 do quadro para ver se a atitude que você tomou em resposta a esse sentimento se aproxima de uma dessas respostas típicas. Se sua ação estiver descrita em uma linha diferente, verifique novamente se há algum sentimento em outra linha da coluna 2 que represente melhor como você estava se sentindo em um nível mais profundo. (Costumamos dizer que nos "aborrecemos" quando, em um nível mais profundo, nos sentimos desafiados ou

magoados; costumamos dizer que nos sentimos "sem esperança" ou "desamparados" quando nos sentimos realmente desafiados ou derrotados em uma disputa por poder.) Como você reage é uma pista para seus sentimentos mais profundos.

4. Agora observe a coluna 4. Alguma dessas descrições se aproxima do que a criança fez em resposta à sua reação?

5. Depois de identificar o que a criança fez em resposta à sua reação, reveja a coluna 1. É provável que esse seja o objetivo equivocado do seu filho. Anote.

6. Agora vá para a coluna 5. Você acabou de descobrir qual pode ser a crença desencorajadora de seu filho. Anote.

7. Em seguida, observe a coluna 6. Alguma delas se aproxima de uma crença sua que pode estar contribuindo para o comportamento de seu filho? (Lembre-se, isso não é para culpar – somente criar consciência.) Enquanto está aprendendo habilidades para encorajar seu filho, você também mudará sua crença. Tente isso agora. Anote uma crença que seria mais encorajadora para o seu filho. Você encontrará pistas nas duas últimas colunas.

8. Agora vá até a coluna 7, onde você encontrará a mensagem codificada sobre o que seu filho precisa para se sentir encorajado.

9. Ande mais uma vez para a direita, na coluna 8, para encontrar algumas ideias que você pode tentar da próxima vez que encarar esse comportamento desafiador. (Você pode usar também sua própria intuição e experiência para pensar em algo que poderia fazer ou dizer que responderia à mensagem codificada na coluna 7.) Anote o seu plano.

10. Como foi? Registre em seu diário exatamente o que aconteceu. Você poderá revisar suas histórias de sucesso para encorajar-se no futuro. E, se o seu plano não foi bem-sucedido, tente outra ferramenta.

9

DERRUBAR O MITO DE PAIS OU CRIANÇA PERFEITOS

Stephanie, de 15 anos, chega em casa após um longo dia de aula e prática de esportes. Assim que ela entra e tira a mochila, sua mãe começa a enchê-la de perguntas: "Como foi o seu dia? Como foram os exercícios? Você tem muito dever de casa hoje à noite?"

Stephanie responde "Tudo bem! Apenas me deixe em paz", e se dirige para o seu quarto, onde bate a porta e se joga na cama, exausta.

A mãe vai atrás dela: "Não fale assim comigo, mocinha! Eu fiz apenas uma simples pergunta."

Essa cena parece familiar?

Sonhos da criança perfeita

Muitos pais fantasiam sobre ter o "filho perfeito". Alguns pais que trabalham em período integral sentem que precisam se esforçar mais para "tornar" seus filhos perfeitos, para compensar o fato de não ficarem em casa com eles o dia inteiro. Queremos garantir a você que isso é um mito. Em um de nossos *workshops*, quando perguntamos aos pais sobre suas expectativas de perfeição, uma mãe fez uma observação profunda: "Percebo que espero que meu filho seja perfeito, embora eu não seja."

A maioria dos pais sabe que não é sensato comparar as crianças. Ainda assim, ocasionalmente, muitos comparam seus próprios filhos entre si, ou com crianças de outras famílias. Talvez possamos nos lembrar de nossos próprios pais dizendo coisas como "Por que você não pode ser mais parecido como a sua irmã?" ou "Pelo menos eu tenho um filho que não se mete em nenhum problema". Quando os pais fazem essas comparações, eles pensam que isso motivará seu filho a ser mais parecido com a "criança boa". Na verdade, acontece o contrário. Ser comparado de forma negativa é extremamente desencorajador e muitas vezes suscita mais comportamento inadequado.

Para a "criança boa", o resultado em longo prazo pode ser sentir-se importante somente se ele ou ela estiver recebendo elogios. Como resultado, essa criança pode não ser suficientemente segura para testar limites e se individuar (descobrir quem ela é separada dos pais). Ele ou ela pode ter receio de assumir riscos por medo de cometer erros e receber desaprovação. Ao mesmo tempo a "criança má" busca comportamentos que contestem ou reforcem essa característica, dependendo de sua lógica particular.

Em *Mindset*, Carol Dweck explica que as crianças que crescem com rótulos como "criança boa" geralmente desenvolvem uma mentalidade fixa. Crianças com essa mentalidade se esforçam para lidar com a competição e podem desmoronar quando cometem seu primeiro grande erro. Elas frequentemente sofrem quando expostas a uma forte competição na faculdade ou no trabalho, à medida que percebem que não são a única pessoa "especial". A criança rotulada como "criança má" também pode desenvolver uma mentalidade fixa, acreditando que ele ou ela não é bom e o mundo é um lugar ruim, então por que se esforçar?

A "criança capaz", por outro lado, desenvolve as habilidades de vida necessárias para ter resiliência e a capacidade de aplicar as competências de resolução de problemas aos desafios. Dweck chama isso de mentalidade de crescimento. Nós muitas vezes nos perguntamos como podemos ajudar nossos filhos a desenvolverem essa mentalidade, e pais ocupados que se preocupam por não terem muito tempo para educar os filhos precisam de estratégias que funcionem consistentemente. Ao aplicar a Disciplina Positiva, empoderamos as crianças ao ensinar-lhes que erros são oportunidades de crescimento. Dedicamos tempo para treinar as habilidades de vida que, conhecidamente, proporcionarão resultados consistentes e encorajamos nossos filhos a focarem soluções. Isso significa que eles nunca se comportarão mal? Não! Faz parte do processo de desenvolvimento deles se individuarem testando como podem usar seu poder pessoal. No entanto, ao usar as ferramentas da Disciplina Positiva toda vez que seus filhos testam os limites, você os ajuda a aprenderem comportamentos socialmente aceitáveis que aumentam seu senso de competência, pertencimento/aceitação e importância.

Nem todas as ferramentas da Disciplina Positiva serão eficazes com todas as crianças o tempo todo. É por isso que é útil que os pais tenham o maior número possível de ferramentas e compreendam quais fatores influenciam a personalidade emergente de seus filhos. Vejamos algumas descobertas científicas importantes sobre o desenvolvimento das crianças.

Compreender a personalidade emergente do seu filho

Como qualquer pai ou mãe com mais de um filho sabe, toda criança nasce com uma personalidade única. Compreender como eles sentem e percebem o próprio mundo, e como seus cérebros e habilidades estão se desenvolvendo, é uma parte essencial da criação eficaz dos filhos. Naturalmente, isso também é verdade no mundo profissional. Para ser eficaz em qualquer campo, é útil entender as percepções das outras pessoas – para poder entrar no mundo delas. O desenvolvimento da personalidade humana é um assunto muito complexo, mas há alguns aspectos importantes, que geralmente são de senso comum, que podem fornecer pistas sobre como criar filhos de maneira eficaz.

Natureza *versus* criação

As crianças são um produto dos genes de seus pais (natureza) e do ambiente ao seu redor (criação). Pesquisas indicam que os genes e traços de temperamento inatos desempenham um papel importante no desenvolvimento da personalidade da criança.[21] No entanto, são igualmente importantes as crenças (lógica pessoal) que desenvolvemos e o ambiente em que crescemos.[22] Como a personalidade da criança ainda está emergindo (respondendo à criação), um bom ponto de partida é observar seu temperamento (natureza). Como isso funciona? Por exemplo, crianças da mesma casa podem ter maneiras completamente diferentes de aceitar e lidar com limites. Uma criança pode decidir: "Gosto da segurança dos limites", enquanto outra pode decidir "Eu me sinto sufocado pelos limites". Quando entende e aceita essas diferenças, você pode adaptar seu estilo parental e escolher com mais eficiência as ferramentas que melhor se adéquam ao temperamento do seu filho.

Em um estudo de temperamentos, a dra. Stella Chase e o dr. Alexander Thomas descobriram que existem dois temperamentos básicos, ativo e passivo. O estudo revelou que esses dois temperamentos são característicos ao longo da vida; em outras palavras, os bebês passivos crescem e se tornam adultos passivos, enquanto bebês ativos crescem e se tornam adultos ativos. Estudos posteriores confirmam o impacto do meio ambiente na criação da personalidade adulta.[23] Por exemplo, se seu temperamento é passivo, esse é um traço de caráter ao longo da vida, mas você ainda pode treinar comportamentos mais ativos para si. Os pais podem, assim, ajudar seus filhos a desenvolverem comportamentos que ajudam a criar uma personalidade mais equilibrada.

Como a natureza e a educação desempenham um papel significativo na criação das habilidades de vida de que seu filho precisará para ter uma vida feliz e bem-sucedida, é importante que os pais reservem um tempo para conhecer e aceitar seus filhos como são e ajustar sua forma de criá-los adequadamente. A criação não é o único fator no ambiente de nossos filhos que impacta seu desenvolvimento. Os irmãos podem ter um efeito significativo também, então vamos analisar mais detalhes dessa dinâmica.

Ordem de nascimento e outros papéis "atribuídos"

Qual a importância da ordem de nascimento e dos familiares na determinação da personalidade emergente da criança? Os pesquisadores não chegaram a um consenso sobre isso. Ainda assim, a maioria de nós desenvolverá forte senso de reconhecimento com os vários "papéis" aparentemente atribuídos a nós, dependendo de onde estamos na escada dos irmãos. Você é o "responsável" filho mais velho, o "esquecido" filho do meio ou o "egocêntrico" caçula da família? Ou talvez o filho único "que ama ser diferente"? Você pode ser o segundo filho que assumiu o papel de "responsável" porque o mais velho desistiu de se esforçar tanto. Esses papéis criam concepções equivocadas de nós mesmos que se tornam partes integrantes do sistema de crenças que contribuem para nossas personalidades. Entender essa dinâmica pode, portanto, realmente nos ajudar a entrar no mundo da criança e entender melhor sua lógica pessoal.

Como você sabe agora, as crianças estão sempre tomando decisões e formando crenças sobre si mesmas, sobre os outros e o mundo com base na inter-

Derrubar o mito de pais ou criança perfeitos

pretação de suas experiências de vida. Seu comportamento, então, se baseia nessas decisões e no que elas acreditam que precisam fazer para prosperar ou apenas sobreviver. É muito comum que as crianças se comparem aos seus irmãos. Essa é uma parte natural de seus comportamentos de socialização – tentar descobrir onde elas se encaixam no grupo (na família). Se um irmão ou irmã está indo bem em determinada área, o outro irmão pode achar que, para "sobreviver", ele ou ela deve desenvolver competência em uma área completamente diferente, competir e tentar ser "melhor que" os outros irmãos, definir sua singularidade sendo rebelde ou vingativo ou desistir por causa da crença de que é muito difícil competir.

Estar em família pode parecer estar em uma peça de teatro. Cada posição da ordem de nascimento é como uma parte diferente da peça, com características distintas e separadas para cada parte. A interpretação da criança pode ser: "Já que 'responsável' já foi assumido por minha irmã mais velha, eu serei a 'dramática'" (ou a rebelde, a estudiosa, a atleta, a sociável e assim por diante).

Como pais, é importante evitar atribuir papéis além daquele que a criança já pode estar vivenciando em virtude da ordem de nascimento e dos talentos dos irmãos. É fundamental garantir que todos sejam valorizados e encorajados, além de apreciar as diferenças que acompanham o temperamento de seus filhos. Quanto melhor você conhece seus filhos, melhor vai educar na singularidade de cada um e melhor vai lidar com qualquer concepção equivocada com base na ordem de nascimento ou em outro papel (erroneamente) atribuído.

Parentalidade eficaz para diferentes idades

Muitas vezes perguntamos aos pais se eles considerariam tentar conseguir o emprego dos seus sonhos sem educação ou treinamento. A resposta é "claro que não". Todos concordam que educação e treinamento são necessários seja qual for o objetivo, seja para ser pedreiro ou neurocirurgião. Em seguida, perguntamos: "Qual é o trabalho mais importante do mundo?" Todos concordam que é a criação dos filhos. Nós recomendamos fortemente que todo pai ou mãe faça uma aula básica de desenvolvimento infantil ou leia um livro sobre o assunto. Seja como for, é importante aprender sobre desenvolvimento infantil porque muitos erros são cometidos pelos pais quando eles não entendem o comportamento apropriado para cada idade. Vejamos algumas ferramentas específicas que são particularmente úteis nos dois principais estágios da vida em que a maioria dos pais geralmente tem dificuldade – infância e adolescência.

Crianças pequenas

Um homem pensou que estivesse sendo um bom pai quando levou seu filho de 2 anos e meio para um jogo de beisebol. Ele provavelmente não parou para pensar se uma criança tão pequena estaria interessada em beisebol por qualquer período de tempo que fosse. O pai ficou irritado quando a única coisa que interessou ao filho foram as guloseimas que estavam sendo vendidas para cima e para baixo nas arquibancadas. Depois de ouvir seu filho choramingar por vários minutos e pedir a ele que "se acalmasse" e "ficasse quieto" sem efeito algum, o pai explodiu. Ele pegou a mão da criança com firmeza e desceu os largos degraus de cimento em seu próprio ritmo. O menino, com o rosto contorcido de medo, parecia estar a ponto de voar pela maneira como estava sendo arrastado pelo pai.

A criança não conseguia entender o que estava acontecendo. Seu "crime" foi estar mais interessado em pipoca e refrigerante do que no jogo de beisebol – uma resposta completamente apropriada (embora irritante) para um menino de sua idade. Embora esse pai amasse seu filho, ele não entendeu as limitações do garotinho, tentou controlar seu comportamento, perdeu a paciência e, por fim, assustou muito o filho. É provável que esse garotinho leve muito tempo até querer participar de outro evento esportivo com o pai.

Os adultos geralmente esperam que as crianças entendam coisas que seus cérebros ainda não são capazes de processar, o que geralmente leva os pais a se envolverem em estratégias parentais ineficazes. Quando você entende que perceber, interpretar e compreender um evento é claramente muito diferente para as crianças pequenas, suas expectativas como adulto serão modificadas.

Estratégias parentais ineficazes para crianças pequenas

Sermão
Pesquisas explicam muito do motivo pelo qual crianças com menos de 3 anos não entendem o "não" da maneira que você pode achar que elas entendem.

O "não" é um conceito abstrato que se opõe diretamente à necessidade de desenvolvimento de crianças pequenas para explorar seu mundo e desenvolver seu senso de autonomia e iniciativa. A versão do seu filho pequeno sobre conhecer não tem os controles internos necessários para segurar seus dedos exploradores. As crianças pequenas não têm a habilidade de entender causa e efeito. O pensamento de ordem superior, como entender consequências e ética, pode não se desenvolver até que as crianças tenham entre 10-12 anos. Dar sermões às crianças pequenas sobre o que elas podem ou não fazer é, portanto, inútil. Sua criança pode saber que você não quer que ela faça alguma coisa. Ela pode até saber que você terá uma reação de raiva se ela o fizer. No entanto, ela não consegue entender o *porquê* da maneira que você pensa que ela pode. Para a criança, pode ser um jogo ou uma maneira de obter de você atenção negativa (lembre-se de nossa discussão sobre objetivos equivocados no Cap. 8). Por que outra razão ela olha para você antes de fazer o que sabe que não deveria fazer, sorri e faz assim mesmo?

Palmada

Os pais costumam citar o perigo de uma criança correr para a rua como uma justificativa para bater na criança pequena. Os motivos incluem a natureza de vida ou morte da situação, a necessidade de obediência imediata e a eficácia de uma palmada para obter a atenção da criança. Mas para a criança, que não consegue entender o perigo dos carros, o pai/mãe raivoso que grita e bate é muito mais assustador do que qualquer rua. Então, ele ou ela podem estar olhando para você em vez de olhar para os carros! Mesmo que os pais acreditem que a punição efetivamente ensina uma criança de 2 anos a evitar correr para a rua, eles deixariam que ele ou ela brincassem perto de uma rua movimentada sem supervisão? Não. Eles sabem, batendo ou não, que não podem esperar que seus filhos tenham essa maturidade ou essa responsabilidade.

O mesmo acontece quando os pais tentam forçar uma criança pequena a "pedir desculpas". Como Bev Bos disse em uma palestra para a California Association of Young Children: "Insistir que uma criança de 2 ou 3 anos diga 'desculpe' faz tanto sentido quanto insistir que uma criança japonesa diga 'eu sou italiana'. Elas podem dizer, mas não é verdadeiro ou significativo." As crianças ainda não estão prontas, do ponto de vista do desenvolvimento, para compreender conceitos como empatia e arrependimento.

Fazer versus *não fazer*

Aqui está uma questão complicada. Quando se trata de segurança, os pais sempre têm as melhores intenções. No entanto, alguns pais insistem que podem treinar crianças pequenas a não tocarem nas coisas (p. ex., tomadas). Isso não somente é um erro, é muito triste. Tocar, explorar e experimentar são parte do programa de desenvolvimento das crianças. É de partir o coração saber que as crianças estão sendo punidas (com repreensão, tapas nas mãos, palmadas) ao fazerem coisas que para são parte do seu programa de desenvolvimento. Pesquisas sobre o cérebro demonstram que, quando as crianças são impedidas de explorar, tocar e experimentar, o seu desenvolvimento neurológico é prejudicado.

Mesmo quando as crianças aprendem a repetir uma frase como "Não toque", elas aprenderam isso no mesmo nível intelectual de um papagaio. Quando o pai colocava os pés na mesa de café, Sage, de 2 anos, adorava dizer "não" enquanto empurrava os pés dele para fora da mesa. Todo mundo ria e achava isso muito fofo. Mais tarde, ela estava em fase de exploração e queria subir na mesa. Todo mundo pensou que ela estivesse sendo desafiadora e a repreendeu. Na verdade, ela aprendeu a receber aprovação (como um filhote de cachorro treinado) empurrando os pés do pai para fora da mesa. Em sua mente, isso não tinha relação alguma com seu desejo de subir. Ela não sabia de fato que deveria ficar longe da mesa mais do que saberia que deveria ficar fora da rua se estivesse sozinha.

É importante entender que nosso cérebro não compreende a palavra "não" em uma única etapa. Portanto, quando você diz a uma criança: "Não bata no seu irmão", o cérebro da criança precisa processar exatamente o que você disse para ela não fazer (bater no irmão) e depois dar um passo extra para pensar sobre o que fazer em vez disso. Não só é mais difícil como também pode ser confuso, porque existem muitas outras opções (como chutar, morder etc.). O que você deseja ensinar é que a criança mantenha as mãos sob controle e não machuque o irmão.

É mais útil usar a linguagem do "faça". Em vez de "não bata", você pode dizer "use suas palavras" ou "se afaste". Dar instruções claras é útil durante esse estágio de desenvolvimento. E criar um espaço seguro, transformando sua casa em um ambiente de proteção para as crianças, é essencial.

Então, como podemos incorporar esse conhecimento na criação dos filhos?

Estratégias parentais eficazes para crianças pequenas

Dedicar tempo para treinamento

Com crianças pequenas, é importante dedicar tempo para treinamento – repetidamente – até que elas compreendam o que está sendo ensinado. Pegue sua criança pequena pela mão quando estiver andando e quiser atravessar uma rua. Peça a ela que olhe para os dois lados e diga a você se um carro está vindo. Pergunte a ela o que pode acontecer se o carro estiver chegando. (É incrível quantos pais pensam que seus filhos podem entender o significado de uma palmada quando nem sequer compreendem o que aconteceria se um carro os atingisse.) Você repete esse processo muitas e muitas vezes. Você não deixa sua criança atravessar uma rua sozinha até que ela seja bem mais velha; você provavelmente já tem alguma noção disso. Continue a dedicar um tempo para o treinamento. O fato de seu filho pequeno não ter a capacidade de entender tudo o que você ensina não é desculpa para interromper o treinamento. Este deve ocorrer repetidamente até que seus filhos sejam capazes, do ponto de vista do desenvolvimento, de absorver o que você está tentando ensinar.

Supervisão, distração e redirecionamento

Agora que você sabe que crianças pequenas não estão aptas para o tipo de maturidade e compreensão em que você acreditou no passado, faz sentido aceitar que é seu trabalho supervisionar. Uma coisa que surpreende os pais quando eles pensam nisso é que supervisionar, distrair e redirecionar não leva mais tempo do que punir. Muitos pais descobrem que batem ou mandam seus filhos para o castigo pelas mesmas coisas repetidamente. Mesmo que isso não esteja funcionando, eles continuam fazendo porque têm medo de não serem bons pais se não tentarem interromper os "maus" comportamentos.

Espero que agora você saiba que não é um mau comportamento. Apesar de o comportamento não ser ruim, não é seguro nem prático deixar que as crianças subam nas mesas ou corram para a rua. Então você impede o comportamento por meio de supervisão firme e gentil, distração e redirecionamento, sem esperar que seu filho aprenda a parar por causa de seus castigos. Por exemplo, em vez de esperar que as crianças entendam "Não toque", supervisione de perto e intervenha quando elas forem tocar em algo que você não quer. Com gentileza e firmeza, mostre a elas o que é permitido tocar e saiba que você terá que fazer isso muitas vezes. Compreender o desenvolvimento infantil torna mais fácil ser paciente quando precisar repetir várias vezes a mesma coisa. Você sabe que nem você nem seu filho estão com defeito. Aprender é um processo de desenvolvimento que requer prática.

A distração pode assumir várias formas. Uma mãe combinava distração e redirecionamento de maneira teatral quando seu filho fazia algo inapropriado, como brincar na lareira. Ela dizia algo como: "Estou ouvindo o Batman chamando. Corra para a sala de estar, pois o Batman precisa da sua ajuda." Outra maneira de distrair é simplesmente remover a criança que está subindo na mesa de café. Adicionar redirecionamento significa mostrar à criança o que ela pode fazer. Em vez de dizer: "Não. Não. Não suba na mesa", remova seu filho e diga: "Você pode subir na sua almofada." Não espere que ele pare de subir na mesa até que fique muito mais velho. Supervisão, distração e redirecionamento são tarefas constantes para os pais de crianças pequenas.

Proteção do ambiente para crianças pequenas

A quantidade de supervisão necessária diminuirá drasticamente e seu filho estará mais seguro se você proteger sua casa.

Os anos da infância são um bom momento para decorar a casa ao "estilo brechó", para que você não precise se preocupar com danos em móveis caros. Guarde os enfeites de mesa sentimentais e delicados e qualquer outra coisa de valor para você, a fim de minimizar o número de vezes que você é tentado a dizer "não, não". Coloque plugues de plástico nas tomadas, evite cordas penduradas nas persianas, não deixe sacos plásticos ao alcance de crianças, deixe os cabos das panelas sobre o fogão voltados para dentro e mantenha qualquer coisa perigosa (facas, remédios, material de limpeza) trancada com segurança e longe do seu filho. Você pode encontrar mais informações sobre proteção do ambiente para crianças com seu pediatra, revistas para pais e outras fontes.

Alguns dias parece que "não" é a única palavra que você diz? É de admirar que as crianças aprendam a dizer "não" muito antes de entenderem o que isso significa? Distração, redirecionamento e proteção do ambiente podem ajudá-lo a eliminar o "não" do seu vocabulário. Os pais de uma criança pequena aprenderam sobre o comportamento apropriado à idade e decidiram que deixariam sua casa segura para crianças a fim de que sua filha de 2 anos não fosse impedida de explorar e tocar. Eles também decidiram que não diriam "não" à garotinha. (Isso não significa que estivessem sendo permissivos, pois usavam disciplina gentil e firme.) A teoria deles era que sua filha não passaria pelo estágio "não, não" se não ouvisse essa palavra.

Um dia, no entanto, eles ficaram chocados ao ouvi-la dizer: "Não, não. Cachorro mau." Eles esqueceram que ela ouvia o que diziam ao cachorro. Esse foi um lembrete poderoso de que as crianças aprendem com tudo o que vivenciam – mesmo quando as lições não se destinam a elas. Elas aprendem com palavras, ações, atitudes, experiências e seu meio ambiente. Elas estão mais propensas a desenvolver o senso de autonomia em um ambiente protegido para crianças, onde é mais seguro explorar e mais fácil para a mãe e o pai supervisionarem e redirecionarem.

Gerenciar suas expectativas sobre cooperação

Você deve ter notado que, algumas vezes, seu filho parece muito cooperativo e adora ajudar. Outras vezes ele se recusa, terminantemente, a cooperar. Talvez seja porque "cooperação" seja a palavra errada. O que os adultos consideram como cooperação pode fazer parte de uma brincadeira divertida para uma criança pequena que fica muito orgulhosa de si mesma enquanto pega a fralda para o novo bebê. Em outros momentos, ela simplesmente não está interessada nesse jogo de buscar as fraldas.

Você pode aumentar as chances de cooperação de suas crianças pequenas por meio de muitos métodos da Disciplina Positiva, como o quadro de rotinas, mas ficará louco se esperar mais do que seus cérebros são capazes de realizar. Não espere que uma criança pequena recolha qualquer coisa, a menos que você faça disso um jogo e brinque com ela. Mesmo assim, funcionará apenas de vez em quando. Eles não estão sendo irresponsáveis ou desafiadores quando se recusam a guardar as coisas. Eles simplesmente não têm idade suficiente para ser responsável. E se recusar a pegar as coisas não significa que se recusarão para sempre. Bem, pode ser que se recusem, mas após a idade de 4 anos, é um pouco mais fácil encontrar maneiras de estimular a cooperação. Mesmo assim, isso deve ser feito repetidamente.

É disso que se trata criar filhos – repetição. Tente gentileza e firmeza de forma persistente. Isso significa pegar seu filho pela mão (com gentileza e firmeza) e dizer: "Vamos guardar essas coisas juntos." Se ele resistir, deixe-o ir até ele tentar pegar outro brinquedo; então, gentil e firmemente, segure-o pela mão e diga: "Você pode brincar com esse brinquedo assim que pegarmos o que está no chão." Ele pode resistir cem vezes (embora dez seja mais provável) até perceber que você continuará sendo gentil e firme. Se uma criança está acostumada a manipular você até ceder ou voltar a aplicar punição, ela pode pressionar pelos resultados a que está familiarizada, portanto leva mais tempo para ela entender que você permanecerá gentil e firme até que ela esteja disposta a cooperar.

Encorajar a contribuição

À medida que as crianças crescem, elas se tornam cada vez mais capazes de contribuir. No entanto, você deve ter notado que "eu faço" é uma frase comum para seu filho de 2 anos. Nessa idade, eles querem ajudar. No entanto, muitas vezes eles escutam: "Não, você é muito pequeno. Vá brincar com seus brinquedos." Esses mesmos pais se perguntam em seguida por que seus filhos não querem ajudar à medida que crescem e agora respondem: "Não, estou ocupado. Estou brincando." Deixe as crianças pequenas ajudarem. Dê a elas uma pá quando estiver aspirando, um paninho quando estiver limpando, uma cadeira segura para subir enquanto elas o ajudam a rasgar alface. Dedique um tempo para treiná-las nessas tarefas, repetidamente. As crianças estão praticando cooperação enquanto ajudam.

Rotinas

Até crianças de 2 anos adoram quadros de rotina com suas fotos realizando tarefas, mas, ainda mais importante para essa idade são as rotinas diárias nas quais elas podem confiar. As crianças pequenas se sentem seguras quando sabem o que vai acontecer regularmente, como dormir na própria cama, fazer refeições e tirar cochilos no mesmo horário todos os dias. Você provavelmente já percebeu o que acontece quando sai de férias e as rotinas ficam bagunçadas. As crianças ficam irritadiças e se comportam mal com muito mais frequência. Assim que voltam às suas rotinas regulares, elas se organizam e ficam tão cooperativas quanto as crianças dessa idade podem ser.

Pais ocupados podem achar complicado seguir rotinas, principalmente para aqueles que não cumprem a tradicional carga horária das 9h às 17h. Sugerimos que, na medida do possível, você defina algumas rotinas importantes que não comprometam seu trabalho. Por exemplo, se é difícil jantar em família no mesmo horário todas as noites, o café da manhã pode ser mais fácil. O mesmo para ter uma hora de dormir definida. Outra ideia é ter algumas rotinas definidas nos fins de semana com as quais as crianças pequenas podem contar, por exemplo, passar um tempo ao ar livre, atividades divertidas em família, como ir ao zoológico, ou um encontro com outras crianças.

Adaptar outras ferramentas parentais para crianças

Agora você tem uma base para adaptar as muitas outras ferramentas parentais ao nível de desenvolvimento dos seus filhos mais novos, ou para saber quando as ferramentas estão muito avançadas. Este é um momento da vida em que a personalidade da sua criança está sendo formada, e você deseja que ele ou ela tome decisões que digam: "Eu sou competente. Eu posso tentar, cometer erros e aprender. Eu sou amado. Eu sou uma boa pessoa." Usar disciplina apropriada para a idade enquanto se é gentil e firme ao mesmo tempo promove a base para o desenvolvimento do bom caráter. A paciência, juntamente com algumas boas habilidades parentais, fará sua jornada mais suave e muito mais agradável tanto para você como para seu filho.

Adolescentes

O cérebro adolescente não é um cérebro adulto com menos quilômetros rodados. Aos 6 anos, o cérebro tem 95% do tamanho de um adulto. No passado, a hipótese era de que, na adolescência, o cérebro estaria totalmente desenvolvido. No entanto, pesquisas recentes confirmam que ele não está desenvolvido por completo até aproximadamente os 25 anos. Ele passa por um crescimento significativo antes da puberdade. Como o cérebro amadurece do sentido posterior ao anterior, a última parte a amadurecer por completo, o córtex pré-frontal, ainda está em construção durante a adolescência. É completamente normal que os adolescentes busquem a independência da unidade familiar, testem os valores dos pais e guardem segredos – isso é individuação, e é importante para o desenvolvimento deles.

O desenvolvimento do cérebro não é uma desculpa para más escolhas e comportamento desrespeitoso, mas pode nos ajudar a entender por que os adolescentes precisam de conexão, paciência e boas habilidades de vida. Ajuda os pais a responderem de forma menos pessoal ao comportamento negativo e, com esperança, a sentirem mais compaixão pelo que seus filhos estão passando. Também ajuda os pais ocupados a entenderem por que é importante envolver respeitosamente os adolescentes nas responsabilidades familiares, para equilibrar o desenvolvimento do cérebro com o treinamento de habilidades.

Estratégias parentais ineficazes para adolescentes

Controle

A adolescência pode ser um período assustador para muitos pais, pois os jovens experimentam identidades diferentes, cometem erros que podem ter consequências mais graves e, ao mesmo tempo, podem parar de se comunicar com os pais (como a mãe de Stephanie está experimentando em nossa história de abertura).

Se você reagir por medo e tentar controlar todos os movimentos de seu adolescente, é provável que o processo de individuação se transforme em uma rebelião total. Tentar controlar seu filho adolescente não funcionará. Em vez disso, você precisa tentar envolvê-lo em reuniões de família regulares e no planejamento de um tempo especial.

Permissividade

Alguns pais ficam tão intimidados e exaustos com o comportamento de seus filhos adolescentes que "se retiram" e se tornam excessivamente permissivos. Como os adolescentes ainda são crianças, a falta de estrutura e de rotinas pode afetá-los e levar a qualquer um dos objetivos equivocados discutidos no Capítulo 8. Portanto, os pais de um adolescente precisam fazer um exercício de equilíbrio entre afrouxar o controle para permitir que seu filho se individualize, por um lado, e oferecer consistência e segurança para que ele continue a se sentir seguro e educado, por outro.

Sermão

Os pais que entram no modo de sermão geralmente vêm de um lugar de medo. Um dos maiores desafios dos sermões é que seu filho provavelmente nem está ouvindo você. Ele pode estar ouvindo palavras que saem da sua boca, mas aprendeu há muito tempo a desligar-se da sua voz quando você entra no modo de sermão. Em vez de escutar, ele está lhe observando de perto e aprendendo bastante com seus próprios comportamentos.

Estratégias parentais eficazes para adolescentes

Ser gentil e firme

Ser tanto gentil como firme é extremamente importante para os adolescentes. Aqui estão algumas ferramentas gentis e firmes para guardar:

1. *Conexão antes da correção.* A conexão pode ser um toque físico (embora isso possa ser menos aceito por um adolescente do que por uma criança pequena), fazer contato visual, validar sentimentos, ouvir e ser curioso, garantir que a mensagem de amor seja transmitida e mostrar empatia ao entrar no mundo dos seus filhos.
2. *Celebrar os erros.* Lembre-se de que erros são uma parte natural do crescimento e aprendizado. Em vez de dar sermões e humilhar, aprenda a comemorar os erros.
3. *Solução conjunta de problemas.* Quando os adolescentes são respeitosamente envolvidos na resolução de problemas, eles se tornam muito mais propensos a manter acordos.
4. *Momento especial.* Planeje um café da manhã de fim de semana junto com seu filho, ou participe de atividades especiais que sejam do interesse do adolescente.

Encorajar a contribuição

Desista da ideia de que você precisa ser um "superpai" para compensar o fato de ser um pai ocupado que trabalha. As crianças prosperam ao serem necessárias. O treinamento de habilidades não para quando as crianças se tornam adolescentes. Na verdade, é um momento em que você pode estabelecer expectativas mais altas em relação aos seus filhos em termos de cooperação e contribuição para a unidade familiar. Se eles dirigem, podem ajudar como motoristas em algumas necessidades. Se ainda não começaram a fazer compras, cozinhar e arrumar coisas além do básico, é hora de finalmente treinar isso. Cuidar de bebês, cuidar de animais de estimação e vigiar a casa quando você sair à noite deve estar dentro das áreas de responsabilidade do adolescente (com variações individuais) e fortalecerá a confiança e o senso de contribuição dele.

Tivemos uma mãe que disse ter sido uma bênção disfarçada ter quebrado o pé. Seus três filhos adolescentes foram forçados a seguir em frente e compartilhar todas as suas responsabilidades de casa por um mês. Ela ficou agradavelmente surpresa com a capacidade deles de preparar o jantar, lavar, secar e passar suas roupas e até criar um cronograma para que os mais velhos pudessem se revezar para levar o mais novo para a escola e para as atividades depois da aula. Seus filhos se sentiram tão empoderados com a independência que, mesmo depois que ela retirou o gesso, continuaram a cuidar da própria roupa e até a ajudar a cozinhar. Ela se deu conta de que, quando damos às crianças a oportunidade de contribuir, isso proporciona maior senso de importância e aceitação.

Escutar

Seu filho adolescente vai escutar você depois que ele ou ela sentir que foi ouvido. Observe quantas vezes você interrompe, explica, defende sua posição ou dá sermão. Tente escutar com os lábios fechados: "Hummm." Muitos pais têm compartilhado que um dos melhores momentos para escutar seus filhos é no carro. Basta fazer algumas perguntas curiosas e eles podem ficar falando por horas. Uma mãe compartilhou que costumava seguir o caminho mais longo na volta da escola para casa, porque era o único momento em que seu filho adolescente se abria e conversava com ela.

Ter senso de humor

Quem disse que ser pai ou mãe de um adolescente tem que ser desagradável e assustador? O humor pode ser uma das melhores maneiras de abordar uma situação. Aprenda a rir e criar uma atmosfera divertida para conseguir que tarefas desagradáveis sejam realizadas com mais rapidez.

Um giro positivo pelos anos da adolescência

Os anos da adolescência podem ser o começo de um relacionamento mais adulto com seus filhos. Aqui, pais profissionalmente ativos podem de fato se destacar. Uma nova oportunidade para o diálogo pode se abrir em torno de fazer boas escolhas, encontrar e desenvolver suas habilidades únicas, bem como os altos e baixos da vida profissional. O adolescente está tentando encontrar seu lugar no mundo e pode ser inspirado pelas escolhas de vida dos pais ocupados. Os adolescentes estão interessados em comportamentos e estilos de vida mais adultos, então pode ser útil ter uma conversa sobre as habilidades de vida necessárias para ter sucesso nos relacionamentos e situações profissionais.

Alguns casais que têm vida profissional dupla relatam menos problemas com os adolescentes, pois simplesmente não têm tempo para supervisionar e controlar em detalhes tudo o que seus filhos fazem. Isso proporciona aos adolescentes algum espaço necessário. Alguns pais ocupados também relatam maior proximidade, pois podem compartilhar mais de suas próprias vidas adultas com os adolescentes. Em nossa história de abertura, Stephanie, de 15 anos, provavelmente poderia ter voltado para uma casa vazia, tendo a chance de relaxar e passar um tempo sozinha em vez de lidar com uma mãe autoritária. Sua mãe também, muito provavelmente, teria desfrutado de uma conversa mais proveitosa mais tarde, se tivesse sido capaz de dar a Stephanie esse espaço. Invista desde cedo em conhecer seu filho. Quando ele atingir a adolescência, será mais fácil ceder um pouco e dar a ele o espaço de que precisa. Então, ao usar perguntas curiosas e passar um tempo especial, você pode fortalecer esse laço e, com esperança, suas preocupações a respeito do que ele está fazendo serão melhor administráveis.

DISCIPLINA POSITIVA EM AÇÃO

Karen explica como sua experiência com a ordem dos nascimentos e a mudança da dinâmica dos irmãos a levou a procurar conselhos sobre criação de filhos: "Por onde começo com Alexa? Minha filha do meio. Ela é a razão pela qual eu senti que precisava de ferramentas parentais.

Temos quatro filhos: nosso mais velho, Jason, tem 10 anos, e temos três meninas, Rebecca, de 8 anos, Alexa, 6, e Katy, 5. Nosso filho está firmemente estabelecido na estrutura familiar como o mais velho. Rebecca estava muito confortável sendo a número 2 até o nascimento de Alexa. Rebecca perdeu sua identidade definida, sendo agora a filha do meio, e, consequentemente, ficou mais insegura. Alexa era uma bebê fantástica – excelente personalidade e muito bonita. Nossa quarta filha foi uma surpresa. Sua chegada mudou completamente a dinâmica – Alexa teve um colapso nervoso. Com 1 ano, sabia que a festa tinha acabado e que ela não era mais o bebezinho que todo mundo adorava. Rebecca, por outro lado, ao longo dos últimos anos cresceu mais confiante e se tornou uma matriarca para as duas irmãs mais novas.

Alexa nunca mais foi a mesma depois que Katy nasceu. Ela chorava sem parar e tinha ataques de pânico todo ano. Seus 3 anos foram terríveis para mim. Ela estava muito infeliz. Eu me perguntava se precisávamos de ajuda profissional. Acho que uma pessoa de fora poderia ter ajudado, mas senti que no fundo a resposta era *amor* e eu tinha apenas que lhe dar mais de alguma maneira. Eu poderia fazer isso. Sou uma supermãe, pensei.

Os 4 anos foram piores, porque ela não era mais um bebê. Apenas uma menininha de quem ninguém queria estar por perto. Ela se afastou de suas amigas e só queria ficar em casa com medo de 'perder' alguma coisa. Eu não sabia se o objetivo equivocado dela era atenção indevida, poder, vingança ou inadequação assumida, porque parecia os quatro ao mesmo tempo.

Eu tenho usado praticamente todas as ferramentas com Alexa este ano e estamos progredindo. Temos um gesto de bater duas vezes com o punho no peito para sinalizar que estamos no coração uma da outra, se eu não puder estar com ela no momento (se estou com outra pessoa ou com seus irmãos). A atenção não verbal a deixa calma. Alexa também está constantemente buscando a aprovação de seus irmãos e se tornou a palhaça da família para conseguir atenção. Quando ela não está divertindo os irmãos, está chorando. Eu passo muito tempo validando seus sentimentos. E mostrando a ela que a entendo. Ela é uma pessoa emotiva e sente muito. Nós conversamos sobre como esses sentimentos a tornam quem ela é e a ajudam a cantar, dançar e se apresentar com paixão. Alexa responde muito bem às rotinas e gosta de ajudar nas tarefas domésticas. Isso a faz se sentir parte de um sistema e de nossa família. Nós estamos fazendo progresso."

Ferramentas da Disciplina Positiva

Neste capítulo, discutimos a importância de dedicar tempo para treinamento, supervisão, distração e redirecionamento, da conexão antes da correção, dos erros como oportunidades para aprender e da escuta, assim como a importância da educação gentil e firme, sem controle. Aqui estão mais algumas ferramentas relacionadas aos assuntos que abordamos:

Coloque as crianças no mesmo barco

Quando os pais interferem nas brigas entre irmãos e tomam partido de um dos lados, eles reforçam a ideia de que os pais podem amar apenas uma criança de cada vez – e então a competição aumenta. É por isso que nós sugerimos que você "coloque as crianças no mesmo barco" e as trate de maneira igual. Você pode realmente não saber quem começou, de qualquer maneira. É provável que você não veja todas as coisas sutis que uma criança pode fazer para provocar uma reação em outra criança. Então, coloque-as no mesmo barco para focar soluções.

Preste atenção

Seus filhos estão tendo a impressão de que não são importantes? Pare o que estiver fazendo e se concentre no seu filho como se ele ou ela fosse mais importante do que qualquer outra coisa que você poderia fazer. Não se esqueça de programar um tempo especial.

Escuta ativa

Esta é uma ótima ferramenta para observar e conhecer seus filhos. Tente ficar no mesmo espaço que eles, sem se envolver, e apenas observe cuidadosamente e escute o que eles dizem. Se eles conversarem, apenas ouça sem julgar, defender ou explicar. Se eles não falarem, simplesmente aprecie a companhia deles.

Não retruque

Uma ferramenta essencial para adolescentes. Tente não ser provocado pelo comportamento deles e ser arrastado para uma disputa por poder ao retrucar o que dizem. Fique calmo e declare com firmeza o que você fará, como: "Fico feliz em discutir isso com você, mas não em deixar você gritar comigo. Vamos dar um tempo para nos acalmar até que ambos possamos ser respeitosos."

EXERCÍCIO

Atenção parental plena: pratique estar presente no momento.

Imagine este cenário. Você acabou de sair da quadra de esportes em uma tarde congelante de inverno. Você está correndo para chegar ao seu carro antes que acabe o tempo no parquímetro do estacionamento e para chegar em casa a tempo de pegar o jantar na mesa. Ao mesmo tempo, você está carregando sua filha de 2 anos em um braço porque ela está cansada demais para andar, e você tem uma enorme sacola de equipamentos de futebol no outro braço. Começa a chover, e seu filho de 6 anos está distraído com as poças congeladas que estalam à medida que ele se move lentamente de uma para a outra.

O que pais "perfeitos" fariam agora? Será que esse pai ou mãe perceberia o quanto o menino de 6 anos estava envolvido na maravilhosa descoberta de líquidos que se transformam em sólidos e esperaria calmamente até que estivesse pronto para parar? Será que esse pai ou mãe esperaria na chuva e sentiria o ar puro e fresco enquanto o guarda de trânsito aplica uma multa em seu carro? Bem, vamos encarar os fatos; quando se trata da rotina do dia a dia, a maioria de nós sente que está apenas tentando sobreviver e não tem tempo para ser um pai ou mãe atento e totalmente presente. Nessa situação, quantos de vocês reagiriam agarrando seu filho de 6 anos pela mão e puxando-o em direção ao carro, enquanto tentam não deixar cair nada durante a corrida para alcançar o policial que está indo em direção ao seu carro?

Ser um pai/mãe plenamente atento é desacelerar, ser menos ocupado, ser menos diretivo com seus filhos e fazer um esforço para entrar no mundo deles – permitir que seus filhos caminhem em seu próprio ritmo, sejam livres para experimentar, brincar, ficarem entediados, fazer bagunça e usar sua imaginação. Isso vai contra a nossa prática atual de mantê-los ocupados o tempo todo, lotando suas agendas com atividades de autoaperfeiçoamento, e significa abandonar a ideia de perfeição (lembre-se do mito da "criança perfeita" do qual falamos no início do capítulo). Claro, todos os pais em um ponto sentem a pressão de fazer com que seus filhos sejam o melhor que puderem e alcancem seu pleno potencial (novamente, tudo em nome do amor), mas como essa pressão está impactando a capacidade de nossos filhos de serem apenas crianças? A infância é preciosa e curta, e não deveria se referir apenas a treinar seu filho para a idade adulta.

Seu exercício é passar uma semana sendo um pai atento. Eis algumas dicas que podem ajudá-lo.

Não fazer nada!

Cancele algumas atividades para não fazer nada por um dia inteiro. Deixe seus filhos brincarem no parque (não apenas no *playground* do prédio). Faça uma caminhada sem destino específico. Encoraje seus filhos a brincarem com lama, areia e água. Pare e cheire as flores. Observe os bichos, insetos e animais. Talvez você até possa criar um projeto de arte com itens encontrados na natureza.

Não busque a perfeição e se divirta um pouco!

Permita a você mesmo e a seus filhos fazerem bagunça, ficarem sujos e molhados. Lembra como era divertido pular nas poças quando você era criança? Vistam-se mais à vontade no fim de semana; deixe que seus filhos escolham suas próprias roupas e se vistam sozinhos (mesmo que uma peça não combine com a outra ou seja colocada do lado contrário). E que tal pedir para eles escolherem a sua roupa?

Observe seus filhos

Pratique a arte da observação e assista passivamente a seu filho brincar, comer ou se vestir sem se envolver, tentar gerenciar, ou fazer isso por eles. Tente acompanhar o ritmo deles, seguindo suas pistas, e não corrigindo-os ou direcionando-os. Se seus filhos pedirem sua orientação, use perguntas curiosas para ajudá-los a usar a imaginação deles a fim de descobrir novas maneiras de fazer e observar as coisas.

Esteja presente

Não pense em trabalho, jantar, compras ou qualquer outra coisa quando estiver com seus filhos. E, o mais importante, não use o celular. Concentre-se no que eles estão fazendo, sentindo e expressando e no que você está fazendo, sentindo e expressando.

Pergunte aos seus filhos

O que significa tempo de qualidade para eles? Você ficará surpreso com suas respostas.

10

AJUDAR AS CRIANÇAS A PROSPERAR

Jane compartilhou: "Em nossa família, tínhamos o que chamamos de síndrome de três semanas do plano de tarefas domésticas. Na reunião de família, criávamos juntos uma rotina de tarefas que as crianças seguiriam com entusiasmo por uma semana. Elas seguiam o plano *sem* entusiasmo por mais uma semana. Na terceira semana, havia reclamação e ranger de dentes sobre o plano de tarefas. Então, de volta à programação das tarefas. Nós, então, elaborávamos outro plano, que seguiria um padrão semelhante de três semanas." Isso significa que o quadro de rotina não estava funcionando? Longe disso! Como Jane diz: "Eu me sentia muito melhor nessa síndrome de três semanas do que nas batalhas *diárias* em que costumava me envolver. Não sei o que teríamos feito sem as reuniões de família."

Reuniões de família

Estresse, desorganização, frustração e raiva – fazem parte da sua rotina matinal? Fazer com que crianças sonolentas e não cooperativas saiam de casa a tempo pela manhã pode testar a paciência de qualquer pai, mas é especialmente difícil quando ambos os pais também precisam sair de casa ao mesmo tempo para trabalhar. E por que essas mesmas crianças sonolentas estão bem acordadas e cheias de energia depois de um dia inteiro de trabalho e bem na hora de dormir? Você já murmurou: "Deve haver uma maneira melhor?" Bem, existe. Imagine o seguinte: seus filhos acordam sozinhos, se vestem sozinhos, se revezam para preparar o café da manhã (incluindo o seu) e pegam seus lanches (que deixaram preparados na noite anterior) na geladeira. Eles então pegam seu material escolar e roupas de ginástica (no local onde eles mesmos deixaram arrumados na noite anterior) e lhe dão um beijo enquanto saem para a escola com tempo de sobra. Parece bom? Essa poderia ser sua casa – ou algo bem parecido com isso.

Não estamos prometendo que você nunca mais terá problemas matinais (ou aborrecimentos na hora de dormir), mas estamos prometendo que você pode reduzir significativamente o estresse, as disputas por poder e o caos.

O que fazer e não fazer nas reuniões de família

Reuniões de família regulares são uma maneira de nutrir um ambiente mais saudável e positivo em sua casa. Na medida do possível, o ideal é realizar as reuniões de família em um horário programado semanalmente. É comum que as demandas de nossos estilos de vida ocupados interfiram no tempo da família, mas é uma ótima maneira de conexão e acompanhamento da semana. As crianças precisam saber que são tão importantes quanto quaisquer compromissos profissionais ou sociais que seus pais tenham programado. Isso promove um senso de aceitação e importância.

Estrutura das reuniões de família

As reuniões de família funcionam melhor quando seguem o mesmo formato todas as vezes, garantindo consistência e sensação de segurança para as crianças. Aqui está o formato geral:

1. Comece com reconhecimentos, para criar uma atmosfera positiva desde o início e ensinar os membros da família a procurar e verbalizar coisas positivas entre si.

Disciplina Positiva para pais ocupados

Faça	Não faça
Lembre-se dos objetivos em longo prazo: desenvolver percepções de conexão (aceitação/pertencimento, importância e competência); exercitar o poder positivamente e permitir que todos sejam responsáveis; bem como ensinar valiosas habilidades sociais e de vida para um bom caráter, como comunicação, resolução de problemas, tomada de decisões e cooperação.	Não use as reuniões de família como plataforma para sermões e controle parental.
Coloque uma agenda em um local visível e encoraje os membros da família a escreverem problemas nela ou qualquer coisa que precise ser discutida pela família na medida em que ocorrem.	Não permita que as crianças ou os pais dominem e controlem. O respeito mútuo é essencial.
Mantenha um caderno de reuniões de família onde possam registrar reconhecimentos, itens que foram discutidos, ideias elaboradas e sugestões de soluções (destacando a que foi escolhida). Mais tarde, você pode se divertir olhando os antigos cadernos de reuniões de família como quando revisitamos álbuns de fotos de família.	Não se esqueça que uma reunião de família é um processo que ensina habilidades sociais e de vida valiosas, não um exercício de perfeição. Aprender as habilidades requer tempo (para pais e filhos). Até mesmo as soluções que não funcionam fornecem uma oportunidade de voltar à agenda e tentar novamente, sempre com foco em respeito e soluções.
Revezem as funções de presidente e secretário. Claro, crianças que não aprenderam a escrever não podem ser o secretário, mas mesmo aos 4 anos pode ser o presidente que convida as pessoas a fazerem seus reconhecimentos, pede uma avaliação de soluções passadas, pede que alguém leia o próximo item da agenda a ser discutido etc. Ela pode precisar de ajuda quando algo necessita ser lido e ser lembrada do que vem a seguir, mas terá um forte senso de aceitação, importância e competência quando for sua vez de ser presidente da reunião de família.	Não pule as reuniões de família semanais. Lembre-se do que você está modelando para seus filhos – se você não prioriza o tempo da família, eles não experimentarão um senso de aceitação e importância. Se você precisa faltar a uma reunião por razões fora do seu controle, certifique-se de explicar claramente às crianças o porquê, assim como lhes dizer quando será a próxima para que elas se sintam seguras de que você não está abandonando-as.

(continua)

(continuação)

Faça	Não faça
Concentre-se em encontrar soluções, não em quem deve culpar, e ensine que os erros são maravilhosas oportunidades de aprendizado.	Não espere que crianças com menos de 4 anos participem do processo. Se os pequenos forem uma distração muito forte, espere até que eles estejam na cama.
Mantenha reuniões de família curtas, 20-30 minutos, dependendo da idade dos seus filhos. Termine com uma atividade divertida em família, um jogo ou uma sobremesa.	Não se esqueça de que os erros são maravilhosas oportunidades de aprendizado.

2. Avalie soluções anteriores sem culpa ou vergonha.
3. Discuta os itens da agenda para que cada membro da família que tenha escrito o item possa optar por:
   a. Simplesmente compartilhar sentimentos
   b. Estimular uma discussão para conscientização e esclarecimento (sem elaborarem ideias para soluções)
   c. Elaborem ideias para soluções e destaquem aquelas que todos estão dispostos a experimentar por uma semana
4. Hora da agenda: programe por escrito os próximos eventos, diversão em família, necessidade de passeios etc.
5. Planejamento semanal de refeições.
6. Atividade divertida e sobremesa.

1. Reconhecimentos

Compartilhar reconhecimentos não é apenas dizer e ouvir coisas legais. É muito mais profundo que isso, pois nos ajuda a focar a busca por coisas positivas, apreciando tudo o que temos e um ao outro. Gratidão ensina empatia e compaixão, além de reduzir sentimentos negativos, como inveja e frustração, que são frequentemente alguns dos maiores obstáculos para alcançarmos todo o nosso potencial. Essa é uma grande habilidade de vida a ser desenvolvida e servirá bem às crianças em sua vida adulta quando, inevitavelmente, terão que lidar com contratempos, decepções e perdas. Reconhecimentos também servem para elevar o sentimento de aceitação em toda a família, o que garante mais cooperação e melhor comportamento.

No começo, fazer ou receber reconhecimentos pode não ser fácil. Pode ser necessário treinamento e prática. Um exercício simples de gratidão para compartilhar com seus filhos é ir para a cama e acordar todos os dias lembrando a si mesmo de agradecer, de sentir amor e apreço. Isso pode se tornar parte do momento da história antes de dormir e dos rituais matinais. Ou pode ser particular, um registro em um diário ou uma lista que você faz mentalmente em silêncio. Compartilhar reconhecimentos durante as reuniões de família torna-se, então, a extensão natural desse exercício e ensina às crianças a importância de compartilhar emoções positivas.

Parte da educação sobre fazer e receber reconhecimentos está em superar noções antigas de que é presunçoso aceitar um reconhecimento e que está correto admitir boas coisas sobre si mesmo. É fácil ensinar a aceitação graciosa do reconhecimento com um simples "obrigado". As crianças aprendem isso mais rapidamente do que os adultos, que estão acostumados a dizer coisas como "Ah, não foi nada". É importante focar o reconhecimento nos esforços, na disponibilidade para ser útil e nas contribuições da pessoa, não nos resultados finais ou características físicas, bem como definir que apenas comentários respeitosos são permitidos. Durante sua primeira reunião de família, Mary, filha de 4 anos de Jane, disse sobre o irmão: "Mark às vezes é legal comigo, mas outras vezes...". O pai interrompeu rapidamente e disse: "Opa, sem 'mas'."

Alguns passos simples podem ajudar as crianças a se acostumarem com o "hábito de reconhecer", como proporcionar a elas uma prática diária durante a semana. Deixe folhas em branco na porta da geladeira (ou outro local) onde todos possam escrever reconhecimentos para os outros a cada dia. (As crianças pequenas podem ditar seus reconhecimentos para os membros mais velhos da família.) Esse pode ser um ritual que ocorra pouco antes do jantar. Quando você vê alguém que merece um reconhecimento, anote-o. Se uma criança observa algo que outra pessoa fez, pergunte: "Você gostaria de escrever isso em nossa folha de reconhecimentos?" Uma vez que as crianças desenvolvem o hábito de notar os reconhecimentos, você não precisará lembrá-las. No início de cada reunião, os membros da família podem ler seus elogios. Peça que façam outros reconhecimentos verbais que não puderam ser escritos. Certifique-se de que todos os membros da família recebam pelo menos um reconhecimento. Depois que eles tiverem o exemplo de como fazer isso, deixe seus filhos irem primeiro. Dessa forma, você pode ter certeza de equilibrar a pontuação no final, se necessário. Coloque essa folha de reconhecimentos em uma pasta e afixe outra folha em branco na porta da geladeira para ser preenchida durante a semana.

Outra ideia: ao final da reunião de família, distribua folhas de papel em branco com a frase "Eu sou grato por..." escrita no topo. (Chamamos isso de página de gratidão.) Encoraje a família a colocar a página em um local onde possam acessá-la facilmente e escrever as coisas pelas quais são gratos. Durante cada reunião de família, colete as páginas de gratidão e coloque-as em uma pasta. Combinem quando irão compartilhar suas páginas de gratidão. Uma família que conhecemos lê suas páginas de gratidão uma vez por ano como parte de seu ritual de Natal. Outras escolhem um tempo durante as refeições da família nos finais de semana.

Esses exercícios, além de outros que serão apresentados no planejamento e realização de reuniões de família, criarão tradições que aumentam a proximidade da família. Embora os reconhecimentos possam parecer estranhos no começo, não demora muito para que as famílias se tornem profissionais em reconhecer. Não espere perfeição! Algumas discussões entre irmãos são normais. No entanto, quando as crianças (e os pais) aprendem a fazer e receber reconhecimentos, a tensão negativa na família é reduzida consideravelmente.

2. Avaliação das soluções anteriores

A avaliação de soluções anteriores não precisa demorar muito tempo, mas é uma peça importante para ajudar a família a verificar seu progresso. Leia as soluções destacadas na última reunião de família. O presidente da reunião pode perguntar: "Como isso funcionou?" Se funcionou bem, é bom saber. Se não deu certo, o presidente pode sugerir que isso volte à agenda para mais sugestões quando for apresentado dentro da ordem cronológica. Geralmente, é uma boa ideia agendar um problema para outra semana se a solução não funcionar. Pode ser que o assunto seja muito polêmico e necessite de mais tempo de reflexão antes que os membros da família possam encontrar uma solução viável. A chave aqui é não culpar ou envergonhar quem quer que tenha sido responsável pela solução. É um esforço de equipe.

3. Discutir itens da agenda

A agenda da reunião de família pode ajudar a convencer os membros da família a se acalmarem, garantindo que suas preocupações serão ouvidas. Suponha que seus filhos estejam brigando. Você pode perguntar: "Qual de vocês estaria disposto a colocar esse problema na agenda?" Muitas vezes isso é suficiente para distraí-los da briga enquanto se concentram em quem vai colocar o assunto na agenda. (Se eles brigarem sobre quem vai fazer isso, deixe que tirem cara ou coroa para se revezarem ao escrever sua versão.)

Suponha que você esteja chateado porque chega em casa e encontra pratos sujos na pia. Em vez de perder tempo e energia dando um sermão desagradável, você pode colocar o problema na agenda. Quando chegar a hora de discuti-lo, os membros da família podem decidir entre simplesmente compartilhar seus sentimentos, estimular uma discussão para se conscientizarem ou elaborar soluções.

Uma excelente conversa sobre soluções começa definindo claramente o problema (sempre evitando culpas). Você pode ensinar os seguintes lemas: "Estamos à procura de soluções, não de culpados" e "Qual é o problema? Qual é a solução?" Depois de escrever o máximo de ideias possível, revise a lista e deixe seus filhos praticarem a análise sobre quais são respeitosas, razoáveis, relevantes e úteis. Escolha e circule uma solução que funcione para todos se o problema preocupa toda a família. Se um membro da família estiver pedindo ajuda com um problema pessoal, ele ou ela pode escolher e destacar o que funciona melhor. Às vezes, um problema precisa ser mantido na agenda até a próxima reunião se diz respeito a toda a família e não foi possível chegar a um consenso. Se uma solução foi escolhida, combinem de tentar por uma semana. Quando circulamos a solução escolhida, é fácil encontrá-la ao procurar no caderno de reunião na família. Avaliem como ela funcionou (ou não) na próxima reunião de família.

4. Hora da agenda: planejamento

Muitos profissionais viajam a trabalho. O caos aparece quando as crianças contam aos pais no último minuto sobre as caronas de que precisam ou sobre os eventos a que precisam comparecer. Muito disso pode ser eliminado quando a hora da agenda faz parte da sua reunião de família semanal. Cada pessoa pode aprender a vir para a reunião preparada para compartilhar os eventos importantes da semana seguinte. Se existir conflito de horários, a família poderá encontrar alternativas para as caronas ou para cobrir outros eventos, e podem lidar com as decepções caso os pais precisem perder algum evento importante. Essa é uma maneira importante de os membros da família aprenderem a respeitar suas próprias necessidades e as necessidades dos outros.

5. Planejamento semanal das refeições

Uma das maiores reclamações que ouvimos de pais ocupados é o aborrecimento causado pelas refeições. O problema não é apenas encontrar tempo para cozinhar, mas também o que cozinhar e ter os ingredientes necessários disponíveis. Não seria bom pensar no planejamento das refeições apenas uma vez por semana ou ter alguém que assumisse o controle por uma noite?

A hora das refeições oferece uma excelente oportunidade para ensinar os traços de caráter de cooperação e contribuição. Até crianças pequenas podem (com supervisão e um pouco de ajuda) ter vez na preparação de uma refeição simples, como sopa, sanduíches de queijo quente, legumes e sorvete. É incrível como as crianças comem melhor quando são respeitosamente incluídas no processo de planejamento e no preparo das refeições. O planejamento das refeições durante as reuniões de família pode eliminar a desorganização e o estresse da falta de planejamento, e pode tornar realidade seu sonho de ter refeições caseiras e saudáveis prontas quando você chegar em casa. Aqui está um exemplo de um planejamento de refeições; você pode deixar de fora os fins de semana se apreciarem a espontaneidade e comer fora.

Planejamento de refeições em família				
Cozinheiro	Prato principal	Legume	Salada	Sobremesa
Seg.				
Ter.				
Qua.				
Qui.				
Sex.				
Sáb.				
Dom.				

Na reunião de família, use uma cópia do planejamento das refeições para pedir a cada membro que ajude a planejar as refeições da semana. Cada membro da família pode ser o responsável pela refeição da noite por um dia (se tiver apenas um filho com idade suficiente para cozinhar, é claro que você pode tentar ser criativo para resolver todas as outras noites ao pedir comida ou esquentar o que sobrou do almoço etc.). Reserve alguns minutos durante a reunião para que cada membro da família escolha o dia ou os dias em que vai cozinhar, e anote no planejamento das refeições. Traga livros de receitas, revistas de culinária, ou receitas da internet impressas para a reunião de família. Deixe todos escolherem suas receitas favoritas já conhecidas ou as novas receitas que desejarem provar. Encontre uma maneira de guardar as receitas favoritas em um livro de receitas da família e faça o *upload* delas em um *site* para um divertido projeto de família.

Neste ponto, sabemos que alguns de vocês estão pensando: "Você deve estar brincando – quando é que vou ter tempo para levar todos para o mercado, ensinar as crianças (e meu parceiro) a cozinhar, supervisionar crianças cozinhando e criar livros de receitas da família? Meu Deus, trabalhar é menos estressante que isso! Certamente é muito mais rápido fazer tudo sozinha." Você está certa em pensar assim – em curto prazo. A Disciplina Positiva não é um remendo rápido. É, no entanto, uma metodologia parental extremamente eficaz para ensinar a seus filhos as habilidades de vida de que eles precisam para se tornarem seres humanos bem ajustados e felizes. Se você realmente gosta de cozinhar, mas ainda assim quer ensinar a seus filhos essa habilidade essencial de vida, talvez possa escolher uma semana por mês em que todos contribuam. Encontre uma solução que funcione melhor para você e sua família. Lembre-se de que a perfeição não é necessária!

6. *Atividade divertida e sobremesa*

Termine cada reunião de família com uma atividade divertida. Pode ser algo bem simples como brincar de esconde-esconde com os filhos menores, ou jogos de tabuleiro, ou pipoca e um filme com os mais velhos. A sobremesa pode ser servida durante ou após a atividade divertida. O importante é que vocês tenham programado um momento divertido em família. Você está oferecendo tradições e sentimentos de intimidade familiar que estimulam em seus filhos – você entendeu – aceitação e importância! A diversão em família não está, no entanto, substituindo a diversão em família programada em um horário separado. Essas atividades não estão conectadas a um "dever", como uma reunião de família, pois devem ser apenas cheias de diversão e um momento de união.

Talvez haja momentos em sua vida em que você tenha a dinâmica certa para realizar reuniões de família com planejamento das refeições, horários, atividades, e assim por diante. Outras vezes, talvez o trabalho seja tão exigente que você mal consiga chegar em casa a tempo de ver as crianças antes de irem para a cama. Não se maltrate – seja criativo. Os pais que viajam podem usar chamadas em vídeo para participar, ou talvez apenas nessa semana você possa mudar a reunião de família para outro dia. Lembre-se, em última análise, de que você comunica lições de vida a seus filhos em tudo que faz. Às vezes a lição é como priorizar e não perder a calma em tempos de caos.

Crie um lema de família

Uma atividade divertida e perspicaz a ser realizada em uma reunião de família, que promove um sentimento de aceitação/pertencimento, é criar um lema familiar. Um lema pode ser um sinal claro para todos, esclarecendo o que é importante. Ele orienta as crianças a entenderem que valores mais profundos, como compaixão e carinho, são mais importantes do que ganhos rápidos e egoístas. Desenvolver isso junto com seus filhos dá propriedade a eles; e a você um ponto de referência claro quando eles cometem erros. Digamos que o lema da família com o qual todos vocês concordaram seja "Um por todos e todos por um". Se sua filha mais nova se recusar a ajudar seu irmão com as tarefas de casa que foram combinadas, você pode fazer referência ao lema da família.

Treinamento adicional de habilidades de vida

No Capítulo 7, discutimos como auxiliar as crianças a explorarem as consequências de suas ações e decisões ajuda a se familiarizarem com seu poder pessoal. De que outra forma você pode ajudar seu filho a ter um senso saudável de autonomia?

Irresponsabilidade consciente

Uma das melhores maneiras de ajudar seus filhos a aprenderem sobre responsabilidade é você ser "conscientemente irresponsável". Os pais, às vezes, gastam energia e tempo infinitos sendo responsáveis por seus filhos. Eles colocam o despertador para eles, os sacodem da cama de manhã, lembram incessantemente de se vestirem, tomarem o café da manhã, encontram seus sapatos, arrumam suas mochilas e lancheiras e ainda levam as crianças para a escola porque elas perderam o ônibus. É um bom sistema para as crianças (pelo menos superficialmente). Mas elas não estão aprendendo autodisciplina e motivação e, muitas vezes, se tornam desencorajadas de sua própria competência, e os pais vão ficando irritados, frustrados e ressentidos. (Você também pode considerar se está tendo a mesma dinâmica no trabalho e/ou com o seu parceiro. Se você está constantemente assumindo o controle, o que isso pode provocar nos outros?)

Para ser conscientemente irresponsável, avise às crianças o que elas são capazes de fazer por conta própria, então não faça por elas. Não programe o despertador, não as lembre de se vestir ou comer. Assim que experimentarem as consequências naturais, elas podem optar por serem mais responsáveis por si mesmas. Após um desconfortável estágio inicial de aprendizado, elas provavelmente começarão a gostar de suas crescentes habilidades e confiança. Essa é uma excelente maneira de familiarizá-los com seu poder pessoal de forma positiva. E o que acontece se o comportamento delas não melhorar? Primeiro, você pode precisar dar um tempo. Se você fez tudo por elas até agora, levará algum tempo para desaprenderem os comportamentos destrutivos, assim como levará algum tempo para que você os desaprenda. Se as coisas ainda não melhorarem, algo mais profundo pode estar em jogo. Reveja o quadro dos objetivos equivocados e verifique se você pode obter algumas pistas sobre por que seus filhos não estão respondendo à sua mudança de comportamento.

Gestão financeira

Ensinar gestão financeira é outra parte essencial do desenvolvimento de responsabilidades e da exploração do poder pessoal. Mesadas dão às crianças uma oportunidade de aprender muitas lições valiosas sobre dinheiro. O dinheiro não deve ser usado como punição ou recompensa. Fazer isso cria uma arena para disputas por poder, vingança e manipulação. As tarefas domésticas são uma questão separada e não devem estar conectadas a uma mesada. Certifique-se de não salvar seus filhos, dando-lhes mais recursos, quando ficarem sem dinheiro. Aprenda a dizer não com dignidade e respeito. Seja gentil e firme; seja empático sem tentar consertar as coisas. Você pode dizer: "Eu entendo que você se sente decepcionado por não ter dinheiro suficiente para ir ao jogo." Ofereça seus serviços como consultor de orçamento, mas não dê conselhos a menos que sejam solicitados. Você também pode oferecer a eles um empréstimo e discutir os termos de como eles farão o pagamento (isso não é o mesmo que salvar). Mostre a eles como montar um plano de pagamento e cheguem juntos a um acordo sobre o valor que você pode deduzir da próxima mesada. Outra possibilidade é fazer uma lista de trabalhos especiais para ganhar dinheiro a fim de fazer compras extras ou ajudar a pagar o empréstimo. Você pode evitar oferecer um novo empréstimo até que o primeiro seja pago.

Você também pode estabelecer diretrizes como "As mesadas serão dadas apenas uma vez por semana durante o horário da reunião de família. Se você ficar sem dinheiro antes, terá a oportunidade de aprender como se sente com isso e o que fazer a respeito, assim como ficar sem dinheiro alguns dias ou encontrar um trabalho para ganhar dinheiro extra". A maioria dos pais define um prazo (uma vez por ano ou a cada seis meses) quando a mesada será aumentada. Isso oferece uma boa oportunidade para discutir com seus filhos em que eles usarão o aumento, ou talvez até pedir que expliquem por que eles precisam de uma mesada maior. Algumas famílias aumentam a mesada de cada criança em suas datas de aniversário.

As reuniões de família são um ótimo espaço para discussões periódicas sobre dinheiro, no qual você compartilha alguns de seus erros e o que aprendeu (sem dar sermões ou lições de moral). Encoraje os outros a fazerem o mesmo. Crie um senso de diversão para que todos possam rir enquanto aprendem. Use perguntas curiosas para ajudá-los a explorar o que aconteceu, o que provocou o acontecimento, o que aprenderam com isso e como usarão essas informações no futuro. Isso é eficaz apenas se eles concordarem em investigar a questão e somente se você estiver realmente curioso sobre as percepções de seus filhos. Não é eficaz tentar disfarçar um sermão como exploração.

Orientações apropriadas à idade	
Idade	Orientação
2–4	Dê trocados às crianças e um cofrinho. A cada ano, aumente um pouco mais, e inclua notas de vez em quando também. Elas gostam de colocar dinheiro no cofrinho e estarão começando o hábito de economizar antes que percebam.
4–6	Leve seu filho e o cofrinho a um banco e abra uma poupança. A cada 1-3 meses, leve seu filho ao banco para fazer um depósito. Pode ser divertido ver o extrato crescer. Nessa fase, você pode sugerir dois cofrinhos: um para a poupança e outro para economizar e comprar itens de uma lista de desejos.

(continua)

(continuação)

Orientações apropriadas à idade	
Idade	Orientação
6-14	Agende uma sessão de planejamento com seu filho para que decidam juntos quanto dinheiro ele precisa e como esse recurso será distribuído para poupança, necessidades da semana – como lanches e diversão. Você também pode encorajar seu filho a economizar para doar a organizações comunitárias e aos necessitados.
14-18	Adicione uma mesada para vestuário, a fim de que os adolescentes aprendam a planejar. Crianças que aprendem a lidar com o dinheiro desde cedo podem lidar com uma mesada de vestuário muito mais cedo. No começo, em vez de dar dinheiro a elas, diga-lhes o valor total que podem gastar em roupas; então deduza as compras realizadas do total que você destinou. Elas descobrem rapidamente que, se gastarem muito em algumas peças de roupa, não terão o suficiente para um guarda-roupa adequado.

Quadro de tarefas domésticas

Não conhecemos uma única família, independentemente das obrigações de trabalho dos pais, que não se queixe de aborrecimentos com as tarefas domésticas! Os pais cometem todos os tipos de erros que levam à falta de cooperação e rebeldia entre todos os patamares. Eles deixam listas de tarefas e esperam que seus filhos as cumpram antes que os pais cheguem em casa. Em seguida, dão sermões e os repreendem quando os filhos não as cumprem. Às vezes os pais os punem, retirando privilégios ou descontando dinheiro das mesadas. Eles oferecem subornos que podem garantir obediência por um curto período de tempo. No entanto, nenhuma dessas táticas é uma estratégia eficaz em longo prazo, e elas não ajudam as crianças a desenvolverem responsabilidade.

As reuniões de família são um excelente espaço para a criação de quadros de tarefas que envolvem toda a família. Os quadros de tarefas são semelhantes aos quadros de rotina que descrevemos anteriormente. Discutir e planejar as tarefas na reunião de família pode não ser uma solução definitiva, mas será mais eficaz em longo prazo do que medidas punitivas e ensinará responsabilidade, tomada de decisão e resolução de problemas. Uma mãe compartilhou: "Criamos um quadro de tarefas domésticas durante uma reunião de família e as crianças fizeram suas tarefas por cerca de uma semana. Depois, voltaram aos velhos e indolentes hábitos." Foi-lhe perguntado: "Você descobriu mais alguma coisa que os levou a cumprir suas tarefas por uma semana inteira?". Ela admitiu que não. Foi sugerido que ela continuasse fazendo o que funcionou. Mesmo que ela tivesse que fazer isso uma vez por semana, assim como Jane compartilhou em sua história no início deste capítulo, era melhor do que a chateação diária que não funcionava.

As crianças podem ser muito criativas quando são tratadas com respeito e têm oportunidade. Peça a seus filhos que exponham suas ideias para resolver o problema de organizar e cumprir as tarefas domésticas. Então pergunte novamente! Você ficará agradavelmente surpreso se continuar fazendo isso e der tempo para que as crianças aprendam e pratiquem as habilidades de resolução de problemas. Elas se sentirão bem consigo mesmas e com sua capacidade de contribuição, e você também. Melhor ainda, isso pode até tirar algumas tarefas das suas costas! Certifique-se de discutir antecipadamente a política de sua família de fortalecer um ao outro em vez de derrubar um ao outro à medida que cada um de vocês encontrar sua maneira de realizar as tarefas domésticas. Deve-se solicitar tanto às crianças como aos adultos que evitem críticas e, em seu lugar, ofereçam soluções ou sugestões quando solicitados sobre como a tarefa pode ser realizada de maneira mais eficaz. É importante buscar aprimoramento, não perfeição. Algumas das tarefas da rotina criadas pelos filhos de Jane eram as seguintes:

1. De dentro de um jarro, retire duas tarefas para a semana.
2. Faça uma roda de tarefas e coloque um botão giratório no meio. Gire para sortear duas tarefas para a semana.
3. Crie um quadro de tarefas para cada filho, dividido em duas partes (um lado "a fazer" e um lado "feito"). Faça uma série de cartões com as tarefas a serem realizadas por cada criança. Os cartões ficam no lado "a fazer" até que a criança realize uma tarefa, quando então o cartão correspondente é movido para o lado "feito".

DISCIPLINA POSITIVA EM AÇÃO

Mark, pai solteiro, tinha pavor do dia de lavar roupas. As roupas de sua filha raramente estavam na cesta, e ele se flagrava procurando peças perdidas no armário e debaixo da cama. Gwen, 10 anos, praticava muitos esportes e deixava suas meias suadas e emboladas ainda úmidas, e Mark detestava virá-las do lado certo. Mark acreditava que havia tentado de tudo: ele tinha dado sermão, ameaçado e feito um monte enorme com as roupas sujas de Gwen no chão de seu quarto. Nada afetava Gwen; ela continuava deixando as roupas e meias emboladas onde bem quisesse. No fim, Mark juntava tudo e as lavava.

Uma noite, Mark estava reclamando sobre os hábitos de Gwen para um amigo. "Por que você continua recolhendo a bagunça dela?", perguntou o amigo. Mark descobriu que não tinha uma boa resposta. O comportamento de Gwen certamente estava funcionando bem para ela! Ocorreu a Mark que, se sua filha fosse morar sozinha algum dia, ela precisaria saber como lidar com sua própria roupa suja.

Mark colocou o item na agenda da reunião de família. "Você sabe, Gwen, fico irritado procurando suas coisas e desvirando suas meias. Você tem alguma sugestão de como podemos resolver isso?"

Gwen parecia desinteressada.

"A partir de agora", Mark continuou gentilmente, "eu só vou lavar o que estiver no cesto de roupa suja, e, se você colocar as meias lá dentro emboladas, é assim que eu vou lavá-las. O que não for lavado será sua responsabilidade. Vou ensinar você a usar a máquina de lavar e a secadora."

Gwen olhou para o pai e revirou os olhos. "Tanto faz", disse ela, dando de ombros.

Mark fez valer sua posição, e, como previu, os problemas apareceram bem na hora em que Gwen entrou em seu quarto em uma segunda de manhã. "Onde está meu moletom da Abercrombie, pai?", ela disse. "Eu quero usá-lo!"

"Eu não sei", disse Mark. "Estava no cesto de roupa suja?"

"Eu não sei", Gwen gritou. "Eu não sei como fazer essas coisas. Você sempre fez tudo!" Ela voltou para o quarto, onde encontrou o moletom que procurava atrás de sua mesa.

"Parece que você vai ter que usá-lo do jeito que está ou lavá-lo hoje à noite", disse Mark, com simpatia, e saiu para terminar de se vestir. Ele ouviu Gwen resmungando sozinha em seu quarto, mas resistiu ao desejo de salvá-la ou solucionar o problema para ela.

Sem dúvida, naquela noite Gwen se sentou no balcão enquanto o pai preparava o jantar. "Desculpe por esta manhã", disse Gwen. "Eu meio que me perdi. Você poderia me ensinar novamente a lavar roupa? Encontrei meu melhor *jeans* embaixo da cama."

Mark sorriu. "Claro. Venha aqui e eu vou ensinar você a cozinhar macarrão. Você pode me contar sobre o seu dia. E, depois do jantar, vamos fazer outra tentativa na lavadora e na secadora."

Com o passar do tempo, Mark descobriu que, embora ele e Gwen ainda brigassem de vez em quando sobre as tarefas da casa, ensinar habilidades a ela e depois confiar em sua capacidade de resolver as coisas ajudou os dois. Ele ficou menos irritado, e Gwen começou a se orgulhar de sua capacidade de dominar as tarefas diárias de gestão da sua vida. O processo exigiu energia e paciência de ambos, mas os resultados em longo prazo para Gwen prometem que o esforço valerá a pena.

Ferramentas da Disciplina Positiva

Neste capítulo, discutimos uma das ferramentas mais básicas e impactantes da Disciplina Positiva, a reunião de família. Ela é fundamental. Também existem outras ferramentas importantes que podem ser usadas de forma consistente entre as reuniões para ajudar a reforçar o aprendizado.

Foco em soluções

Nas reuniões de família, mas também em outros momentos, é fundamental focar soluções, em vez de culpar. Você ficará maravilhado com a capacidade das crianças de encontrar soluções quando são convidadas a fazê-lo. Como sempre, comece identificando claramente o problema. Depois, elabore ideias sobre o maior número possível de soluções. Escolha uma que funcione para todos. Experimente a solução por uma semana. Depois de uma semana, avalie. Se não deu certo, comece de novo.

Senso de humor

O humor pode ajudar pais e filhos a relaxarem. Lembre-se de rir e divirta-se! Use jogos para ajudar a tornar as tarefas divertidas: "Lá vem o monstro das cócegas pegar crianças que não guardam os brinquedos." Quando as crianças estiverem brigando, aproxime-as com cuidado e diga: "Montinho!". Entretanto, use essa ferramenta com cuidado, e nunca seja sarcástico. Seja sensível aos momentos em que o humor não é apropriado, como quando a criança está muito chateada ou com raiva.

EXERCÍCIO

Tenha sua primeira reunião de família.

Parte 4

TRABALHO INDIVIDUAL

11

COMPREENDER O CÉREBRO

Louise chega em casa depois de um longo dia ensinando na escola onde trabalha e vai direto para a cozinha preparar o jantar para sua família. Ela gosta de cozinhar e está ansiosa pelo jantar em família com seus filhos e marido, no qual podem compartilhar sobre o dia agitado de todos. Mas, assim que eles se sentam para comer, começam as queixas e brigas. Kelly, de 9 anos, começa a reclamar da refeição, sobre não gostar disso ou daquilo, e "por que eles sempre têm que comer frango?" Emma, de 13 anos, começa a reclamar de Kelly por ser tão exigente e estar sempre choramingando. Frank teve outro dia estressante no tribunal e ignora todo mundo. Louise está se sentindo desvalorizada. Enquanto as queixas e brigas continuam, ela sente o sangue ferver. Ela perde o controle e grita: "Se você não gosta do que cozinhei, pode ir para o seu quarto com fome. E nem pense em sobremesa! Frank, você pode, por favor, falar alguma coisa para as meninas?" Frank engole o último pedaço e entra em seu escritório para ter um pouco de paz e sossego. Kelly começa a chorar, e Emma continua a chamá-la de bebê. Louise manda as duas meninas para seus quartos enquanto limpa a mesa, tentando se acalmar.

Neurônios-espelho: a importância do exemplo para seus filhos

Agora é tudo por sua causa! Criar filhos diz respeito, naturalmente, tanto a você, pai ou mãe, como a seus filhos. Nós queremos que você se sinta empoderado por isso. Todos cometemos erros e exageramos nas reações quando estamos estressados, mas muitos dos aspectos aparentemente esmagadores da criação de filhos e do comportamento das crianças estão mais inseridos em sua esfera de influência do que você imagina. Mas é preciso esforço da sua parte. Significa, ocasionalmente, desviar o foco dos seus filhos para si mesmo, e dar uma olhada honesta para seu próprio comportamento. Significa aceitar que, no fim das contas, você não pode controlar como as crianças pensam e sentem nem o que decidem. No entanto, você pode oferecer o tipo de atmosfera que os influencia a fazer escolhas melhores. A melhor maneira de fazer isso é ser o exemplo de boas escolhas para seu filho observador. Criar filhos é um processo de crescimento para os pais, assim como para a criança.

Macaco vê, macaco faz

Sabemos que os humanos aprendem olhando e imitando, começando pela infância. As partes do cérebro responsáveis por isso são chamadas de neurônios-espelho. Neurônios-espelho são uma descoberta relativamente recente. Contudo, pais de gerações anteriores atestarão que não precisaram da ciência para dizer a eles que seus filhos copiaram seu comportamento!

Então, como funcionam os neurônios-espelho? Imagine que você está almoçando com uma amiga e ela pega uma fatia de limão de dentro do seu copo de água gelada e morde. O rosto dela se contrai em reação à acidez do limão. Você ficou com água na boca naquele momento? E se você vê alguém tropeçar, cair e bater o joelho no chão? Você provavelmente se encolheria em empatia com a dor da pessoa. E se você entra em uma sala de reuniões e todos os seus colegas estão rindo com vontade – o que você faz? Você sorri imediatamente. Sentimentos são contagiantes. Esses comportamentos são causados por neurônios-espelho, que são células do cérebro que respondem não apenas quando realizamos uma ação, mas quando testemunhamos alguém executando a mesma ação.[24] Isso está intimamente ligado à maneira como aprendemos – pela observação. O cérebro da criança está praticando efetivamente novos comportamentos ao observar os outros. A criança então os experimenta.

O impacto desse fenômeno na criação de filhos é significativo. O que você quiser que seus filhos façam, é melhor fazer primeiro. Imagine se você chega em casa do trabalho, depois de ter um dia difícil, está se sentindo estressado, perturbado e diz coisas das quais se arrependerá mais tarde. Chamamos isso de "surtar" – você está em seu cérebro emocional, primitivo, e seu pensamento racional está desconectado. O que vai acontecer com seus filhos? Provavelmente eles perceberão suas emoções e ficarão irritadiços e chorosos – eles perderão o controle também. É uma via de mão dupla. Se seu filho chega da escola depois de um dia difícil e perde o controle, o que provavelmente acontecerá com você? Volte para a história da abertura e observe a reação em cadeia da perda de controle das meninas para a mãe, e dela para o pai, e de volta para as meninas. Por outro lado, se você estiver calmo, o que provavelmente provocará em seu filho? A capacidade de se reorganizar e acessar a parte racional do seu cérebro é uma habilidade essencial, tanto para você como para as crianças.

Neurônios-espelho e lógica privada

Os pais costumam dizer uma coisa e fazer outra. (Lembra do antigo ditado "Faça o que eu digo, não faça o que eu faço"?) Mesmo os pais que têm consciência de que seus filhos copiam o que eles fazem frequentemente esquecem quão aguçado o poder de observação de uma criança pode ser. Associe isso às habilidades cognitivas ainda em desenvolvimento das crianças e ao fato de que elas estão sempre tomando decisões com base em suas experiências, e você perceberá com que facilidade a criança pode desenvolver uma lógica privada falha. Você alguma vez já chegou em casa do trabalho, se jogou no sofá e exclamou "Deus, eu preciso de uma bebida"? Você pode estar pensando que não há mal nisso, já que você tem uma relação saudável com o álcool. A criança observadora, no entanto, pode estar pensando que o álcool parece ser uma maneira de se sentir melhor quando estamos estressados. Essa não é, necessariamente, a atitude que você deseja transmitir ao seu filho. Ou talvez você tenha dito ao seu filho "Querido, não fume, isso é terrível para sua saúde!" e, em seguida, a criança o veja fumando e rindo em um jantar festivo. A conclusão do seu filho pode muito bem ser "que fumar faz as pessoas se sentirem bem em situações sociais". Talvez esses sejam cenários extremos, mas até mesmo coisas pequenas como "estou de dieta, crianças – vocês devem comer sua carne com batatas e eu só vou tomar sopa", podem transmitir mensagens conflitantes sobre uma alimentação saudável. Pedir ao seu filho para controlar o comportamento dele quando você não controla o seu próprio pode ser o modelo mais conflitante de todos.

Autorregulação requer conscientização e tempo

Ajudará se descobrirmos primeiro como o cérebro prioriza o comportamento para que possamos descobrir como trabalhar efetivamente com nosso cérebro para autorregulação.

O cérebro reptiliano

Temos certeza de que você tem certos botões que, quando pressionados, fazem você entrar em parafuso. Seus filhos sabem onde esses botões estão e exatamente como apertá-los. (Essa não é uma maldade intencional dos seus filhos; eles estão apenas explorando as possibilidades em seus mundos.) Talvez você tenha um botão "justiça". Tudo o que seus filhos têm que fazer é dizer: "Isso não é justo", e você corre para fazer o que for possível para garantir que tudo seja justo. Você já reparou que nada que você faça parece promover a justiça? Você poderia usar as melhores balanças para provar que as duas crianças têm a mesma quantidade de bolo, mas um iria reclamar, "Bem, o dele parece maior". Seus filhos não estão tão interessados no que é justo (em nível subconsciente) tanto como estão na atenção e reação que recebem ao apertar seu botão "justiça".

Vamos olhar novamente para Louise em nossa história da abertura. Quando os botões dela foram apertados, ela perdeu o controle e acionou seu cérebro reptiliano. A função do cérebro reptiliano é a sobrevivência, portanto as únicas opções são lutar, fugir ou paralisar. Se você estiver em um estado mental de luta-fuga-paralisação, é provável que seus filhos também estejam. Nada de positivo pode ser alcançado quando algum de vocês estiver operando a partir desse estado mental.

A "perda de controle" explicada: cérebro na palma da mão

Em seu livro *Parenting from the inside out,* Daniel Siegel e Mary Hartzell apresentam uma explicação facilmente compreensível do que acontece no cérebro quando nossos botões são pressionados ou quando estamos sob estresse. Em nossas aulas para pais, professores e crianças, esse modelo continua sendo uma das ferramentas mais úteis e lembradas. Chama-se "cérebro na palma da sua mão". O que vem a seguir é uma versão simplificada do modelo de Siegel e Hartzell.[25]

Levante sua mão – usaremos as partes da mão para representar as diferentes partes do cérebro.

Seu pulso e palma representam o tronco encefálico. Eles são responsáveis pelos instintos de sobrevivência (luta, fuga ou paralisação) e pelas funções autônomas (automáticas), como respiração e deglutição.

Agora dobre o polegar. Seu polegar representa o sistema límbico [mesencéfalo]. Incluída no sistema límbico está a amígdala [tonsila do cerebelo], a principal área de armazenamento de lembranças e emoções.

Dobre os dedos sobre o polegar. Seus dedos sobre o polegar representam o córtex: percepção, ação motora, fala, processamento superior e o que normalmente chamamos de "pensamento".

Suas unhas representam o córtex pré-frontal – um centro de integração primária para o cérebro, quase como um "painel de controle" que garante que as mensagens cheguem aonde precisam ir. As funções documentadas do córtex pré-frontal são regulação emocional, regulação das relações interpessoais, planejamento e organização, solução de problemas, autoconsciência e senso moral.

O que acontece quando você está estressado, sobrecarregado ou cansado, quando seus filhos estão agitados ou quando você está tentando lidar com memórias traumáticas ou dolorosas? O córtex pré-frontal é desativado; não funciona mais. (Isso é temporário.) Deixe seus dedos abertos de modo que apenas seu polegar e pulso fiquem expostos. Agora você perdeu o controle. Você não pode mais usar a maioria das funções citadas – e também não pode aprender sem elas. Essa não é a hora de tentar ensinar a seus filhos sobre certo e errado. Ninguém está ouvindo. Para estar envolvido e aprender, você precisa se acalmar até que o córtex pré-frontal esteja funcionando novamente.

É realmente uma boa ideia explicar às crianças o que acontece no cérebro de todos nós quando ficamos estressados. Com algumas crianças, você pode usar o exemplo do "cérebro na palma da mão". Elas geralmente gostam dele. Você pode dar sequência a isso dizendo: "Nós não conseguimos resolver o problema quando nos sentimos mal. Primeiro precisamos nos acalmar para que possamos pensar novamente. Quando nós dois nos sentirmos melhor, seremos mais capazes de pensar em ideias e soluções. Vamos combinar que, se não pudermos nos acalmar, daremos um tempo longe um do outro até nos sentirmos melhor." Na Disciplina Positiva, chamamos esse momento de pausa positiva. Os pais cometem um erro quando tentam ensinar lições de vida às criaças quando ambos estão se sentindo chateados. O sentimento por trás do ensinamento provavelmente será mais de frustração do que de gentileza. Você pode pensar "Mas, se eu não fizer algo agora, deixarei meus filhos escaparem com o mau comportamento". Isso não é verdade. Quando exercita o autocontrole, esperando até você ficar mais calmo e mais eficaz, está ensinando aos seus filhos o controle adequado da raiva pelo exemplo.

A pausa positiva merece menção especial, pois a pausa punitiva é um método de disciplina falho amplamente utilizado e até defendido por muitos especialistas em educação de filhos. Há uma *enorme* diferença entre a pausa positiva e a pausa punitiva.

Por que a pausa punitiva não funciona?

No esforço para corrigirem o mau comportamento, os pais dizem: "Vá para seu quarto e pense no que você fez!" Na verdade, isso é uma coisa bastante ridícula de se dizer, porque eles não podem controlar o que seus filhos pensam. Os pais gostam de acreditar que seus filhos estão pensando: "Muito obrigado por me dar essa excelente oportunidade de pensar da minha maneira sobre o erro e perceber que a partir de agora devo me comportar melhor." É mais provável que a criança esteja pensando: "Você vai ver. Você pode me fazer sentar aqui, mas não pode me obrigar a fazer ou pensar o que você quer que eu faça ou pense." Ainda mais trágico é quando a criança pensa: "Eu sou realmente uma má pessoa."

Criar filhos em nosso mundo agitado pode gerar um senso de urgência, em que parece imprescindível lidar com cada comportamento, cada crise e cada problema imediatamente. As crianças têm uma aptidão impressionante para frustrar, desafiar e irritar os pais, mas pais irritados e frustrados não podem dar o melhor de si. Assim, os pais frequentemente se veem reagindo – fazendo o que parece funcionar no momento, em vez de agir racionalmente para obter resultados em longo prazo. Muitos pais decidiram que não querem usar punição física e acham que a pausa punitiva é uma boa alternativa. Muitas vezes estimulamos os pais a pensar em como eles se sentiriam e como reagiriam se o cônjuge, colega ou amigo dissesse: "Vá para o castigo e pense no que fez." Eles riem e dizem algo como "Como é que é?" ou "Nem pensar!" Se as crianças fizessem esses comentários para os pais, seriam acusadas de "respondonas". Por que uma criança reagiria de forma favorável a uma situação que certamente não seria motivadora para você?

Os benefícios da pausa positiva

As crianças *agem* melhor quando *se sentem* melhor (assim como os pais). A pausa positiva foi criada para ajudar as crianças a se sentirem melhor a fim de que possam agir melhor. É uma ferramenta altamente eficaz para que crianças, assim como seus pais, aprendam a autorregulação. O antigo ditado "O tempo cura todas as coisas" é verdadeiro. É difícil permanecer no cérebro primitivo quando você tira algum tempo para fazer algo de que gosta. Fisiologicamente, uma vez que o elemento estressante é removido, os hormônios do estresse diminuem e você começa a se reconectar com seu cérebro racional. Não é, como alguns podem pensar, uma recompensa pelo mau comportamento.

Você pode descobrir que é muito útil combinar antecipadamente com seu filho para que vocês dois optem por fazer uma pausa. É ainda mais útil quando você decide com antecedência que tipo de pausa seria mais encorajadora para você. Crie um gesto divertido para sinalizar a pausa. Quando eles o virem, saberão que isso indica uma oportunidade de recuperar o fôlego, acalmar-se e criar novas estratégias ou planos depois de vocês se sentirem melhor. A pausa positiva raramente é eficaz para crianças menores de 4 anos, e, se não podem participar da criação das regras sobre a pausa, não têm idade suficiente para a pausa positiva. Seus filhos vão apreciar a diferença entre a pausa punitiva e a positiva quando você usar estas 7 orientações para a pausa positiva.

1. Entenda que o momento do conflito não é um bom momento para ensinar e aprender

Quando você exercita o autocontrole, esperando até que fique mais calmo e mais eficaz, está ensinando aos seus filhos o gerenciamento adequado da raiva pelo exemplo. Às vezes a pausa positiva será suficiente para interromper o comportamento do seu filho. Se não for, você pode prosseguir mais tarde, quando ambos estiverem calmos (um momento sem conflito), com o tempo de ensinar (consultar a orientação número 7).

2. Durante um momento em que não haja conflito, ensine o valor de reservar um tempo para se acalmar até que o cérebro racional possa ser acessado

Existem várias maneiras de ensinar às crianças o valor da pausa e do cérebro racional. A primeira maneira é dar exemplo, fazendo você mesmo uma pausa quando entrar em seu cérebro irracional. Explicar sobre o "cérebro na palma da mão" e o cérebro reptiliano é muito útil. Para crianças um pouco mais velhas, você também pode ensinar os seguintes passos rápidos para se acalmar. Primeiro, perceba o que está acontecendo – envolva seu cérebro pensante e diga para si mesmo: "Estou prestes a perder o controle." Segundo, pare o que estiver fazendo e respire profundamente. E, se isso não for suficiente para se acalmar e envolver de novo o pensamento racional, pode ser melhor ir para seu lugar de pausa positiva.

3. Encoraje seus filhos a construírem uma área de pausa positiva que os ajude a fazer o que for necessário, até que se sintam melhor e possam agir melhor

Depois de ensinar o valor de reservar um tempo para se acalmar, você pode encorajar as crianças a construírem sua própria área que as ajudará a fazer o que for preciso até que se sintam melhor e possam agir melhor. Envolver as crianças no projeto é fundamental, assim como ter essa conversa durante um momento sem conflitos. Encoraje seus filhos a elaborarem várias ideias de coisas que os ajudem a se sentir melhor. Não faça isso por eles, embora você possa fazer algumas perguntas no início, como "Uma música suave ajuda você a se sentir melhor? Que tal ler um livro, bichos de pelúcia, brincar lá fora, pular na cama elástica, conversar com um amigo, tomar um banho?" Uma área de pausa pode incluir um cantinho com almofadas macias, livros e fones de ouvido para ouvir música. Ou pode ser algo que eles fazem, como se exercitar. É um bom treinamento para eles pensarem sobre o que os ajuda a se sentirem melhor e para planejar os momentos em que precisam disso. Essa é uma prática muito poderosa de autocuidado que vai além de dar uma pausa, pois elas aprendem muitas habilidades essenciais de vida durante essa etapa. O uso de telas nunca deve fazer parte da área ou plano de pausa positiva, pois elas podem fazer a criança se desconectar emocionalmente em vez de explorar suas emoções.

4. Sugira à criança que escolha um nome para essa área, algo diferente de "pausa"

Se a pausa punitiva costumava ser usada em sua família, pode ser muito difícil para pais e filhos adotarem o novo paradigma de pausa como uma habilidade positiva de vida. Sugira que seus filhos apresentem um nome positivo para a área de pausa deles, um nome que não seja "pausa". Fazer isso pode mudar o conceito negativo de pausa para algo positivo. As crianças (e os pais) podem se divertir ao elaborar ideias para um novo nome para a área de pausa. Alguns decidiram chamá-lo de "lugar feliz", "lugar para esfriar a cabeça", "espaço mágico" (uma área com planetas de papelão e estrelas penduradas) ou "Havaí" (com pôsteres do Havaí na parede).[26] Quando uma criança cria um nome exclusivo para sua área de pausa positiva, isso torna essa área seu lugar especial e lhe dá um senso de propriedade.

5. Crie sua própria área de pausa positiva

Sim, seu exemplo é o melhor professor do seu filho. A pausa positiva é boa para você tanto como para ele. Comunique a seus filhos o que você fará quando precisar se acalmar. Talvez uma corrida ou caminhada pelo quarteirão funcione para você (se seus filhos tiverem idade suficiente para serem deixados sozinhos por conta própria). Talvez você se sinta revigorado depois de ler um bom romance, meditar ou tomar um banho. Seja qual for o seu plano de pausa, informe antecipadamente a seus filhos que você irá para o seu lugar especial, a fim de que possa se comportar melhor, não para abandoná-los ou puni-los. Às vezes, colocar as ideias de pausa positivas de todos na geladeira é uma boa maneira de manter o foco longe de culpar o infrator e, em vez disso, mostrar isso como uma ferramenta para todos na família quando estiverem precisando se acalmar.

6. Durante um conflito, pergunte a seus filhos se os ajudaria ir ao seu local de pausa positiva (usando o nome que eles deram), ou vá você até a sua própria área de pausa

Quando feito com antecedência, pode ser eficaz perguntar ao seu filho que está zangado (desencorajado): "Ajudaria você ir até o seu local de pausa positiva?" A linguagem é muito importante quando você perguntar ao seu filho se ele ou ela acha isso útil. *Se as crianças não escolheram ir para lá, isso é punição, não encorajamento!* Se seu filho disser não, você pode perguntar: "Gostaria que eu fosse com você?" Muitas crianças acham difícil recusar essa oferta. Claro, não seria sensato oferecer essa opção se você estiver tão chateado quanto seu filho. No entanto, o simples fato de encarar a pausa por essa perspectiva positiva é suficiente para ajudar alguns adultos a transformarem o paradigma da raiva dos filhos em um desejo de serem encorajadores para eles. Lembre-se, o objetivo é encorajar e mudar o clima, não punir. E você provavelmente precisa de pausa tanto quanto ele. Se seu filho ainda disser não, responda algo como: "Está bem, eu vou para o meu lugar especial." Isso será um choque perturbador (em um bom sentido) para seus filhos e um excelente exemplo para eles. Frequentemente, fazer suas próprias pausas é o melhor jeito para começar, pois seus filhos aprenderão ao máximo com o seu exemplo.

7. Se for apropriado, prossiga com o tempo de ensino posteriormente, quando todos estiverem se sentindo melhor novamente

Às vezes, uma pausa positiva é suficiente para interromper o comportamento, e o acompanhamento não é necessário. Outras vezes, consertos ou reparações e desculpas podem ser úteis. Você pode ajudar seus filhos a encontrarem soluções criativas quando ambos estiverem calmos. Será mais fácil lembrar que erros são oportunidades de aprendizado, não de culpa, vergonha e dor. Existem muitas maneiras de fazer o acompanhamento. Seu filho pode colocar o problema na agenda da reunião de família para envolver todos na elaboração de soluções, ou você pode oferecer uma resolução de problema compartilhada entre vocês dois. Algumas vezes, as perguntas curiosas podem ser uma excelente maneira de ajudar as crianças a explorarem as consequências de suas escolhas.

A PAUSA POSITIVA é uma ferramenta poderosa para ajudar a gerenciar conflitos, e, com o tempo, provavelmente levará a menos disputas. Mas isso não evita completamente o conflito ou elimina nossa reação instintiva de luta, fuga ou paralisação. Sabe-se que mesmo os pais mais amorosos e atenciosos que praticam a Disciplina Positiva reagem emocionalmente ou por hábito. (Os autores fizeram uma considerável "pesquisa" sobre os pais agirem dessa maneira!) Não é fácil pensar nos resultados em longo prazo do que fazemos, especialmente quando estamos frente a frente com um pequeno desafiador. Às vezes entendemos tudo errado, mas há muito o que podemos fazer para recuperar nossos erros e transformá-los em oportunidades.

Como transformar erros em oportunidades: os quatro R da reparação

Após ser questionado sobre como persistir depois de tantas tentativas fracassadas de fazer uma lâmpada, a famosa resposta de Thomas Edison foi: "Eu não falhei. Eu descobri 10 mil maneiras que não funcionaram." Que maravilhosa atitude! Em nossa sociedade, somos ensinados a ter vergonha dos erros. No entanto, somos todos imperfeitos, e é importante que comecemos a mudar nossas crenças e vejamos os erros como oportunidades de crescimento. Esse é um dos nossos conceitos mais encorajadores da Disciplina Positiva, embora seja um dos mais difíceis de alcançar (especialmente em nossas vidas profissionais). Não há um único pai/mãe, profissional ou ser humano perfeito no mundo, todavia muitos de nós exigimos perfeição de nós mesmos e dos outros.

Quando os pais transmitem a mensagem aos filhos de que eles devem pagar por seus erros, geralmente desejam o bem. Eles estão tentando motivar seus filhos a agirem melhor. No entanto, eles não tiveram tempo para pensar sobre os resultados em longo prazo desse método e como ele pode estar contribuindo para a crença das crianças de que elas são decepcionantes, inadequadas, más e assim por diante. Existe outra maneira: ensinar nossos filhos a ficarem motivados com os erros porque eles podem ser uma oportunidade de aprendizado. Imagine ouvir um pai ou uma mãe dizer a um filho: "Você cometeu um erro. Que maravilha. O que podemos aprender com isso?" Muitas vezes, essa mudança envolve trabalhar com sua própria atitude em relação aos erros, começando a se sentir confortável com a reparação deles.

Primeiro, queremos garantir que, se você alguma vez respondeu aos seus filhos de uma maneira que se arrependeu, você é normal. Não achamos que exista algum pai ou mãe que não "perdeu o controle" e reagiu com raiva em vez de reagir de maneira mais benéfica para a criança e que estimula a cooperação e o aprendizado. No entanto, como adultos, temos a responsabilidade de ensinar a nossos filhos o que fazer quando perdemos o controle e acabamos fazendo ou dizendo algo de que nos arrependemos. Existem quatro passos que ensinamos a pais e filhos para reparar nossos erros – nós os chamamos de quatro R da reparação. Essa ferramenta deve ser vista como um complemento da pausa positiva. Algumas vezes as duas serão usadas juntas; em outros momentos você pode imediatamente reparar seu erro sem precisar da pausa.

Passo 1: *Reconhecer*. "Opa, cometi um erro."

Passo 2: *Reconectar*. Isso pode ser feito verbalmente ao validar os sentimentos da criança: "Percebo que meu comportamento magoou você." Ou pode ser feito de forma não verbal, por meio de um toque nos ombros, descer ao nível dos olhos ou segurar as mãos.

Passo 3: *Reconciliar*. "Peço desculpas."

Passo 4: *Resolver*. "O que podemos fazer para melhorar as coisas? Vamos trabalhar juntos em uma solução."

Os pais descobrirão que os filhos geralmente perdoam bastante quando eles usam esses quatro passos. Muitos adultos também. Imagine o poder desse tipo de modelo com seu parceiro ou também na sua vida profissional.

DISCIPLINA POSITIVA EM AÇÃO

Jonathan, de 5 anos, mordeu o irmão mais novo. Sua mãe, Jenna, está compreensivelmente muito chateada com ele. Como forma de ensiná-lo a não machucar outras pessoas, ela morde o menino de volta para que ele saiba como o outro se sente. Ela imediatamente percebe que isso apenas o ensinará que ele está autorizado a morder. Jenna sabe que precisa reparar isso e segue o modelo dos quatro R da reparação: "Jonathan, eu cometi um erro. Eu mordi você. Eu estava com tanta raiva de você por ter mordido seu irmão, mas fiz a mesma coisa que me fez ficar com raiva de você. Isso não foi muito legal da minha parte." Jonathan olha para seus próprios pés e concorda com a cabeça. Jenna se reconecta com Jonathan, ajoelhando-se ao nível de seus olhos e segurando as duas mãos dele nas dela. Jonathan sente uma conexão por meio da ação de Jenna e decide que está seguro, então seu corpo relaxa e ele agora pode olhar para sua mãe. "Jonathan", Jenna continua, "me desculpe por ter mordido você. Como você se sente sobre procurarmos soluções para lidar com o problema que está enfrentando com seu irmãozinho e que não seja prejudicial a ninguém? Você quer falar sobre isso agora ou devemos escrevê-lo na agenda da reunião da família para que seu pai também possa ajudar?" Jonathan decide colocá-lo na agenda da reunião.

Na reunião seguinte, a família discute o que aconteceu. Os pais usam perguntas curiosas para ajudar Jonathan a entender que machuca seu irmão ao mordê-lo. Eles também o ajudam a descobrir, em primeiro lugar, por que ele fez isso – ele sentiu ciúmes da maior atenção que seu irmãozinho estava recebendo da mãe. A mãe e Jonathan decidem ter um tempo especial no final da semana, quando vão ao planetário, apenas os dois. Eles também decidem como família que é bom ouvir alguém que nos chateou dizer que sente muito. Os pais agora estão esperando ansiosamente pela próxima vez que Jonathan cometer um erro para verem se ele aprendeu essa habilidade tão útil.

Ferramentas da Disciplina Positiva

Neste capítulo, discutimos as seguintes ferramentas e conceitos da Disciplina Positiva:

Controlar seu próprio comportamento

O exemplo é o melhor professor. Não espere que seus filhos controlem o comportamento deles quando você não consegue controlar o seu próprio.

Pausa positiva

As pessoas agem melhor quando se sentem melhor. A pausa positiva é uma ferramenta altamente eficaz para gerenciar emoções sob estresse, bem como para desenvolver habilidades de autocuidado.

Erros são maravilhosas oportunidades de aprendizado

É importante responder aos erros com compaixão e gentileza em vez de culpa, vergonha ou sermões. Quando apropriado, use perguntas curiosas para ajudar seu filho a explorar as consequências de seus erros. Na hora do jantar ou durante as reuniões de família, convide todos a compartilharem um erro que cometeram e o que aprenderam com ele.

Os quatro R da reparação

Cometer erros não é tão importante quanto o que fazemos a respeito deles. Vale ressaltar a importância de dar o exemplo de que erros são oportunidades para aprender. Quando cometer um erro, corrija qualquer dano causado aplicando os quatro R da reparação.

EXERCÍCIO

Crie seu espaço de pausa positiva.

A pausa positiva ensina às crianças sobre autodisciplina e autocontrole por meio da compreensão do valor de esfriar a cabeça, até que o pensamento racional esteja disponível para elas novamente. Comece ensinando o "cérebro na palma da mão". Passe para o projeto da área ideal para a pausa positiva. Elaborem muitas ideias juntos. Certifique-se de inventar alguns nomes divertidos também. Analise as ideias e trace um plano para criar e usar esse espaço (muitos espaços incluem livros, bichos de pelúcia, livros para colorir, música etc.). Na próxima vez que seu filho se comportar mal por estar desencorajado, não se esqueça de perguntar: "Ajudaria se você fizesse uma pausa positiva?"

12

DESCOBRIR SEUS PONTOS FORTES E SEUS DESAFIOS

Fiona administra um próspero negócio de eventos. Quando sua melhor amiga, Miranda, perguntou se Fiona atenderia à comemoração de bodas de ouro do casamento dos pais dela por um preço reduzido, Fiona ficou feliz em dizer sim. Ela sabia que a família de Miranda não tinha muito dinheiro. Philippa, uma conhecida de Fiona e Miranda, ouviu falar da generosidade de Fiona e perguntou se ela poderia produzir seu casamento pelo mesmo preço reduzido. Fiona se sentiu na obrigação de concordar, embora soubesse que Philippa não tinha poucos recursos. Então os problemas começaram. Philippa era extremamente exigente e queria mudanças de cardápio de última hora, informações sobre a equipe, sobre o serviço etc. Ela até esperava que Fiona assumisse a responsabilidade pelas flores. Fiona se sentiu incrivelmente sobrecarregada, tentando fazer malabarismos com a festa dos pais de Miranda e todas as demandas do casamento de Philippa. Ambos os eventos foram programados para o verão, no meio de sua estação mais movimentada! Fiona, que amava prestar um serviço excelente, lutava para comunicar suas fronteiras e limites a Philippa. Ela se sentia cada vez mais explorada, o tempo todo preocupada por não fazer um bom trabalho para sua querida amiga Miranda.

Contexto e desenvolvimento de *top card*

Observar todos os nossos relacionamentos e, principalmente, como nos comportamos quando estamos inseguros e sob estresse pode nos ajudar a encontrar áreas para crescimento pessoal. Para as crianças, a lógica pessoal e os comportamentos decorrentes geralmente se enquadram nas categorias dos objetivos equivocados. Para os adultos, esses comportamentos se enquadram nas categorias de "*top card*". O termo *top card* é usado para se referir à "prioridade primária" – ou seja, nossa resposta imediata – quando estamos nos sentindo vulneráveis. Os desafios do seu *top card* são o que você faz quando se sente inseguro ou ameaçado com relação ao seu sentimento de aceitação e importância no mundo. Quando mostra o comportamento desafiador do seu *top card*, você está propenso a ser menos racional (você pode ter perdido o controle). Você adota o pensamento "apenas se" ("estou bem *apenas se* estou certo" ou "*apenas se* estou no controle" ou "*apenas se* estou agradando aos outros" ou "*apenas se* estou em minha zona de conforto"). Em outras palavras, você se comporta mal. Sua resposta é reflexiva e automática, porque vem da insegurança e de uma crença equivocada sobre como conseguir aceitação e importância – para superar a sensação de não ser bom o suficiente. Para entender sua resposta, é importante observar sua lógica pessoal, pois as crenças que você formou quando criança ainda influenciam seu comportamento hoje. Como muitas dessas crenças são defeituosas – formadas antes que você pudesse compreender o pensamento lógico e superior –, é importante desafiá-las. Identificar seu próprio *top card* dará a você pistas sobre por onde começar, assim como mostrará os comportamentos nos quais você se envolve.

As origens dos nossos sistemas de crenças

Discutimos anteriormente como as crianças estão sempre tomando decisões e armazenando-as no subconsciente; então, é claro que você também fez isso. Você pode não estar ciente de suas decisões pré-verbais na época, ou mesmo agora não estar consciente delas, mas elas foram tomadas mesmo assim. Você tomou decisões com base em suas percepções de como foi tratado por seus pais, bem como das suas percepções de outras experiências em sua vida. Como resultado, isso formou suas crenças centrais ou percepções de como melhor se encaixar (para ser aceito) em seus muitos círculos sociais, começando com a família.

A lógica pessoal é a estrutura na qual nós interpretamos a experiência, tentamos controlar a experiência (desenvolvemos "visão de túnel"*) e prevemos a experiência (comportamento de acordo com nossas expectativas). Esse é um mecanismo eficaz de aprendizagem. No entanto, o desafio desse aspecto do desenvolvimento humano é que procuramos evidências para apoiar qualquer crença que tenhamos formado, e geralmente descartamos evidências que a contrariem. Se a crença for "eu não sou bom o suficiente", isso pode ser prejudicial ao nosso desenvolvimento. Como nos comportaremos a partir disso irá variar: alguns podem tentar encobrir essa crença superando as expectativas, outros vão ao extremo de desistir, e alguns escolhem maneiras de compensar que podem ser destrutivas. Esses comportamentos são o que podemos distinguir por meio da compreensão do *top card*. Entender isso nos ajuda a dominar dois conceitos adlerianos muito importantes: primeiro, somos nós mesmos que atribuímos significado aos nossos pensamentos, e é importante que nos lembremos disso quando estivermos contestando nossa autoestima. Segundo, é imprescindível que forneçamos experiências para as crianças que aumentem suas chances de decidir que são integrantes capazes, confiantes e contribuintes da sociedade.

Explicação do *top card*

Cada *top card* tem pontos fortes e desafios. Muitos observam que os desafios (e comportamentos ineficazes resultantes) de seu *top card* não representam quem eles são. Isso é verdade. Os pontos fortes de nosso *top card* chegam mais perto de descrever quem somos. Os desafios descrevem o que fazemos quando nos sentimos inseguros. Pense no que você pode fazer quando se sente inseguro ou desafiado – quando você entra no pensamento "apenas se". Não é algo racional, por isso pode não se parecer com seu eu verdadeiro. No entanto, quando você vê seus pontos fortes, provavelmente sorri em reconhecimento. Os desafios do *top card* não dizem quem você é, mas informam o que você *faz* quando está se sentindo inseguro e com medo.

---

* N. T.: Do inglês "*tunnel vision*", o termo significa a falta de perspectiva causada pelo intenso foco em um único objeto ou aspecto de uma questão, levando à negligência dos elementos amplos em torno e ao bloqueio para outros pontos de vista.

Agora, acompanhe-nos no seguinte: os *pontos fortes* do seu *top card* também podem vir de um lugar de insegurança e medo, pois eles também estão baseados em nossas crenças equivocadas ou em nosso pensamento "apenas se". Usando como exemplo o *top card* Superioridade, usado por alguém que, equivocadamente, sente que é aceito "apenas se" vai além das expectativas: Esse comportamento pode parecer bem-sucedido na superfície (ou seja, parece ser um ponto forte). Afinal de contas, muita gente com o *top card* Superioridade pode conquistar muitas coisas, e o comportamento as atende de maneiras socialmente aceitáveis. No entanto, elas ainda podem se sentir inseguras por dentro: "Eu sou aceito *apenas se* me destaco."

Categorizar o comportamento é uma tarefa complexa, e, ao ler isso, talvez você sinta que há partes nos quatro *top cards* em que você se encaixa, bem como algumas partes na descrição do seu *top card* que definitivamente não se aplicam. Isso é verdade. O comportamento humano é multifacetado e adaptável. O *top card* é uma ferramenta para entender a si mesmo e aos outros, não um sistema de criação de rótulos. Destina-se a ajudá-lo a se sentir encorajado a focar seus pontos fortes. Também se destina a aumentar a conscientização sobre o que seus comportamentos incitam nas outras pessoas e encorajá-lo a trabalhar em seus comportamentos desafiadores e a desenvolver estratégias para superá-los. Sempre que você se sentir inseguro, uma boa maneira de melhorar isso é focar seus pontos fortes para evitar cair em comportamentos irracionais e negativos.

Muitos de nossos leitores podem, em suas vidas profissionais, encontrar algum tipo de indicador de personalidade, como o Myers-Briggs[**]. Pode ser útil pensar no *top card* da mesma maneira, pois ele descreve a preferência comportamental. As quatro categorias de *top card* (que iremos descrever em detalhes) indicam comportamentos típicos de uma pessoa com esse *top card* específico quando ela está estressada e quando ela está relaxada. Você pode pensar nisso como seus desafios e seus pontos fortes, que provavelmente virão à tona em momentos diferentes (dependendo do estresse que você estiver vivendo em seu ambiente). O *top card* fornece indicadores claros sobre áreas nas quais você pode

---

[**]   N. T: De acordo com o *site* The Myers&Briggs Foundation, o Myers&Briggs é um instrumento utilizado para identificar características e preferências pessoais (e, assim, o tipo de personalidade do entrevistado) criado pelas psicólogas Katharine Cook Briggs e Isabel Briggs Myers na época da Segunda Guerra Mundial, com base nos estudos de Carl Gustav Jung sobre os tipos psicológicos.

melhorar seu comportamento ao observar seus desafios. Ele tem paralelos claros com as tendências, tanto na educação, em que a mentalidade de crescimento (conforme definida por Carol Dweck) está em primeiro plano, como na teoria organizacional, que hoje está fortemente centrada em iniciativas baseadas em pontos fortes (pesquisas Gallup***). Entender o seu *top card* e os objetivos equivocados de seus filhos, portanto, servirá para você (e para eles) em todas as áreas da vida.

Identificar seu *top card*

Imagine que você precise escolher um destes quatro presentes – e você não vai gostar de nenhum deles.

Marque um "X" embaixo do presente que tenha a experiência com a qual você menos quer lidar na vida, o primeiro que você devolveria se pudesse. Não pense demais. Siga seu primeiro instinto. Esse é seu *top card*. Aqui está o que cada caixa de presente representa:

Insignificância representa o *top card* Superioridade.
Humilhação representa o *top card* Controle.
Rejeição representa o *top card* Agradar.
Estresse representa o *top card* Conforto.

***   N. T.: O Gallup apresenta, em sua página oficial, um programa de educação baseado em pontos fortes, que busca desenvolver uma cultura escolar positiva e engajada, substituindo o foco no erro pelo foco nos pontos fortes dos alunos.

Superioridade

A maioria das pessoas com *top card* Superioridade não quer ser superior aos outros. Elas podem ter a crença equivocada de que precisam ser superiores em realizações para provar (ou encobrir) seus sentimentos básicos de inferioridade – o que, em algum nível, é válido para todos os *top cards*. As pessoas com *top card* Superioridade são frequentemente acusadas de precisarem estar sempre com a razão. Pode ser ainda mais correto dizer que elas têm dificuldade em estar erradas, o que elas interpretam erroneamente como não serem boas o suficiente.

O pensamento "apenas se" de Superioridade se parece com algo assim: "Eu sou aceito *apenas se* estou fazendo algo significativo. Sinto-me inseguro (e reajo) quando não estou realizando coisas importantes, e quando outras pessoas não concordam com minhas opiniões sobre o que é relevante." Como quer evitar experimentar a sensação de insignificância, você acredita que *apenas se* fizer as coisas corretamente ou for o melhor conseguirá tornar a vida mais significativa e se sentir importante. Isso pode levá-lo a se sentir tão sobrecarregado que você retrocede a mecanismos ineficazes para lidar com as situações – ou se esforça mais e cria um ciclo vicioso de continuar sentindo-se sobrecarregado, ou então desiste, sente-se culpado e se maltrata por isso. Enquanto isso, você pode fazer todos ao seu redor se sentirem inadequados.

O que o *top card* Superioridade inspira nas outras pessoas

É útil pensar em como seus pontos fortes – suas vantagens – aprimoram seus relacionamentos em como seus desafios criam problemas. No lado positivo, os adultos com o *top card* Superioridade podem ser muito bons em exemplificar o sucesso e a realização e em encorajar a excelência. No entanto, outras pessoas às vezes veem isso como "obsessão pela perfeição" e se sentem insuficientes e incapazes de atender às altas expectativas. Muita superioridade pode inspirar crianças (e outras pessoas) a se sentirem inadequadas. É muito desencorajador pensar que você não consegue corresponder. As pessoas com o *top card* Superioridade podem ver as coisas em termos de certo e errado e carecem de flexibilidade; portanto, não há espaço para que outras pessoas se envolvam na elaboração de ideias sobre outras possibilidades.

Como transformar seus desafios em pontos fortes

A Disciplina Positiva ajuda os pais a verem como podem agir usando seus pontos fortes, em vez de agirem com base em suas inseguranças, a fim de ajudar seus filhos (e outras pessoas) a desenvolverem características e habilidades de vida eficazes. Embora todas as ferramentas sejam eficazes, algumas podem ser mais que outras, dependendo do seu *top card* pessoal.

Os adultos em busca de superioridade podem ser mais eficazes ao se esforçarem para deixar de lado sua necessidade de estarem "certos" e serem os "melhores", praticarem as habilidades de entrar no mundo da criança (ou de outros) para descobrir o que é importante para eles, apoiarem as necessidades e objetivos de outras pessoas, praticarem amor incondicional, aproveitarem o processo, desenvolverem o senso de humor, serem conscientemente irresponsáveis, aprenderem a dizer não ao que está além daquilo com que podem lidar e realizarem reuniões de família em que todas as ideias sejam valorizadas.

Controle

Pessoas com o *top card* Controle não querem, necessariamente, ter controle sobre os outros, mas querem ter controle sobre as situações e/ou sobre si mesmos, porque acreditam de forma equivocada que a falta de controle significa não ser bom o suficiente. Eles podem se envolver e assumir o controle de todas as situações, ou procrastinar até que se sintam mais seguros.

Para esse *top card*, o pensamento "apenas se" pode se parecer com algo assim: "Eu sou aceito *apenas se* tiver controle sobre mim e sobre as situações (e, às vezes, sobre os outros); sinto-me inseguro (e reajo) quando penso que fui criticado e quando os outros me dizem o que fazer e/ou se ressentem e se rebelam contra os meus esforços." Como você quer evitar críticas e humilhação, acredita erroneamente que se sentirá seguro *apenas se* estiver no controle da situação, de si mesmo e, às vezes, das crianças e dos outros. Como é impossível controlar tudo, você pode evitar tentar (procrastinação), ou se tornar mais mandão, e criar exatamente o que tenta evitar (críticas) quando os outros se rebelam.

O que o *top card* Controle inspira nas outras pessoas

No lado positivo, os adultos com o *top card* Controle podem ser muito bons em ajudar seus filhos e outras pessoas a aprenderem habilidades de organização, habilidades de liderança, assertividade, persistência e respeito à ordem. No entanto, adultos em busca de controle costumam escolher um estilo mais severo de educação dos filhos e de liderança e podem tender a ser muito rígidos e controladores com seus filhos (e os outros). Isso pode inspirar a rebeldia ou resistência, ou até mesmo a bajulação pouco saudável.

Como transformar seus desafios em pontos fortes

Adultos em busca de controle podem ser mais eficazes se reconhecerem sua necessidade de controle excessivo e praticarem as habilidades de desapego, oferecerem opções, fazerem perguntas curiosas, envolverem as crianças (e os outros) nas decisões e usarem reuniões de família.

Agradar

As pessoas com o *top card* Agradar podem ter dificuldade em dizer não a qualquer oportunidade de agradar aos outros – até se sentirem ressentidas quando os outros não apreciam tudo o que fazem. Elas podem se sentir magoadas quando os outros não "leem suas mentes" para saber como agradá-las (porque não será especial se precisarem dizer a eles). Elas acreditam equivocadamente que não serem apreciadas significa que não são boas o suficiente.

O pensamento "apenas se" do *top card* Agradar normalmente é assim: "Eu sou aceito *apenas se* os outros gostam de mim e me validam. Sinto-me magoado e inseguro quando os outros não apreciam o que faço por eles e quando não fazem um esforço para saber e fazer o que me agrada." Como você deseja evitar rejeições e aborrecimentos, acredita que *apenas se* valorizar as necessidades de todos será incluído e terá um senso de valor.

O que o *top card* Agradar inspira nas outras pessoas

No lado positivo, os adultos com o *top card* Agradar podem ser muito bons em ajudar seus filhos a aprenderem comportamentos amigáveis, atenciosos e não agressivos. No entanto, os adultos que buscam agradar também podem escolher um estilo permissivo de parentalidade ou liderança e, como resultado, podem se tornar capachos e se sentirem explorados. Eles podem fazer demais pelos filhos (em nome do amor). Isso pode inspirar os outros à manipulação, a demandas por atenção indevida, ao ressentimento, à depressão ou até vingança. Tal comportamento não oferece um exemplo para as crianças expressarem o que precisam e desejam de maneiras que sejam respeitosas para si e para os outros. A energia de agradar que vem da insegurança pode ser muito irritante para os outros, especialmente quando eles sentem que seus agrados vêm com condições (você espera algo de volta), e podem evitá-lo – inspirando você a se sentir rejeitado.

Como transformar seus desafios em pontos fortes

Adultos que buscam agradar podem ser mais eficazes quando param de focar exclusivamente as necessidades dos outros e cuidam primeiro das próprias necessidades.

Eles precisam confiar na capacidade de seus filhos (e dos outros) de agradarem a si mesmos; eles também precisam praticar e ensinar honestidade emocional, envolver-se na solução conjunta de problemas, aprender a dar e receber, estabelecer limites e usar reuniões de família.

Conforto

A maioria das pessoas não gosta do nome de seu *top card*, pois desaprovam o que o nome representa. Pessoas com o *top card* Conforto podem ser a exceção. Eles não entendem por que alguém escolheria alguma coisa que não fosse conforto – e esse é o problema. Eles podem não se esforçar para aprender e crescer, e os outros os acharão pouco estimulantes e previsíveis.

O pensamento "apenas se" do *top card* Conforto geralmente parece algo assim: "Eu sou aceito *apenas se* fico dentro dos limites seguros e familiares, e não quero fazer nada que seja estressante. Eu me sinto inseguro (e reajo) quando outras pessoas não querem se juntar a mim no conforto, ou me pressionam a participar de sua programação." Você pode acreditar que *apenas se* evitar estresse emocional e físico os problemas desaparecerão e você se sentirá equilibrado.

O que o *top card* Conforto inspira nas outras pessoas

No lado positivo, os adultos com o *top card* Conforto podem ser exemplos dos benefícios de serem descontraídos, leais, diplomáticos e previsíveis. No entanto, os adultos que buscam conforto costumam escolher um estilo mais permissivo de parentalidade e liderança e, portanto, podem criar uma tendência nas crianças e nos outros a serem mimados, exigentes ou desenvolverem um senso de direito. Evitar alguns desafios pode atrofiar seu crescimento pessoal e parecer entediante para os outros. Ou você pode se esforçar tanto para deixar os outros à vontade que cria estresse para si mesmo.

Como transformar seus desafios em pontos fortes

Os adultos que buscam conforto podem ser mais eficazes quando saem da concha e envolvem seus filhos (e os outros) na criação de rotinas, no estabelecimento de metas e na resolução compartilhada de problemas. Eles precisam permitir que seus filhos experimentem as consequências naturais de suas escolhas (mesmo que seja difícil não socorrê-los) e envolvê-los em reuniões de família.

QUAL *TOP CARD* você acha que Fiona, em nossa história da abertura, possui? Que conselho você daria para ela administrar a situação entre seus negócios e suas duas amigas? O crescimento acontece quando aprendemos a maximizar nossos pontos fortes e transformar nossos pontos negativos em positivos. Para Fiona, que provavelmente possui o *top card* Agradar, sua capacidade de prestar um ótimo serviço é uma das principais razões pelas quais seu negócio é um sucesso. No entanto, quando se sente estressada, existe o risco de ela realizar esforços extremos para agradar, pois seu pensamento "apenas se" está lhe dizendo que agradar é a única maneira de evitar a rejeição. Como resultado, ela estimulou a manipulação de Philippa. Aprender a estabelecer limites saudáveis (resolução compartilhada de problemas) e dizer não (honestidade emocional) seriam habilidades úteis para Fiona praticar.

À medida que você atinge o discernimento e a consciência, o crescimento pode ser emocionante e gratificante. Compreender seu próprio *top card* e como ele influencia seus relacionamentos com seus filhos, outros membros da família e colegas pode ajudá-lo a aprender, com tempo e paciência, a ser a versão mais eficaz de si mesmo.

DISCIPLINA POSITIVA EM AÇÃO

"Aprender sobre o *top card* foi uma verdadeira revelação para mim", diz uma das autoras, Kristina, depois de participar do *workshop* de Disciplina Positiva para casais. "Meu *top card* é claramente Superioridade, e o do meu parceiro é, sem dúvida, Conforto.

"Meu maior problema, seja comigo ou com os outros, está nas minhas exigências irrealisticamente altas – eu diria até perfeição. Então, quando eu ou meu parceiro (ou os outros) não as alcançavam (em outras palavras, o tempo todo!), eu me sentia decepcionada e desanimada. Eu reagia com julgamento e crítica. No passado, eu sei que perdi algumas amizades por minhas exigências irrealistas em relação ao comprometimento das pessoas comigo e com minhas ideias.

"Com meu parceiro, eu ficava fria e severa sempre que ele fazia algo 'imperfeito'. Meu maior problema era minha percepção da incompetência dele em assumir a responsabilidade pessoal por sua situação e por sua falta de desejo de querer trabalhar a si mesmo e crescer. Isso era muito estranho para mim, e pensei muitas vezes que seria o fim da nossa relação.

"Compreender os *top cards* me fez perceber minha parte da equação. Quanto mais eu criticava e exigia, mais ele se retraía. Como estou tentando aceitar que não posso mudar outra pessoa (uma decisão difícil para minha superioridade), decidi me concentrar em mudar a mim mesma. Então, parei de julgar (na maioria das vezes, pelo menos) e, em vez disso, sempre que ele, aos meus olhos, está procurando desculpas e atalhos, tento deixar para lá ou encorajá-lo com pequenos passos.

"A mágica é que meu parceiro agora está mais aberto a trabalhar em si mesmo e à mudança. Minha ausência de julgamento fez que ele se sentisse mais seguro e apreciado, de modo que não precisa se retrair tanto em sua 'caverna'. Também estou aprendendo, com ele, a ser mais receptiva e tolerante, o que realmente está me ajudando a lidar com minhas próprias inseguranças."

Ferramentas da Disciplina Positiva

Todo mundo tem um *top card* que é nossa resposta comportamental imediata quando nos sentimos inseguros. Entender o seu *top card* e o dos outros ajudará bastante a encontrar desafios de comportamentos a serem abordados. Como vimos neste capítulo, algumas ferramentas serão mais úteis para você dependendo do seu *top card*. Aqui estão algumas ferramentas mais gerais, que lhe ajudarão a trabalhar com seu *top card* e o apoiarão em seu trabalho pessoal.

Percepção

Tudo está nos olhos de quem vê, e percebemos o mundo através do filtro das crenças formadas na infância. Os filtros de duas pessoas nunca são exatamente iguais. É por isso que nós todos interpretamos a mesma experiência de maneira um pouco diferente. Estar ciente disso pode ser extremamente útil para lidar com as mudanças nas circunstâncias e com o efeito que isso tem sobre nós e os outros. Em momentos de estresse, conflito ou desacordo, tente fazer uma pausa e descobrir qual crença está por trás de sua interpretação do que está acontecendo. Em seguida, pergunte a si mesmo sobre a interpretação que pode estar por trás do comportamento da outra pessoa. Tente perceber como estar consciente modifica sua experiência com a situação e veja se você pode abrir mão das emoções conflitantes. Então, você poderá se concentrar em como ser encorajador para si e para os outros.

Responsabilidade

Assuma a responsabilidade pelo que você cria em sua vida. Aprofunde-se e descubra como você criou a situação da qual está reclamando. Responsabilidade não significa culpa ou vergonha. A conscientização da responsabilidade pessoal lhe dá poder e opções para criar o que você deseja. Faça um plano para conquistar o que deseja, sem culpas ou expectativas de mais ninguém.

Diferenças

Os opostos se atraem. Pense em uma característica ou traço de personalidade do seu parceiro que às vezes lhe incomoda. Como seu parceiro possui essa qualidade desde o início, como você a via de maneira diferente? Você alguma vez já pensou que era adorável ou que não importava? O seu parceiro mudou ou foi você? Trabalhe em apreciar (ou pelo menos respeitar) diferenças. Que tal manter uma lista dos pontos fortes do seu parceiro e a ler regularmente? Reserve um tempo para verbalizar seu reconhecimento diariamente.

EXERCÍCIO

Compreendendo seu *top card*.

Compreender o seu *top card* pode ser confuso quando você aprende sobre isso pela primeira vez. O *top card* é um processo que "fica cozinhando", e, com o tempo, você se tornará mais consciente do seu pensamento "apenas se" e começará a perceber quando você estiver envolvido nesse tipo de pensamento. Essa atividade de autorreflexão, projetada para ajudá-lo a descobrir sua lógica pessoal, ajudará você a passar por esse processo.

1. Reveja o seu *top card*. Pense em uma ocasião em que você experimentou o que é estar dentro da caixa do seu *top card* ou quando você se comportou de acordo com seus desafios. O que aconteceu? Escreva isso.
2. Quando isso aconteceu, o que você estava pensando?
3. O que você estava sentindo? Certifique-se de usar palavras que expressem sentimentos e que sejam diferentes da palavra dentro da caixa do seu *top card* (uma palavra de sentimento é uma palavra única: "zangado", "culpado", "ansioso" etc.).
4. O que você fez quando a experiência aconteceu?
5. Como isso funcionou para você?
6. Você tem algum conselho para si mesmo sobre o que você poderia ter feito diferente?

13

BEM-ESTAR

Josh, pai de duas crianças pequenas, diz: "Eu estava em ótima forma antes de termos filhos. Corria maratonas e fazia musculação três vezes por semana. Mas tudo mudou quando tive que conciliar as crianças e o trabalho. Eu odeio meu corpo agora e sinto falta de como me sentia bem física e emocionalmente por estar em boa forma."

Muitos pais ocupados se sentem como o famoso *hamster* na roda – correndo o máximo possível para acompanhar o volume total de compromissos, tanto profissionalmente como em casa. Eles se sentem presos em um ciclo interminável de dever e responsabilidade. A busca da felicidade individual, no entanto, é uma meta digna e honrosa. Já ouviu tudo isso antes? Talvez. Esperamos, porém, que, ao perceber o impacto do seu bem-estar pessoal sobre seus filhos, isso ajude você a ter um pouco mais de motivação para tomar uma atitude.

Descubra onde você está fora de sincronia

É a pressão de ser 100% em todas as áreas que o desgasta? A vida moderna nos estimula a correr em um ritmo mais frenético do que nunca. Mas aqui está o ponto principal: se você não está feliz, ninguém está feliz. Sua infelicidade afeta todos com quem você se importa – seus filhos, seu parceiro, seus colegas de trabalho e seus amigos. Pessoas infelizes são pais e profissionais menos eficazes e não são boas companhias. As crianças sabem intuitivamente se você está feliz e aprecia a vida como pai ou mãe. Uma mãe ficou chocada ao perceber que sua agenda estressante e sobrecarregada estava ensinando ao filho que ser uma mãe que trabalha é ser infeliz. Ela o ouviu contar a um amigo: "Eu nunca vou ter filhos. É muito trabalho e parece ser uma eterna encheção." Se você é um pai ou mãe que trabalha, é imperativo que encontre seu próprio caminho para buscar paz e refúgio da tensão e pressão em sua vida diária. É parte integrante do autocuidado sair da sua vida mundana regularmente para encontrar um ponto de vista mais amplo e iluminado. É isso que queremos dizer quando nos referimos a buscar crescimento espiritual ou pessoal. Muitas vezes estamos tão ocupados subindo a escada da vida que nem nos damos conta de que a nossa escada está apoiada na parede errada!

O primeiro passo para obter alegria na vida é diagnosticar corretamente onde o problema realmente está. Usar a Roda da vida, uma conhecida ferramenta de *coaching*, ajudará você a identificar as zonas problemáticas em oito aspectos muito importantes da sua vida.

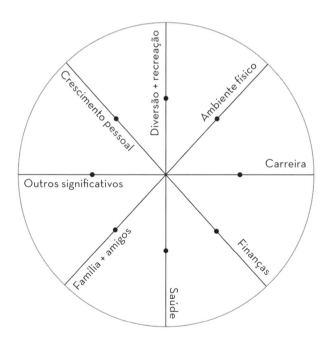

Reserve um momento para avaliar seu nível atual de satisfação em cada área de 0-10, com 10 significando que você está completamente feliz e satisfeito. Veja o centro da roda como 0 e a borda externa como 10. Trace uma linha em cada seção que se correlacione com seu nível atual de satisfação para criar uma nova borda externa (ver o exemplo a seguir). Quando terminar, você terá uma representação visual de onde está mais desequilibrado. Se você já dirigiu um carro com um pneu irregular e um pouco vazio, saberá que ele cria um percurso instável, difícil e desconfortável. As seções com menor pontuação na sua roda são provavelmente a fonte de sua maior infelicidade. Nesse ponto, precisamos enfatizar que atingir 10 em todas as áreas o tempo todo *não* é o objetivo deste exercício. Isso é totalmente irreal. Mais realista é aceitar que a vida é um processo contínuo de altos e baixos. Ainda assim, é útil identificar onde está o maior problema *neste momento* para que você saiba onde colocar o foco agora. Então, em algum ponto ele mudará para outra área – é um processo constante.

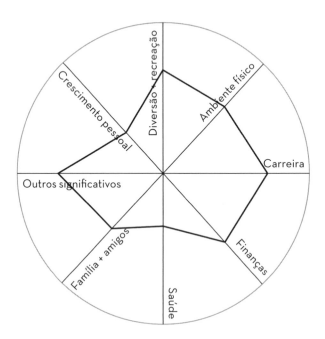

Bem-estar pessoal em primeiro lugar

O primeiro passo para criar uma família feliz e que funcione bem é certificar-se de que você é um indivíduo feliz e que funciona bem. Isso vai exigir que você proteja rigorosamente sua saúde física, foque sua saúde mental (incluindo o gerenciamento do estresse) e cultive relacionamentos significativos. Esses são os pilares do seu bem-estar pessoal. Vamos nos concentrar nas áreas que mais afetam o autocuidado. Ao usar suas respostas da Roda da vida, remova Carreira e Finanças e olhe para as seis categorias restantes. Se você se classificou abaixo de 5 em qualquer uma delas, atenda primeiro a essa área da sua vida. Adote as sugestões deste capítulo, que ajudarão você a conquistar um nível maior de satisfação nessas áreas. Somente quando você tiver atingido um nível mais alto de pontuação em seu autocuidado, você estará pronto para abordar Carreira e Finanças.

Vamos dar uma olhada mais profunda nos três pilares do bem-estar pessoal, começando pela saúde física.

Saúde física

A saúde física inclui focar um plano consistente de exercícios, manter uma dieta saudável e proteger o sono. (Controlar o estresse também tem um grande impacto na saúde física, e abordaremos isso na seção sobre saúde mental.) Cuidar do nosso corpo físico é geralmente por onde começamos a descuidar quando ficamos cansados e sobrecarregados pela carreira e pressões familiares. Quantas vezes você pensou em algo como: "Depois que passar esse período particularmente estressante no trabalho, vou entrar para esse clube de corrida", ou "Eu não consigo funcionar bem dormindo tão pouco sem açúcar e cafeína – quando as crianças forem um pouco mais velhas, voltarei a ter uma dieta mais saudável." Verdade que em curto prazo essa estratégia pode funcionar, mas se torna facilmente um hábito, com problemas de saúde, depressão, exaustão e apatia.

Manter-se em forma e saudável com exercícios regulares

O exercício físico é, sem sombra de dúvida, a melhor vacinação de todos os tempos. Ele nos protege contra uma série de males da vida. Ele previne a obesidade, doenças cardíacas, diabetes, acidente vascular cerebral e estresse. É um antidepressivo natural e reduz a ansiedade, oferecendo um poderoso "coquetel de endorfina" que pode curar o humor mais desagradável em menos de vinte minutos. Ele melhora nossa imagem corporal, aumenta a vitalidade sexual e a fertilidade, além de produzir uma sensação geral de bem-estar. Uma mãe confessou: "Quando estou particularmente irritada, meus filhos imploram para que eu vá correr. Eles sabem que eu voltarei para casa como uma mãe mais paciente e tolerante."

Com a mídia constantemente promovendo os benefícios da atividade física (e todos nós já vimos sobre isso), por que não estamos mais comprometidos com um programa regular de exercícios? A reclamação dos pais mais sobrecarregados é: "É impossível – há muito o que fazer e tão pouco tempo!" Muitos pais ocupados precisam ser criativos para encontrar tempo para se exercitar sem se sentirem culpados por manter o foco em si mesmos. Muitas vezes, isso significa combinar exercícios com tempo para a família, amigos ou colegas. Também significa gerenciar expectativas – você não precisa treinar para um Ironman ou se exercitar por horas. Deixe isso para outro momento da vida. Trinta minutos de caminhada três vezes por semana podem ser suficientes, e pode ser mais fácil conseguir pequenas quantidades de tempo. A chave é identificar o horário e o local em que você pode fazer isso regularmente.

Seja lá o que você fizer, encontre um exercício de que goste – você nunca manterá a consistência se odiá-lo. Pense em como ele se encaixa em suas outras obrigações e ambições. Se seus filhos são pequenos, coloque-os em um carrinho duplo e ande ou corra com eles depois do trabalho ou nos fins de semana. Deixe as crianças mais velhas andarem de bicicleta ou patinete enquanto você caminha ou corre. Dessa forma, você passa um tempo com eles, faz seu exercício e eles aprendem também a importância da atividade física e do bem-estar. Outra ideia é comprar uma esteira ou outro equipamento de ginástica e usá-lo em casa quando as crianças estiverem dormindo ou enquanto assistem a um programa na televisão. Isso também pode funcionar bem se você e seu parceiro trabalharem juntos no estilo equipe de revezamento. Por exemplo, ele ajuda na lição de casa das crianças enquanto você se exercita e, em seguida, você começa o jantar enquanto ele se exercita. Exercitar-se com seu parceiro e escolher uma atividade de que ambos gostem (talvez uma atividade que vocês costumavam fazer juntos antes da chegada das crianças) é outra ótima maneira de entrar em forma e manter uma forte conexão entre vocês. Não se esqueça da opção *on-line*. Hoje, existem muitas aulas ótimas de ginástica e até sessões de *personal trainer* disponíveis para que você possa fazer em sua própria casa.

Se você optar por frequentar um estabelecimento (academia, piscina), verifique se o acesso é fácil acesso tanto de sua casa como do trabalho. Se ficar muito longe do seu trajeto, ficará muito mais difícil encaixá-lo no seu cronograma lotado. Se você costuma levar o estresse do trabalho para casa, reserve meia hora antes de voltar para casa para se exercitar e "suar para esquecer". Em dias particularmente estressantes, uma mãe chamou a babá para pedir que ela colocasse suas roupas de ginástica do lado de fora da porta da frente, a fim de que ela pudesse pegá-las para ir à academia e voltar para casa em melhor estado de espírito antes de interagir com as crianças. Ou faça uma aula de yoga e mate dois coelhos em uma só cajadada, exercitando-se e gerenciando seus níveis de estresse. Se você deseja combinar exercício com conexões sociais, exercite-se durante o almoço. Combine caminhar ou ir à academia com amigos do trabalho e você atenderá a duas necessidades essenciais. Você descobrirá que terá muito mais energia para o resto da tarde. E, para quem madruga, levante meia hora mais cedo e vá para a academia antes que as crianças acordem.

Focar sua dieta

Comer bem é importante para o seu senso geral de saúde e bem-estar. No entanto, você pode compartilhar a mesma preocupação de Sondra. "Minha mãe ficava em casa em tempo integral quando eu era criança. Ela cozinhava todas as noites da semana. Metade do tempo estamos exaustos para cozinhar, ou é impossível encontrar tempo entre a prática de futebol e as aulas de piano. Pedimos pizza ou passamos pelo *drive-thru* mais noites do que gostaríamos. Eu me sinto culpada pela maneira como estou alimentando as crianças, e tenho vergonha do aumento crescente da minha barriga."

A realidade é que, se você tem uma carreira, provavelmente não tem tempo para preparar refeições elaboradas todas as noites. Deixe de lado a culpa daquelas inevitáveis noites de *fast-food* e tente planejar algumas refeições caseiras rápidas, fáceis e saudáveis para aquelas noites em que você estiver cansada e ocupada. Faça a tecnologia trabalhar para você – panelas de pressão funcionam sozinhas e podem reduzir drasticamente o tempo de cozimento. A estratégia de uma mãe era cozinhar uma receita dupla quando podia e abastecer o *freezer* para aquelas noites em que todos estavam ocupados. Muitas vezes, o problema não é encontrar tempo para cozinhar, mas descobrir *o que* cozinhar e ter os ingredientes necessários disponíveis. Hoje em dia há muitas empresas e livros que oferecem receitas simples e saudáveis que podem ser feitas em menos de trinta minutos, e todos os ingredientes frescos e porções podem ser entregues diretamente em sua casa a cada semana. Existem também empresas que preparam as refeições, e você só precisa aquecê-las. É hora de ser criativo nisso.

No Capítulo 10, discutimos como a hora das refeições oferece uma excelente oportunidade para ensinar os traços de caráter de cooperação e contribuição. Até crianças pequenas podem ter a oportunidade (com supervisão e um pouco de ajuda) de cozinhar uma refeição simples, como sopa, salada, sanduíches e sobremesa. Cozinhar com seus filhos permite que você tenha um tempo especial significativo com eles e cria um sentimento de aceitação/pertencimento e contribuição. Ter tarefas compartilhadas em família ajuda as crianças a se sentirem capazes de ajudar em casa e estimula os pais a se sentirem menos ressentidos do que quando precisam assumir todas as tarefas domésticas. Uma ótima ideia para garantir que tanto você como seus filhos comam de maneira saudável é ter uma "prateleira de lanches saudáveis" na geladeira, abastecida com legumes, *homus*, frutas, castanhas e outros lanches práticos (você pode ter uma gaveta semelhante no trabalho). E não se esqueça de beber muita água fresca, pois a sede muitas vezes é confundida com a fome, e a desidratação leva ao aumento da fadiga.

Dormir o suficiente

Em uma pesquisa feita pelos autores, menos de 50% dos adultos pesquisados responderam sim sobre ter uma boa noite de sono (na maioria das noites), e 80% disseram que seus filhos dormem o suficiente na maioria das noites.

A Mayo Clinic, uma instituição médica de prestígio nos Estados Unidos, recomenda que os adultos durmam de sete a oito horas por noite. Na verdade, os americanos agora estão mais privados de sono do que em qualquer outro momento da história. Em 1850, o americano típico dormia nove horas e meia por noite. Em 1950, esse número caiu para oito horas. Atualmente, são sete horas e continua em declínio. Um estudo de 2009 do Centers for Disease Control and Prevention constatou que 35,3% dos americanos relataram que normalmente dormiam menos de sete horas por dia.[27] A privação do sono leva à incapacidade de concentração e à fadiga, e a fadiga prolongada causa letargia, irritabilidade e queda da função imunológica. Exaustão e esgotamento são fatores bem conhecidos que contribuem para a depressão e a ansiedade. Em suma, o cansaço prejudica nossas habilidades de enfrentamento em todas as áreas da vida. E, quando somos menos capazes de lidar com as situações, nos tornamos menos eficazes como pais, companheiros e profissionais.

Uma mãe relatou um incidente quando estava exausta e dava sermões para seus filhos com seu "discurso de mártir" de sempre, que parecia assim: "Eu trabalho muito por aqui. Trabalho quarenta horas por semana, chego em casa exausta, e tudo que eu quero é uma cozinha limpa – e vocês nem podem fazer isso por mim. Com tudo que eu faço por vocês três, limpar sua própria bagunça não deveria ser pedir demais. Não aguento mais ser a empregada da família." Seu filho de 15 anos interrompeu a ladainha de autopiedade dizendo: "Mãe, acho que as coisas pareceriam muito melhor se você fosse tirar uma soneca." Ela admitiu: "Seu comentário me deixou furiosa, mas a verdade dói. Eu estava exausta e estava me tornando uma chata."

A primeira coisa que você precisa fazer é renunciar ao conceito cultural que diz que você é "comprometido" se dorme menos. Por que se orgulhar de dormir apenas seis horas por noite se você funciona melhor ao dormir oito? Ouça seu corpo e permita que ele lhe diga quando é hora de dormir. Decida quanto de sono você precisa para funcionar da melhor maneira possível e torne isso uma prioridade. Seus colegas de trabalho e pessoas que você ama agradecerão. É importante ser um modelo de bons hábitos de sono para seus filhos. Diga a eles quando você estiver "esgotado" pela exaustão e não estiver mais em condições de estar perto de outros seres humanos. Se for de uma soneca de fim de semana ou oito horas e meia de sono que você precisa, peça aos seus filhos e ao seu parceiro que apoiem você. É sua responsabilidade não sobrecarregar a família com seu mau humor. Muitas vezes, a culpada é a exaustão.

Existem várias etapas que você pode seguir para tornar seu sono mais fácil e benéfico. Evite cafeína e álcool se tiver dificuldade para dormir. O álcool pode criar o relaxamento condutor de duas a três horas de bom sono, mas pode interromper o ciclo de sono e causar insônia no meio da noite. Para muitas pessoas a cafeína interrompe o sono. Em vez disso, faça uma corrida. O exercício regular reduz a insônia e aprofunda o sono. Apenas se certifique de não se exercitar tarde demais à noite, pois isso pode afetar sua capacidade de pegar no sono. Crie uma rotina relaxante para dormir e interrompa todas as atividades que requerem atenção (trabalho, leitura de material intelectualmente desafiador ou conversas telefônicas estimulantes) pelo menos uma hora antes de ir para a cama. Ouça música suave, leia algo fácil, beba uma xícara de chá de ervas ou leite morno, faça preparativos simples para o dia seguinte ou faça sexo. Em outras palavras, sinalize à mente e ao corpo que é hora de relaxar, diminuindo as luzes e se acalmando. Tente desligar toda a tecnologia pelo menos uma hora antes de ir para a cama. As telas podem parar ou retardar a liberação de melatonina (hormônio do sono), o que pode dificultar que você adormeça.

Se você está sofrendo de insônia crônica, pode valer a pena falar com seu médico ou ir à clínica de distúrbios do sono mais próxima e fazer o teste diagnóstico. Estima-se que 50-70 milhões de americanos sofram de distúrbios crônicos do sono que são tratáveis.[28] Um amigo querido dos autores, com fadiga crônica e depressão, descobriu que estava com apneia do sono. A cirurgia restaurou seu sono e, consequentemente, sua energia e entusiasmo pela vida.

Se, apesar de tomar todas as medidas necessárias, você ainda não consegue dormir de sete a oito horas por causa da agenda cheia, descubra o poder da soneca. São momentos curtos de relaxamento profundo que podem trazer benefícios restauradores surpreendentes. Encontre de quinze a vinte minutos durante o dia em que você possa ficar quieto, confortável e tranquilo e exercite a respiração profunda com os olhos fechados (usar uma máscara para os olhos também é ótimo). Deitar é preferível, mas pode não ser possível se você estiver no trabalho; encontrar uma sala de reunião vazia ou até mesmo sentar-se no seu carro pode funcionar. Ative um alarme no telefone ou no relógio para que você não precise se preocupar em adormecer ou perder o horário. A ideia não é adormecer profundamente, mas se reanimar e restaurar a mente.

Saúde mental

Felizmente, está se tornando cada vez mais aceitável falar sobre a importância de cuidar da saúde mental. A má qualidade da saúde mental vem lamentavelmente aumentando, sobretudo entre os jovens, e nossa sociedade está, na atualidade, sofrendo de uma epidemia de medicação para controle do humor que vem sendo dada às crianças para ajudar a controlar o comportamento que poderia ser corrigido por mudanças na criação e na educação delas. Devemos estar dispostos a levar a sério nossa própria saúde mental e começar a dar exemplos de hábitos saudáveis para nossos filhos. Nesta seção, vamos discutir dois aspectos fundamentais da saúde mental – lidar com o estresse e desenvolver um monólogo interno saudável. Independentemente disso, acreditamos muito em treinamento e terapia, além de cultivar a saúde espiritual.

Gerenciar o estresse

Em nossa pesquisa com pais que trabalham, quase metade (41%) se sente estressada metade do tempo em uma semana típica, e quase um terço (27%) se sente assim a maior parte do tempo. O que é estresse? Estresse é a resposta física e mental que damos diante da percepção de uma ameaça. O modo de sobrevivência do corpo entra em ação e nós vamos para nosso cérebro primitivo, o que desencadeia nossa resposta de luta, fuga ou paralisação (como discutimos no Cap. 11). Durante esse período, nosso corpo produz os hormônios adrenalina e cortisol para nos ajudar a sobreviver. Nos primeiros dias da humanidade, a vida era muito perigosa, cheia de situações reais e fisicamente ameaçadoras (como ser perseguido por um tigre), então esses hormônios entravam em ação e nos ajudavam a sobreviver, permitindo que corrêssemos mais rápido ou ficássemos superfortes para que pudéssemos combater a ameaça. Essa era uma resposta muito útil para uma ameaça imediata. Mas não é um estado de pensamento racional (perdemos o controle). Na vida moderna, muitos de nossos estressores não ameaçam nossa vida, apesar de podermos sentir que isso era verdade naquele momento. Muitas vezes eles nem nos ameaçam fisicamente e, por vezes, nos referimos a eles como "tigres de papel".* A sobrevivência ainda é a necessidade primordial de todo ser humano, e, por ser uma resposta irracional e instintiva, temos a mesma resposta biológica hormonal para os tigres de papel que os nossos ancestrais tinham diante dos tigres reais. Mas nós nos comportamos agora da mesma maneira que os antigos humanos faziam naquela época?

---

* N. T.: Do original em inglês *"paper tiger"*; o dicionário Cambridge traduz a expressão como alguma coisa que, apesar de parecer poderosa e perigosa, na verdade é fraca e inofensiva.

Se fôssemos perseguidos por um tigre de verdade, sairíamos correndo e nossos hormônios do estresse estariam sendo usados pelo corpo. Como muitos dos nossos tigres de papel são mentais – relacionamentos, pressões de trabalho –, em geral não reagimos fisicamente fugindo ou lutando; em vez disso, ficamos e lidamos com isso de forma verbal ou suprimimos e decidimos não lidar com isso de jeito nenhum. O que acontece com os hormônios do estresse que não foram queimados? Eles podem ficar no corpo e causar estragos no sistema imunológico, no sistema digestivo, no sistema reprodutivo e em nossa saúde mental geral. Isso pode levar ao estresse crônico, que ocorre quando nunca temos a chance de recuperar e diminuir o estresse intenso, por isso temos constantes níveis altos de cortisol e adrenalina em nosso sistema.

É importante notar que uma certa quantidade de estresse é benéfica para nós e nos permite ter melhor desempenho e, assim, alcançar os resultados desejados, tanto mental quanto fisicamente. Isso se chama estresse positivo: o cérebro está funcionando plenamente e libera outro hormônio chamado DHEA, que está associado ao crescimento cerebral – ou seja, ao aprendizado. *Funciona apenas quando nos sentimos desafiados, mas não ameaçados.* Se nos sentimos ameaçados, o modo de sobrevivência e a resposta de luta, fuga ou paralisação entra em ação e somos inundados pelos hormônios do estresse. Você pode pensar em exemplos em que o estresse pode ser bom? Por exemplo, no esporte, a competição pode nos ajudar a desempenhar e melhorar nossas habilidades. No entanto, nos esportes também usamos a ferramenta de pausa para reagrupamento, criação de estratégias e recuperação do estresse.

Como podemos aprender a lidar e a nos recuperar melhor do estresse em casa e no trabalho? O primeiro passo é começar a usar as estratégias positivas de enfrentamento. Em vez de usar estratégias negativas de enfrentamento (procrastinar, comer, beber, fumar etc.), que podem proporcionar alívio apenas em curto prazo, foque estratégias positivas de enfrentamento, como se exercitar (que queimará aqueles hormônios do estresse), conversar com alguém, escrever em um diário, fazer arte ou respiração profunda. Quando escorregar – e quem nunca? –, não se martirize por isso. Apenas se comprometa a começar de novo amanhã. Em nossa pesquisa com pais que trabalham, as três principais atividades para aliviar o estresse foram: dormir, exercícios/yoga e ver TV. Aqui estão mais algumas ideias para ajudar a gerenciar o estresse.

Desapegue-se

Alguns de nós gastam muita energia se preocupando, ou tentando mudar coisas sobre as quais não temos controle. Trabalhe para desapegar-se das coisas que você não pode controlar e concentre-se nas coisas que você pode. "Como, como, *como*?", ouvimos você perguntar. De fato, não é uma tarefa fácil. Várias ferramentas e exercícios ao longo deste livro têm como objetivo ajudá-lo a encontrar equilíbrio na vida e não exagerar em suas reações, permitindo, assim, que você seja melhor pai ou mãe, parceiro e colega. O primeiro passo é sempre a conscientização, portanto dedique algum tempo para descobrir o que você está tentando controlar e por quê. A atenção plena, a capacidade de estar calmo e presente no momento, é uma ferramenta incrivelmente poderosa para ajudar nisso (mais no Cap. 17).

Peça ajuda

Muitos de nós não somos bons em pedir ou aceitar ajuda, geralmente vendo isso como um sinal de fraqueza. Nós discordamos! Saber quando você precisa de ajuda e pedi-la é realmente um sinal de força e autoconsciência. É também uma ótima maneira de encorajar as pessoas ao seu redor – crianças, em particular, podem se sentir muito empoderadas quando solicitadas a ajudar (embora não defendamos a descarga de seus problemas em seus filhos – isso se refere mais a pedir a eles que aliviem parte do fardo de cuidar da casa). Trabalhar com um terapeuta ou *coach* é uma maneira fantástica de pedir ajuda.

Pratique a respiração profunda/meditações rápidas

Você costuma se flagrar pensando no futuro em busca de conforto ou explicação ("Quando isso ou aquilo acontecer, eu vou ser feliz") ou no passado ("Porque isso ou aquilo aconteceu comigo, não posso ser feliz")? Esse tipo de pensamento retira sua atenção do momento presente e cria incerteza. Quando aprende a inspirar e expirar profundamente e com foco, você traz sua mente de volta ao corpo e, assim, ao momento presente. Isso libera a tensão. Se você praticar a respiração profunda e consciente por apenas cinco a dez minutos por dia, vai se lembrar naturalmente de voltar a respirar na próxima vez que uma emoção forte ou situação estressante surgir. Essa é uma das soluções instantâneas mais eficazes quando você perceber que está ficando estressado, se perdendo e caindo em uma resposta de luta, fuga ou paralisação. A respiração profunda diminui a pressão sanguínea e impede que os hormônios do estresse sejam produzidos e liberados.

Encontre seu local interno de controle

Você procura os outros para orientação? É trabalho de outra pessoa tomar decisões por você – seu parceiro, seu chefe, seus filhos? Como temos pouco controle sobre os outros, esse tipo de pensamento causa muito estresse. Muito melhor, então, confiar em nossa própria intuição e experiência para tomar decisões em dado momento, sem precisar da contribuição de outra pessoa. Tome uma decisão consciente de aceitar que você é responsável por suas próprias escolhas e perdoe a si mesmo quando errar.

Caminhe na natureza

A natureza é incrivelmente curativa. Foi comprovado cientificamente que, quando você está na natureza, seu cérebro se comporta de maneira diferente. Ela é capaz de acalmar você e desacelerar seus nervos. Verificou-se que estar em contato com a natureza reduz o estresse, combate a depressão, melhora o sono e aumenta a imunidade. Mesmo que você more na cidade, encontre um parque ou um lugar com água para sentar e respirar.

Tenha um animal de estimação

Foi comprovado que cuidar e abraçar um animal de estimação querido libera ocitocina, o "hormônio do amor". Esse é o mesmo hormônio que as mães liberam quando amamentam seus bebês, e acredita-se que ele contribua para o processo de vínculo. Vivenciar a alegria de ter um animal de estimação em sua vida pode ajudar muito a aumentar o bem-estar e reduzir o estresse. Também ensina às crianças a importância de cuidar dos outros e a alegria do mundo natural. No entanto, para alguns, ter um animal de estimação acrescenta mais estresse em virtude da responsabilidade de treinar, alimentar e levar para passear diariamente, portanto verifique se ele se encaixa no seu estilo de vida.

Dê a si mesmo uma massagem ou um dia de spa

Se o orçamento permitir, uma massagem regular é um brilhante redutor do estresse e tem benefícios terapêuticos fantásticos, tanto física como mentalmente. Ela libera a tensão muscular e elimina toxinas armazenadas, que podem levar a doenças e depressão.

Conversa interna: desenvolva sua verdade interior

Uma parte integrante da boa saúde mental consiste nas interações verbais que você tem consigo mesmo. Muitas pessoas desconhecem o que estão dizendo para si mesmas e, assim, continuam um ciclo negativo de conversa interna – por exemplo, dizer a si mesmo que não tem tempo para ir à yoga ou que a massagem é um luxo que você não merece.

A conversa interna negativa muitas vezes pode ser desencadeada por mudanças em nossa vida que nos tiram de nossas zonas de conforto. E se você tiver um trabalho extremamente importante que sente que ninguém está reconhecendo? Você é responsável pela vida e bem-estar das pessoas, e constantemente faz horas extras, mas não é pago. Na verdade, você é frequentemente levado a sentir que seu trabalho nem sequer é um trabalho, não é muito habilidoso e não está contribuindo muito para a sociedade (ou pelo menos parece assim). Se você é, ou já foi, um pai ou mãe que fica em casa em período integral, talvez reconheça essa descrição de trabalho. Então, quando é hora de voltar a trabalhar fora de casa, você se sente totalmente sem prática, e, justo quando você tinha começado a pegar o jeito dessa coisa de parentalidade, está de volta à estaca zero. Não é de admirar que esse possa ser um período muito estressante e com potencial para desencadear sentimentos de dúvida interna e autocríticas como "Não estou fazendo isso certo", "Não posso fazer tudo" e "Estou fazendo o suficiente?" Algumas das questões universais que surgem durante essa transição e que podem desencadear uma conversa interna negativa são: "Quem sou eu? Qual é o meu propósito? Qual é o meu valor? Em que posso contribuir para minha família e para a sociedade?"

Que histórias você está contando a si mesmo? Quando faz algo bom, você tende a se colocar para baixo ou, verbalmente, se elogia? Considere que tipo de monólogo está acontecendo em sua mente quando você pensa em fazer algo que é apenas para você. O autocuidado começa com as palavras que você fala para e sobre si mesmo ou sobre a ação de autocuidado. Você diria a um bom amigo o que diz a si mesmo? Você diria a mesma coisa para o seu filho? Se for assim, então você está no caminho certo. Caso contrário, você precisa mudar sua história. Que tipo de histórias você está contando a si mesmo sobre as outras pessoas que fazem do autocuidado uma prioridade? Você apoia a decisão delas de cuidar de si mesmas? Ou você as julga e questiona internamente o compromisso delas com a família ou o trabalho?

De onde vem essa conversa interna? Lembre-se de que suas crenças ou padrões de pensamento habituais foram moldados quando você era criança. Talvez você reconheça isto: "Minha mãe trabalhava muito. Foi a primeira da família dela a ingressar no mercado de trabalho e a ficar em período integral fora de casa. Há muitas coisas boas em que ela serviu de exemplo para mim, mas o autocuidado não foi uma delas. Todo mundo vinha sempre primeiro", disse uma mãe. Isso não apenas é insustentável como pode levar a sentimentos de ressentimento, autopiedade e exaustão. O poder do exemplo de autocuidado para seus filhos não pode ser ignorado. De que outra forma eles aprenderão uma habilidade de vida tão importante?

Compreender o autocuidado e praticar o autocuidado são duas coisas muito diferentes (lembre-se, cuidar de si é uma necessidade, não um luxo). No Capítulo 17, discutimos a importância de extrair energia de seus pontos fortes e trabalhar para transformar seus desafios em pontos positivos. Esse é o trabalho necessário para reprogramar o cérebro; você tem que mudar sua lógica pessoal para eliminar seus sistemas de crenças defeituosos. Aqui estão mais algumas ideias sobre como você pode ajudar a desenvolver uma conversa interna saudável.

Faça uma pausa
O perfeccionismo é o inimigo do autocuidado. É extremamente libertador (além de um enorme redutor de estresse) parar de tentar sustentar padrões impossivelmente altos. Dê a si a mesma empatia que você mostraria a um amigo. Procure grupos de apoio e compartilhe suas lutas para obter suporte de outras pessoas. Ajuda muito saber que você não é o único que passa por alguma coisa; no mínimo, isso validará seus sentimentos.

Comunique seu plano de autocuidado a sua família
Deve haver espaço para os dois parceiros implementarem o autocuidado, e ninguém deve justificar ou explicar o motivo de estar fazendo isso. Defender suas necessidades fortalece seu núcleo interno. É importante que ambos os parceiros estabeleçam seus próprios padrões e escolham quais atividades funcionam melhor para eles. Celebrar as diferenças é essencial.

Coloque um olhar positivo nas coisas
Desafie sua versão da história. Perceba quando estiver sendo negativo e mude sua linguagem. Por exemplo, em vez de dizer a si mesmo "Eu sou muito de-

sorganizado, nunca consigo terminar nada", treine-se para dizer: "Como posso fazer isso?" ou "Posso não terminar isso hoje, mas tudo bem, posso tentar outra vez amanhã". Não se trata de ignorar seus problemas, mas de reprogramar seu cérebro e perguntar a si mesmo: "Como posso olhar para isso de forma diferente?"

Afirmações e visualizações

Crie suas próprias afirmações positivas ou mantras para ajudá-lo a cultivar a alegria e enriquecer sua vida. Isso permite que você elimine o roteiro negativo em sua cabeça que julga e critica. Você tem o poder de escolher seus pensamentos, e é muito mais saudável preencher a mente com amor do que com medo e negatividade. Por exemplo, diga a si mesmo em voz alta ou durante a meditação: "Eu sou mais do que suficiente" ou "Eu sou certo exatamente como sou." Passar mentalmente uma lista de gratidão ao acordar e antes de dormir é outra ótima maneira de manter a negatividade a distância (e ajuda na insônia). Visualizar relacionamentos e eventos futuros sob uma luz positiva é outra ferramenta muito poderosa para ajudar a treinar o cérebro.

Encontre seu propósito

Isso é tão importante que dedicamos praticamente um capítulo inteiro a ele – e será o próximo! Trata-se de encontrar o caminho de ascensão certo para subir e garantir que ele esteja voltado para a direção correta. Refere-se a criar espaço em sua vida para reflexão, questionamento e pesquisa. Antes de pararmos e fazermos todo esse trabalho, vamos falar sobre a importância de nutrir todos os relacionamentos importantes.

Cultivar relacionamentos significativos

Os estudos encontram consistentemente uma ligação entre nutrir amizade e bem-estar pessoal. Também sabemos que tanto apreciamos como temos mais sucesso no trabalho quando cultivamos relacionamentos fortes com nossos colegas. Gary compartilha um problema comum dos pais que trabalham: "Antes de nos casarmos e termos filhos, tínhamos muitos amigos. Íamos a eventos esportivos, eu jogava pôquer com o pessoal e saíamos de férias de vez em quando com outros casais. Agora só temos tempo para o trabalho e as crianças." Esse é um sentimento comum e desolador.

Existe uma enorme correlação entre depressão e isolamento social, e, em nosso mundo moderno, a solidão e o isolamento estão se tornando muito mais comuns, possivelmente agravados pela aparente "conectividade" de nossa era digital baseada em telas. Os seres humanos estão sempre buscando conexão. Bons relacionamentos são a base da felicidade pessoal e do bem-estar, e não é verdade que seu cônjuge, filhos e trabalho sejam suficientes.

Encaixe a amizade na sua programação

Em nossa pesquisa, quando questionados "Com que frequência você passa tempo pessoalmente com amigos sem as crianças?", 40% dos pais disseram que apenas a cada poucos meses. Você precisa de bons amigos e, às vezes, de parentes para ajudá-lo nos altos e baixos da vida. Conversar com seus amigos, amigas e até irmãos é como uma "corrida interior" – renova sua alma e mune você com uma nova perspectiva da vida. Escuta ativa e empatia são terapêuticas em si mesmas.

É mais provável que façamos algo quando é um hábito, por isso é uma boa ideia criar, com seus amigos mais queridos, rituais e tradições que aconteçam regularmente. Gary tinha noites mensais de pôquer e férias com outros casais em sua lista. Se você tem amizade com os pais dos amigos de seus filhos, talvez vocês possam tirar férias em família juntos. Isso pode se tornar uma tradição anual. Tente encontrar pessoas que compartilhem seus interesses, sejam galerias, museus, compras ou eventos esportivos. É útil vocês fazerem planos para o próximo encontro ao final do programa que fizeram juntos. Use o mundo digital a seu favor, formando grupos de mídia social com os amigos mais próximos para facilitar a marcação de almoços ou eventos. Amigos na vizinhança podem ser perfeitos para encontros semanais para um café. E, claro, com o seu melhor amigo, garanta que vocês tenham algumas tradições não negociáveis, como festas de Ano-Novo ou dias de *spa* anuais de aniversário.

Pessoas negativas

Por mais complicado que isso possa ser, você precisa limitar seu tempo com pessoas negativas. Elas podem ser tóxicas para sua saúde emocional e tornar

Bem-estar

difícil desenvolver uma conversa interna positiva. Se você está passando tempo com pessoas que lhe colocam para baixo com seu pessimismo e críticas, e sente que fez tudo o que podia para apoiá-las, pode ser prudente manter distância até que elas melhorem.

Construa sua rede de pais

No Capítulo 14, haverá muitas dicas sobre como desenvolver e nutrir sua rede profissional. Por enquanto, volte seu pensamento para aqueles primeiros dias da paternidade/maternidade. Você se sentiu sozinho e isolado? Isso é bastante comum para os novos pais e a razão pela qual um forte senso de aceitação é mais importante do que nunca na criação dos filhos.

Amigos e parentes não são as únicas pessoas com quem você deseja manter um relacionamento, mesmo depois que se uniu a alguém e teve filhos. Para sustentar nossa energia, precisamos nos conectar com outras pessoas que possam nos encorajar e apoiar. Construir uma comunidade de pessoas com afinidades é essencial para a nossa saúde social. Seja proativo, tome a iniciativa e convide alguém de quem goste para fazer algo divertido. Conheça sua comunidade. Investigue creches locais, lojas para crianças, brinquedotecas, livrarias, centros religiosos e assim por diante, e veja quais atividades eles oferecem. Além disso, certifique-se de oferecer ajuda e trabalho voluntário. Geralmente, é a melhor maneira de obter ajuda quando você precisar de assistência. O mesmo vale para os vizinhos. Deve haver grupos locais de pais e filhos – talvez grupos de exercícios de mãe e bebê ou comunidades de pais na internet. Entre em contato com seus conhecidos e colegas. Especialmente nos estágios iniciais da criação de filhos, você pode se tornar mais próximo de pessoas que antes conhecia apenas de vista, porque agora vocês estão em um estágio de vida semelhante.

O AUTOCUIDADO precisa ser levado muito a sério. Muitos pais novos lutam para conseguir o equilíbrio certo, com sérias consequências para sua saúde mental e física, como Alicia compartilha em sua história.

DISCIPLINA POSITIVA EM AÇÃO

"Eu pensei que ser altruísta faria de mim uma boa mãe. Falhei como guerreira do parto natural, e depois fiquei totalmente entregue e dedicada à minha filha durante as primeiras oito semanas de maternidade, até desmoronar e me esgotar. Eu me encontrei na terapia porque, na minha consulta pós-cesariana, disse ao meu médico: 'Sinto que estou desmoronando.' Fui recomendada a um terapeuta, que me perguntou: 'O que você está fazendo para se cuidar?' Eu respondi: 'Bem, nada. Estou muito ocupada cuidando do bebê.' Minha prescrição foi autocuidado e começar a, pelo menos, dar um passeio ou tomar um café sozinha. De fato, os pequenos momentos de autocuidado que dei a mim mesma se somaram e eu comecei a me curar."

"Como passei de uma para quatro crianças, aprendi a estabelecer metas realistas e a manter minha rotina de autocuidado como prioridade. Caso contrário, fico completamente sobrecarregada: grito mais e esbravejo... Eu sou absolutamente infeliz. Às vezes o autocuidado é tão simples como fazer uma 'pausa da mamãe'. Se estou me sentindo desgastada, coloco um [filho] para tirar uma soneca, outro na frente da TV, preparo uma xícara de café para mim e simplesmente sentar e tomar em silêncio, sem fazer nada mais. Geralmente meus dias são preenchidos com pequenos momentos de autocuidado que envolvem meditação (cinco minutos fazem a diferença), nutrição (como alimentos integrais e nunca estou 'ocupada demais' para pular o café da manhã), exercício (mesmo se for levar meus filhos para andar de bicicleta ou fazer algumas posturas de yoga enquanto estou com as crianças menores), inspiração e ritmo (eu leio constantemente e acordo cedo para escrever), cuidados práticos de beleza (lavo o rosto duas vezes por dia, hidrato e me recomponho antes de sair de casa, para me sentir mais forte no mundo) e pausas (quase toda semana eu contrato uma babá para sair uma noite e namorar meu marido, mesmo que seja apenas por duas horas)."

"Desde que escolhemos a autocompaixão em vez da culpa e definimos metas realistas, tenho encontrado uma maneira de fazer as coisas que preciso para ser forte o suficiente a fim de manter minha perseverança como mãe e escritora. O autocuidado tem me tornado uma mãe resiliente, e é assim que sou capaz de mostrar o amor e a paciência de que meus filhos necessitam para prosperar."

—*Alicia Assad, www.aliciaassad.com*

Ferramentas da Disciplina Positiva

Abordamos muitas estratégias neste capítulo para aumentar e nutrir nossa saúde física e mental, bem como nossos relacionamentos. Aqui estão algumas ferramentas mais comuns.

Felicidade

A felicidade é um trabalho interno. Se você espera que outra pessoa faça você feliz, está fadado ao fracasso. Às vezes a possibilidade de felicidade está bem na sua frente e você não a vê. Que passos você precisa dar para ser feliz (ou reconhecer sua felicidade interior)? Um dos nossos caminhos favoritos para a felicidade é praticar a gratidão.

Senso de humor

O melhor remédio não é somente o riso, mas o senso de humor pode criar mágica em um relacionamento quando as coisas ficam tensas. Não conseguimos enfatizar o suficiente a importância de rir e se divertir! Quando você estiver ficando sério demais, procure o humor na situação. Juntamente com seus filhos e parceiro, você pode criar sinais silenciosos que o lembrarão de relaxar. Apenas fique atento ao sarcasmo, que pode ser mal interpretado e prejudicial.

Compartilhar expectativas

Não espere que seu parceiro e seus filhos leiam sua mente. Compartilhe o que você quer e por que é importante para você. Planeje sua agenda semanal e tenha certeza de incluir estas três categorias: diversão individual, diversão de casal e diversão em família. Expresse reconhecimento quando conseguir o que deseja e perdoe quando não conseguir.

Prestar atenção

O amor cresce quando é nutrido. Isso vale para o amor-próprio e os relacionamentos. Torne prioridade prestar atenção às suas próprias necessidades e às necessidades dos outros. Pare o que estiver fazendo e realmente ouça. Experimente se maravilhar com tudo ao seu redor. Existe algo a que você não tem dado o devido valor (seu parceiro, seu trabalho, seus filhos, você mesmo)? Assuma o compromisso de prestar atenção e tentar atender às suas próprias necessidades, a fim de atender às necessidades dos outros.

EXERCÍCIO

Faça uma lista das coisas que você pode fazer para ajudar a aumentar seu nível de satisfação nas seções da Roda da vida que obtiverem o menor índice de satisfação. Comprometa-se a fazer pelo menos uma dessas coisas por semana. Não se esqueça de refletir sobre o processo.

14

SEUS SONHOS TÊM VALOR

Geetha trabalha em tempo integral em casa, administrando seu próprio negócio *on-line* de cartões e presentes. Quando trouxe seu novo bebê para casa, alimentou a falsa ideia de que seria capaz de trabalhar enquanto o bebê dormisse. Afinal, os recém-nascidos costumam dormir até dezoito horas por dia, certo? Nas primeiras semanas em casa, ela se viu muito atrasada com os compromissos profissionais. Não tinha ideia de para onde estava indo o tempo durante o dia. Quando chegava a hora de alimentar, trocar o bebê e completar algumas tarefas domésticas, já tinha que começar tudo de novo. Antes que ela percebesse, seu marido, Ravi, já tinha chegado do trabalho. O tempo todo sua caixa de entrada ficava lotada com encomendas não atendidas. Exausta e irritada, ela sentiu que as coisas não estavam indo do jeito que esperava.

Vivendo sua visão de vida

Aqui estão algumas verdades que vale a pena aceitar: primeiro, a gravidez não é algo que você possa simplesmente superar. É preciso uma quantidade enorme de energia e recursos para desenvolver e carregar um bebê, e essa energia precisa vir de algum lugar. Portanto, é importante dar uma olhada realista em seus compromissos, obrigações e relacionamentos e rever as mudanças que precisam ser feitas. Segundo, assim que o bebê chega, sua vida muda para sempre. Desse momento em diante, você é um pai ou uma mãe, com muitas responsabilidades, desafios, preocupações, alegrias e novas experiências. E você é novo nessa tarefa (pelo menos com o primeiro bebê). Algumas pessoas se sentem extremamente preparadas e adequadas ao trabalho, outras nem tanto. Quando perguntamos "Qual foi sua maior surpresa depois que seu bebê nasceu?", 46,5% dos pais disseram: "As 24 horas por dia de necessidades dele." Até este momento, você poderia estar muito concentrado em sua própria vida. De repente, você tem alguém que depende de você, exigindo enorme quantidade do seu tempo e energia. Para não perder de vista sua perspectiva de vida, uma atitude que pode ajudar os pais que trabalham é fazer um planejamento de carreira e de vida. Ter uma aparente ordem nas áreas da vida sobre as quais você possui maior controle pode ajudar imensamente quando você se sentir sobrecarregado pela nova situação.

Planejamento de carreira e vida

No final do Capítulo 4, pedimos que você escrevesse uma declaração sobre sua perspectiva pessoal. Agora é hora de revisá-la e começar a dividi-la em objetivos gerenciáveis. O objetivo do exercício é garantir que você esteja direcionando esforços para os lugares certos. Pergunte a si mesmo: "Como será minha vida daqui a dois anos? Em cinco anos a partir de agora? Daqui a dez anos?" A imagem provavelmente será mais clara em curto prazo e mais nublada quando você pensa em longo prazo. Isso é completamente normal. É difícil saber como estará sua vida daqui a dez anos em um mundo que muda tão rapidamente. Mesmo assim, vale a pena investigar. É verdade que você muitas vezes precisa fazer sacrifícios em curto prazo por objetivos de longo prazo. Isso não é um problema, a menos que você não saiba quais são seus objetivos em longo prazo. Se você não sabe, existe o risco de que suas escolhas sejam uma reação imediata ao que está bem à sua frente neste momento e estejam desalinhadas com o que é profundamente valioso para você. Você pode estar mais vulnerável a influências externas e ter dificuldade para ver seu próprio caminho.

Ao analisar seus objetivos, uma boa ideia é usar o conceito mente-corpo-espírito. Mente significa conquistas intelectuais e profissionais, aprendizado adicional e qualificações. Corpo denota objetivos de condicionamento, experiências físicas, como férias de aventura, e proezas pessoais, como maratonas. Espírito envolve objetivos de vida maiores, espirituais e religiosos, voluntariado e contribuição, e outras coisas desse tipo. Pense sobre onde você quer estar nessas três áreas. Se você quiser separá-las em metas ainda menores, pode revisitar as categorias da Roda da vida (agora incluindo Carreira e Finanças) ou dividi-las em objetivos pessoais e familiares. Seja como for, certifique-se de que seus objetivos não são conflitantes demais, ao mesmo tempo que aceita que, muitas vezes, alguns sacrifícios em curto prazo são necessários para alcançar objetivos de longo prazo.

Para os fins deste exemplo, usaremos as categorias mente-corpo-espírito. Digamos que sua visão pessoal seja algo assim: *eu vivo uma vida plena; desenvolvo e uso meus dons e talentos; e sou apreciado e lembrado pela minha família, amigos e colegas como uma pessoa amorosa, participante e honesta.* É uma boa ideia escrever sua visão pessoal e objetivos no tempo presente. Subconscientemente, isso aumenta seu sentimento de apropriação e pode até fazer com que as frases se tornem mantras à medida que você adquirir o hábito de revisar sua visão pessoal e seus objetivos com regularidade. Aqui está um ponto de partida de como pode ocorrer a divisão:

	Plano de 2 anos	Plano de 5 anos	Plano de 10 anos
Mente	Eu sou promovido para o próximo nível em meu trabalho	Eu faço meu mestrado	Eu recebo pelo menos mais uma promoção no trabalho
Corpo	Recuperei a forma depois de ter o bebê	Eu experimento pelo menos uma aventura da minha lista de desejos	Eu mantenho minha saúde e boa forma; experimento pelo menos mais uma aventura da minha lista de desejos
Espírito	Eu medito diariamente; uma vez por mês, sou voluntário na instituição de caridade que escolhi	Estou fazendo pelo menos um retiro de uma semana; estou ensinando meus filhos a meditar	Faço retiros uma vez por ano; contribuo regularmente com a instituição de caridade que escolhi

Obviamente, sua lista seria muito mais detalhada do que essa do exemplo.

Jane compartilha que, quando era jovem, recebeu um conselho que mudou drasticamente sua vida. Uma pessoa sábia disse a ela para considerar a ideia de fazer apenas uma aula da faculdade por semestre e mostrou-lhe que, quando seus filhos crescessem, ela provavelmente teria um diploma. Jane seguiu esse conselho. Ela levou onze anos e cinco filhos para conseguir seu bacharelado em desenvolvimento infantil e relações familiares. Seu sexto filho nasceu no meio dos três anos que levou para terminar seu mestrado, e ela começou o programa de doutorado quando o sétimo filho tinha 10 meses. Obviamente, ela teve muita ajuda, com um marido muito solidário e uma babá que morava em sua casa.

Como não surtar

Para algumas pessoas, há muito medo e ansiedade em torno do planejamento de vida. Pode parecer insuperável tentar alcançar tudo isso, ou até mesmo que outras pessoas consigam alcançar tudo enquanto você não. Comparar-se com os outros é inútil, já que você nunca sabe o que acontece na vida das outras pessoas. Na verdade, não há garantia alguma de que alguma coisa dará resultado para qualquer um de nós. No entanto, se você reservar algum tempo e esforço para planejar o sucesso, aumentará suas chances de chegar lá. Esperamos que você também aproveite mais a jornada por estar desperto; a vida não passará por você. Em vez disso, você está presente para lamentar as dores e comemorar as vitórias. Estar presente em cada momento enquanto ele acontece faz parte da prática da atenção plena. Isso é extremamente benéfico para a saúde mental e física. A atenção cuidadosa aos seus objetivos também facilita a realização de ajustes à medida que você avança para garantir que continue no rumo certo.

Se você está se sentindo dominado pelo medo, pode ser útil lembrar que o medo é uma emoção – só isso! As emoções vêm e vão. Apenas se permita sentir, respire e saiba que isso passará. Então, quando estiver pronto, tome uma atitude que faça você se sentir bem. Agir é uma ótima maneira de diminuir o medo. Exercite-se, ligue para um amigo ou leia um bom livro. (Uma das autoras gosta de organizar – por alguma razão, ver a ordem ao seu redor a faz se sentir mais calma!) Um pouco de medo e ansiedade é absolutamente normal ao longo da vida, principalmente em momentos de grandes mudanças, como na gravidez. Na realidade, o medo pode ser benéfico, impulsionando você para a frente e ajudando a evitar a estagnação. Mas, se você tiver uma ansiedade recorrente e irracional que não desaparece durante a gravidez ou após a chegada do bebê, é essencial que consulte seu médico.

Mudar é sempre difícil e um tanto doloroso. É, no entanto, inevitável e um ingrediente essencial para seu crescimento e consequente bem-estar como ser humano. É uma boa ideia aceitar essa realidade. Deixe seu planejamento guiá-lo e providencie algumas placas de sinalização para quando o nevoeiro piorar.

Outro aspecto importante de se tornar pai ou mãe é a inevitável mudança em seus relacionamentos. Você e seu parceiro passarão por alguns momentos intensos juntos, e a dinâmica do seu relacionamento pode mudar. A beleza da Disciplina Positiva é que as ferramentas funcionam para todas as pessoas de todas as idades. E as amizades? Se você tem filhos e seu amigo íntimo não, isso pode ser um desafio para vocês dois. Pode ajudar lembrar que, com o tempo, seus amigos também se acostumarão a mudanças nas prioridades e programas e essas questões serão menos problemáticas.

Sem dúvida, haverá mudanças em sua vida profissional também, pelo menos em curto prazo. Muitas mulheres se preocupam com isso, e com razão, já que muitos locais de trabalho ainda não possuem uma política adequada para quem é pai ou mãe. Nas seções seguintes, examinaremos diversas estratégias para gerenciar essa mudança da maneira mais suave possível, partindo de como fortalecer sua reputação profissional.

Construir uma reputação profissional sólida

Seja qual for a profissão que você exerça, o sucesso na carreira depende muito da sua reputação profissional. Muitas pessoas não têm consciência disso. Elas continuam o trabalho, fazem o melhor que podem para atender às expectativas, talvez até excedê-las, e então esperam por uma promoção. No entanto, a triste realidade é que muitas mulheres experimentam uma desaceleração indesejada em suas carreiras ao terem filhos. Portanto, pode valer a pena investir algum tempo e esforço para consolidar sua reputação profissional.

Existem três áreas para você se concentrar: você mesmo, pessoas próximas e sua rede mais ampla. Vamos dar uma olhada nessas áreas a fim de descobrir como isso pode ajudar você. Ao passar por essas seções, compreenda-as como dicas e ideias, não como coisas que você tem obrigação de fazer. Escolha as sugestões que combinem com você e não tente realizar todas elas. Lembre-se de que você provavelmente já está fazendo muitas dessas coisas e que a perfeição *nunca* é necessária (e não existe). O aspecto mais importante que o ajudará com uma boa reputação profissional é gostar do que você faz e deixar isso transparecer. Como em todo trabalho pessoal, também tem a ver com sincronização. Por exemplo, se você acabou de ter seu primeiro bebê e está se sentindo sobrecarregada, não aumente o estresse preocupando-se com sua reputação profissional. Concentre-se em aproveitar a fase que está vivendo e volte a esta seção quando tiver mais tempo e espaço mental para pensar novamente em seus objetivos profissionais.

Invista em si mesmo

Pense em ser uma pessoa amigável. Isso pode parecer ilusoriamente simples, mas a verdade é que as pessoas querem trabalhar com colegas de quem gostam e em quem confiam. É mais provável que você seja escolhida para participar de projetos interessantes e seja promovida se seus superiores e clientes gostarem de ter você por perto. Eles sentirão mais sua falta e você será mais bem-vinda ao voltar da licença-maternidade/paternidade. Seja generosa com seu tempo e energia, demonstre integridade, honestidade, confiabilidade e seja um exemplo no trabalho assim como em casa.

Seja você mesma. Foque seus pontos fortes e veja como pode usá-los mais a seu favor. Verifique suas fraquezas para que elas não criem pontos cegos e sabotem seus esforços. Todos temos qualidades boas e desafiadoras. Também sabemos que podemos trabalhar em nós mesmos e que, com disciplina e esforço, podemos dar nosso melhor. Tudo isso é bastante positivo, mas você nunca deve tentar mudar completamente quem você é. A autenticidade é essencial para nos sentirmos mentalmente saudáveis e alinhados com quem somos, assim como para conquistar confiança no ambiente de trabalho. Muitas pessoas acham revigorante e reconfortante passar um tempo com alguém muito semelhante a elas mesmas.

Lembre-se de sorrir frequentemente. Você se recorda dos neurônios-espelho do cérebro que fazem as crianças aprenderem? Bem, nós também os temos na idade adulta. Quando sorrimos, o mundo sorri, certo? Sorrisos e risadas liberam endorfinas. Você não precisa ser o melhor amigo de todo mundo, mas é uma ótima maneira de espalhar positividade. Também funciona no sentido inverso. Ao fazer um esforço consciente para sorrir e ser amigável, você libera endorfinas em seu próprio corpo, o que ajudará a aliviar a fadiga e o estresse.

Invista nos outros

Trabalhe na construção de confiança. Invista em tempo de qualidade com todas as partes interessadas – colegas, diretoria e clientes. Uma das melhores maneiras de estabelecer confiança é compartilhar experiências pessoais e oferecer ajuda quando necessário. Faça perguntas curiosas e realmente conheça as pessoas que trabalham com você. Envolva-se por meio de escuta ativa, fazendo perguntas abertas e ouvindo atentamente a resposta sem se distrair ou pensar no que você dirá a seguir.

Não tenha medo de mostrar sua paixão. Seja claro sobre o que há em seu trabalho que envolve você e comunique isso aos colegas. Com isso, você pode, ao mesmo tempo, ajudar alguém que está tendo dificuldade para encontrar significado e paixão em seu próprio trabalho. Verifique seu ego. Como encontramos o equilíbrio entre compartilhar nossos sucessos e parecer arrogante? Ninguém gosta de uma pessoa arrogante e prepotente. Uma ótima maneira de descobrir esse equilíbrio é chamar a atenção para os esforços da equipe. Sempre destaque os sucessos de outras pessoas. Então você também pode mencionar sua própria contribuição sem parecer egocêntrico. Mesmo que trabalhe para si mesmo, sem dúvida você tem colaboradores que contribuem para o sucesso do seu empreendimento. Certifique-se de mostrar seu agradecimento e apreço.

Invista em sua rede mais ampla

Uma ótima maneira de mostrar comprometimento com seu ambiente de trabalho é encontrar formas de retribuir. Dedicar tempo e esforço para desenvolver outras pessoas vem no topo da lista, então se envolva em treinamento e desenvolvimento. Essa é também uma área em que suas habilidades parentais podem realmente vir à tona, já que você está constantemente orientando seu filho em casa.

Dependendo da sua área, existem muitas maneiras diferentes estabelecer uma rede. Se você faz parte de uma grande organização, estabelecer uma rede interna pode ser muito útil. Procure programas internos de orientação e clubes de que você possa participar. Leia boletins internos e entre em contato com os colegas que se destacam. Muitas pessoas terão prazer em compartilhar seus êxitos, e você estará fazendo boas conexões no processo. Não tenha medo de pedir conselhos e orientações. Também há conferências, órgãos profissionais e feiras, todos ótimos lugares para fazer conexões. Depois de fazer contatos, siga em frente. Convide-os para um café ou almoço e esteja preparado com alguns assuntos interessantes para discutir, inclusive como você pode potencialmente ajudá-los. Eles podem se sentir mais inclinados a se encontrar com você se acharem que o benefício é mútuo.

Uma excelente maneira de se estabelecer em sua área é palestrar em eventos. Muitas pessoas têm achado muito útil juntar-se ao Toastmasters para melhorar sua habilidade de comunicação. A Toastmasters International (www.toastmasters.org) é líder mundial em comunicação e desenvolvimento de liderança, com mais de 352.000 membros.

Se falar em público não é para você, talvez seja o caso de publicar artigos em uma revista comercial. Também pode ser útil fazer um curso de redação em uma faculdade local. Talvez sua empresa tenha prêmios pelos quais você ou sua equipe possam concorrer. Atualmente, a maioria das organizações está envolvida em algum tipo de responsabilidade corporativa ou trabalho voluntário. Essa pode ser outra área excelente e muito gratificante para você se estabelecer. Você também pode fazer um favor ao seu chefe, já que ele sabe que isso precisa ser feito, mas pode não ter tempo ou aptidão para se envolver pessoalmente.

TODAS ESSAS ATIVIDADES preencherão a cota de boa vontade de que você poderá precisar quando estiver começando ou ampliando sua família. Também lhe trará paz de espírito por você estar gerenciando bem sua vida profissional e permitirá que você tire o pé do acelerador por um tempo sem muita ansiedade. Com uma forte reputação profissional estabelecida, também há muito que pode ser feito para gerenciar, de forma suave, a transição entre sair e voltar ao trabalho após o afastamento pela licença-maternidade/paternidade.

Gerenciando a licença-maternidade/paternidade

Quando se trata de salvaguardar seus sonhos profissionais, há muito que você pode fazer em relação à licença-maternidade/paternidade para garantir que a transição aconteça de forma suave, com impacto mínimo em sua posição profissional. Se você trabalha por conta própria, é muito importante que se planeje para isso. Talvez ainda mais, como Geetha em nossa história de abertura descobriu. Ela confia no fato de estar à frente das ideias de seus clientes no que se refere aos negócios e não gostaria que eles pensassem que ela agora está deixando o trabalho para trás. Colocar o seu ambiente profissional em ordem o ajudará a aproveitar o tempo livre com seu bebê e filhos mais velhos. Também aliviará a culpa e o medo de precisar desistir dos objetivos profissionais e sonhos.

Isso ajudará você a manter o foco no momento presente e a apreciar sua família em casa e seu trabalho no local de trabalho.

Antes de entrar de licença

Antes de tudo, você pode fazer um planejamento financeiro com o seu parceiro para determinar quanto cada um de vocês trabalhará agora que o bebê chegou. Isso também pode afetar o tempo que a licença-maternidade deve durar. Para muitas, isso não é uma escolha e sim algo direcionado pela política do local de trabalho. Outras podem ter alguma flexibilidade, e isso pode decorrer das habilidades de negociação (consultar as p. 234-235 para obter dicas sobre como desenvolver suas habilidades de negociação).

Se você está empregada, verifique a política do seu local de trabalho em relação a licença-maternidade, horário flexível e tempo parcial. Você pode se sentir confiante agora de que retornará para o período integral, mas a situação pode mudar e é bom estar informada sobre todas as suas opções. Se você trabalha em casa, comece a pesquisar e planejar como poderá continuar produtiva quando o bebê chegar. Se tiver espaço suficiente, pode continuar trabalhando com o bebê e um cuidador em casa. No entanto, a maioria das novas mães, ao retornar da licença, tem dificuldade para se concentrar quando estão no mesmo ambiente que seu bebê, então é uma boa ideia começar a procurar espaços colaborativos de trabalho em sua área, como centros de profissionais autônomos (alguns até têm creche), bibliotecas e cafés. E não tenha medo de reservar um tempo para ser uma mãe de primeira viagem e se vincular ao seu filho, o que será mais fácil se você tiver planejado com antecedência.

Quando chegar o momento certo (para a maioria das mulheres, no segundo trimestre) e você estiver confortável para conversar sobre sua gravidez, faça isso. É importante aliviar quaisquer medos que seu chefe, colegas ou clientes possam ter sobre como gerenciar sua carga de trabalho quando você se afastar, assim como quanto ao seu compromisso em retornar à vida profissional. Esclareça tanto aos colegas como ao seu chefe quais são as expectativas deles em manter contato enquanto você estiver fora. Algumas empresas pagam pela licença-maternidade e podem não parecer favoráveis a você estar totalmente indisponível. Defina um aliado no trabalho que possa ser sua fonte principal de informações enquanto você estiver ausente. Entre em contato com outros pais novatos no seu local de trabalho e participe de quaisquer redes ou clubes de pais que sua empresa possa oferecer. Se você tiver contato direto com seus clientes, esclareça o nível de envolvimento que terá com eles enquanto estiver de licença, bem como quem a substituirá quando estiver ausente. Isso é indispensável se você estiver administrando seu próprio negócio, em que os clientes podem estar acostumados a lidar apenas com você. Qualquer que seja a sua situação, uma boa dica é não esperar favores ou serviços especiais só porque você está grávida. É provável que você não desperte muita simpatia de colegas e superiores, muitos dos quais podem não ser pais.

Há muito que você pode fazer para se manter conectada ao seu mercado. Identifique as fontes que a ajudarão a acompanhar os principais acontecimentos e planeje como se manter conectada (p. ex., faça uma assinatura pessoal de uma revista comercial ou se inscreva em boletins informativos com seu *e-mail* pessoal). Identifique as principais personalidades e eventos da sua área, conecte-se com elas, participe de alguns eventos extras e veja o que estará em destaque enquanto você está fora. Isso significa que, quando voltar, você poderá se atualizar rapidamente e não se sentir excluída. Procure inspiração dentro ou fora do seu mercado. Eles podem orientá-la? Ou até mesmo oferecer alguns conselhos? As pessoas geralmente ficam felizes em compartilhar o segredo do seu sucesso quando sinceramente questionadas a respeito.

Por fim, pergunte a si mesma se o tempo fora é uma oportunidade para repensar suas escolhas de carreira. Se uma mudança de função ou emprego é algo que você sempre desejou, essa pode ser uma boa oportunidade para começar a pesquisar, para que você esteja à frente do jogo quando voltar da licença-maternidade. Algumas mulheres também podem decidir permanecer exercendo a maternidade em casa por um tempo, se as finanças permitirem.

Enquanto estiver ausente

Em nossa pesquisa com pais que trabalham, 41% disseram manter contato com seu trabalho, algumas vezes, durante a licença-maternidade/paternidade. Outros 18% disseram manter contato semanalmente ou algumas vezes por semana. Muitos pais novatos, tanto mães como pais, consideram a licença divina – um tempo de pausa na rotina e de foco em algo único e mágico em suas vidas. Para eles é uma oportunidade de se desconectar completamente da carreira. Outros querem manter um pé na vida profissional para garantir que não sejam esquecidos rapidamente e não se sintam deixados para trás. Mais uma vez, não há caminhos **certos** ou **errados**; você tem que decidir o que é melhor para você, considerando as peculiaridades de sua situação familiar e profissional. Se você administra seu próprio negócio, permanecer conectado é muitas vezes uma necessidade.

A chave é honrar qualquer acordo que você tenha feito com seu gerente ou clientes antes de sair. Consulte regularmente seu aliado no trabalho para se atualizar sobre mudanças e políticas. Mantenha contato com a rede de pais e a comunidade profissional mais ampla. Possivelmente, alguns colegas que também estão de licença moram nas proximidades. Mesmo que você não esteja no trabalho diariamente, ainda pode conseguir tomar um café com alguém do seu setor ou com um mentor. Continue a se informar sobre os eventos atuais da sua área; se você está se sentindo particularmente produtivo e tem um bebê que dorme bem (sorte sua!), pode identificar uma área de interesse específica e fazer alguma pesquisa extra. Dessa forma, você voltará a trabalhar cheio de ideias e iniciativas.

De volta ao trabalho

Muito bem, agora você está de volta ao trabalho e a realidade de ser um pai ou mãe que trabalha chegou. O cuidado com seu filho foi organizado, e o que você precisa agora é de algumas habilidades de sobrevivência no trabalho.

Primeiro de tudo, se você negociou um período parcial de trabalho, certifique-se de que isso esteja claramente comunicado a todos os envolvidos e gerencie seu tempo com eficiência. Estabeleça limites para que colegas e gerentes tenham certeza se podem entrar em contato nos dias em que você não estiver trabalhando e de que forma podem fazê-lo. Certifique-se de cumprir sua parte no acordo também. Não fique ligando para a empresa nos dias em que não está trabalhando. É confuso para os colegas e aumenta seu estresse. Isso pode ser mais difícil se você trabalha por conta própria e precisa estar disponível quando seu cliente necessita para não perder seus negócios. Nesse caso, tenha um plano de contingência, como um colaborador que possa se apresentar quando necessário. Depois, garanta que você tenha um tempo extra para descansar, caso tenha precisado trabalhar inesperadamente até tarde. Procure ter à mão algumas soluções de emergência sobre os cuidados com seu filho, para casos de prazos de última hora.

Tempo e energia são preciosos quando você é um pai ou mãe novato, então pense bem em quais projetos você pode se envolver e ajuste suas expectativas de acordo com eles. Fazer seu negócio crescer pode não ser viável enquanto seu bebê é pequeno; se for esse o caso, concentre-se em oferecer um serviço de alta qualidade aos clientes que já tem. Certifique-se de dar valor ao que você consegue fazer. Seja orgulhoso e sincero sobre suas realizações.

Para sua própria sanidade e para a sanidade dos outros à sua volta, comunique como está se sentindo se estiver sofrendo de fadiga ou ansiedade de separação. É importante que os colegas (e sua própria família) entendam que sua irritabilidade não é culpa deles. Isso os tornará mais solidários quando você não concordar com reuniões tardias (se puder evitá-las) ou com muitos almoços sociais (você pode precisar descansar durante o almoço).

Por enquanto, aceite o padrão bom como suficiente. Não vai durar para sempre. De tempos em tempos, lembre-se de que trabalho é apenas trabalho, não é vida ou morte (a menos que, é claro, você trabalhe com medicina de emergência ou em outra profissão que salve ou proteja vidas). Acalme-se e pense em longo prazo! Mude sua rotina. Perceba que o que você passou mudou a sua vida e que você pode precisar se recarregar mais do que está acostumada. Não exagere nem queira voltar à produtividade máxima de imediato. Faça lanches regularmente com comidas saudáveis e se mantenha hidratado para evitar a fadiga. Talvez você esteja cansado demais para fazer a sua esteira habitual na academia na hora do almoço, mas talvez eles ofereçam aulas de yoga em vez disso. Por fim, mantenha o foco enquanto trabalha, mas não leve seu trabalho para casa.

DICAS PRINCIPAIS SOBRE NEGOCIAÇÃO

Quarenta e sete por cento dos pais entrevistados solicitaram trabalho flexível de tempo parcial após a licença-maternidade/paternidade.

Qualquer pai ou mãe que trabalha se esforçará para dominar a arte da negociação, pois é provável que você precise dessas habilidades de agora em diante - com seu chefe, clientes, prestador de cuidados infantis, escolas, parceiros e, claro, seus filhos. Os princípios fundamentais são os mesmos, independentemente da pessoa com quem você estiver negociando. No exemplo a seguir, vamos analisar suas negociações profissionais.

Antes de falar com seu chefe, prepare-se. Verifique a política da empresa sobre sua área de preocupação (digamos, horário flexível) e fale com outros colegas na mesma situação. Então tenha uma proposta pronta por escrito. Isso o fará parecer profissional e pode minimizar os receios do seu chefe sobre como suas sugestões funcionarão na prática. Você pode detalhar como e quando manterá contato e cumprirá seus compromissos. Conheça seus números. Antecipe o que a contraparte vai querer, então desenvolva alguma margem em seus cálculos a fim de que você tenha espaço para negociar. Seja realista, mas não se menospreze!

Quando estiver com a pessoa, deixe-a falar primeiro – uma estratégia vencedora bem conhecida em todas as negociações. Mostre confiança: olhe a pessoa nos olhos, sorria e não tenha pressa. Lembre-se, você raramente precisa tomar uma decisão imediata. Se não tiver certeza, peça para se reunirem novamente em outro momento, a fim de ter a chance de refletir bem sobre o assunto. Seja gentil e firme: mantenha sua posição enquanto demonstra consideração pelas preocupações do seu chefe. Isso mostra respeito e integridade por si mesmo e por ele. Fazer perguntas abertas e escutar ativamente as respostas da outra pessoa ajudará você a encontrar uma solução mutuamente favorável.

Foque o ganho para seu empregador. Talvez o horário flexível e o trabalho em casa um dia por semana se encaixe bem na nova política de flexibilização do trabalho da empresa. Trata-se de encontrar soluções em que todos saiam ganhando. Em seguida, proponha um período de teste. Defina um limite de tempo, após o qual você e seu chefe irão reavaliar o acordo; se achar que há uma oportunidade de rever a decisão, ele pode se mostrar mais inclinado a atender sua solicitação. Finalmente, tenha um plano B preparado. Não conseguiu o horário flexível? O que pode lhe trazer o mesmo benefício? Metade do dia às terças e quintas-feiras? Sexta-feira de folga? Pense de forma criativa sobre o que pode funcionar.

DISCIPLINA POSITIVA EM AÇÃO

Uma das autoras, Joy, passou muitos anos tentando engravidar – o que, por si só, parecia um emprego de tempo integral para ela e seu marido, Max! Ela ficou em êxtase quando, após várias tentativas fracassadas, o tratamento de fertilização *in vitro* finalmente funcionou. Dois anos antes, Joy já havia começado a reavaliar seus compromissos, objetivos e relacionamentos. Ela havia solicitado estar em horário parcial na escola onde trabalhava, para permitir que se concentrasse em dois objetivos importantes da vida: iniciar seu próprio negócio de consultoria e se preparar para ter uma família. Isso incluía adotar um cachorro e passar mais tempo em contato com a natureza para um estilo de vida mais equilibrado. Felizmente, seu chefe a valorizava e concordou em fazer uma experiência de um ano. Isso ajudou Joy a comparecer à reunião preparada com uma solução ganha-ganha, incluindo uma colega de meio período que queria passar para o tempo integral a fim de assumir algumas das responsabilidades de Joy. Esse novo acordo foi fundamental para dar a Joy a flexibilidade e o equilíbrio de que ela precisava para realizar seu sonho de ser mãe e empreendedora.

A tão esperada gravidez de Joy não foi fácil, então ela teve que reavaliar seus compromissos e obrigações em relação ao trabalho e aos relacionamentos. Ela e o marido sabiam que teriam que fazer certos sacrifícios financeiros, mas concordavam que valia a pena ter tempo para criar laços com o bebê. Eles decidiram que ela ficaria afastada de seu emprego de meio período por um ano inteiro, e quatro meses de seu negócio de consultoria. Como grande parte de seu trabalho de consultoria incluía viagens, ela retornaria lentamente. Eles decidiram que as viagens de trabalho poderiam se transformar em miniférias em família, assim Max e o bebê poderiam estar junto dela. Além disso, eles começaram a procurar outras opções de cuidados infantis para as ocasiões em que Joy tivesse que viajar sozinha. Esse tipo de pensamento criativo e a boa vontade para considerar soluções alternativas levaram Joy e Max a encontrar equilíbrio em seus novos papéis como pais que trabalham.

Pode parecer bom demais para ser verdade. No entanto, é importante notar que Joy estava preparada para assumir o risco e deixar seu emprego completamente se o chefe não concordasse em permitir que ela mudasse para o horário parcial e/ou tirasse um ano inteiro de licença-maternidade. Ela teve que decidir o que estava disposta a fazer, e estava preparada para seguir o que foi acordado consigo mesma e sua família.

"Prever e planejar como eu queria que minha vida fosse de dois a cinco anos à frente e ter a confiança necessária para assumir o risco foram a chave para tornar tudo isso realidade. Foi importante para mim focar as coisas sobre as quais eu tinha controle (minha carreira) e deixar de lado aquelas em que eu não tinha (engravidar e depois administrar uma gravidez difícil). Algumas das habilidades que tive que implementar em muitas ocasiões foram comunicação eficaz com meu marido e com meu chefe, criatividade, resolução de problemas, foco em soluções e flexibilidade, além de aprender a pedir ajuda, o que foi difícil para mim."

Ferramentas da Disciplina Positiva

Muitas ferramentas da Disciplina Positiva podem nos ajudar a alcançar maior equilíbrio e ajudar no nosso planejamento de vida. No entanto, aqui estão algumas que podem ser particularmente úteis em tempos de mudança.

Decida o que você vai fazer

Essa ferramenta parece ilusoriamente simples: "Claro que sou o meu próprio mestre, então vou decidir o que vou fazer!" No entanto, sobretudo quando estamos emocionalmente envolvidos, pode ser muito difícil não vacilar em nossas convicções quando as circunstâncias mudam de forma drástica. Infelizmente, um comportamento inconsistente não inspira confiança e comunica aos outros que podemos ser influenciados ou mesmo manipulados. A consistência é fundamental em todas as áreas, seja com familiares ou colegas no desempenho. Tente identificar antecipadamente possíveis situações que provocam essa reação – no local de trabalho, por exemplo, pode ser pontualidade, precisão no desempenho ou expectativas –, depois comunique claramente quais são suas expectativas e o que você está preparado para fazer. Por exemplo, "Começaremos a reunião às dez horas em ponto, e, se você não puder chegar lá nesse horário, avise a alguém da equipe mais tarde". Certifique-se de que está se comunicando com gentileza e firmeza, nunca de forma sarcástica ou repreendendo. Sempre finalize o que você disse e/ou concordou.

Ouça

As pessoas vão ouvi-lo *depois* que se sentirem ouvidas. Quantas vezes você as interrompe com atitudes defensivas, explicações ou conselhos? Ouça como se o que a outra pessoa está dizendo fosse a respeito dela, não sobre você. Faça perguntas que estimulem mais informações: "Você pode me dar um exemplo?" Você ou a outra pessoa podem encontrar uma solução simplesmente porque foram ouvidas. Esse é um ingrediente essencial para garantir que você e os demais cumpram os acordos. Também pode ajudá-lo a encontrar suas próprias respostas se você não tiver certeza do que deseja. Você ganha tempo ao ouvir a outra pessoa em silêncio, o que pode ajudá-lo a obter clareza sobre sua própria situação.

Foco em soluções

Aceite que a criação de filhos traz mudanças e esteja aberto a trabalhar com as pessoas a sua volta para encontrar soluções criativas. Com seu chefe, seja claro sobre o que você quer, esteja preparado para o que ele possa desejar e use um estilo gentil e firme para negociar soluções em que todos saiam ganhando.

Parceria

As parcerias de sucesso são baseadas em igualdade, dignidade e respeito. Isso vale para todas as parcerias, incluindo pais e filhos. Você está preso em papéis de gênero desatualizados que estão criando conflito e/ou ressentimento? Seja em casa ou no trabalho, é importante debater soluções para compartilhar responsabilidades de uma maneira que seja respeitosa com todos. Reveja suas parcerias importantes e trabalhe para garantir que elas sigam esses princípios básicos.

Seus sonhos têm valor

EXERCÍCIO

Transforme sua declaração de visão pessoal em um plano de vida.

Esclareça suas metas usando o modelo de crescimento e defina objetivos inteligentes para a vida e o trabalho.

Para este exercício, vamos pegar emprestados os conceitos estabelecidos do mundo do *coaching*: o modelo GROW e a definição de objetivos SMART.

Modelo GROW

O modelo GROW é uma maneira fácil e elegante de obter clareza sobre quais são nossos objetivos. G = Objetivo (*Goal*); R = Realidade (*Reality*); O = Opções (*Options*); W = Caminho (*Way*) a seguir.

1. Consulte seu plano de metas (p. 225). Selecione uma meta de cada vez e faça a si mesmo perguntas seguindo o modelo. Vamos usar o exemplo de meta profissional em 2 anos: "Sou promovido ao próximo nível na minha área."

Objetivo	Realidade	Opções	Caminho a seguir
Eu sou promovido para o próximo nível na minha área	Pergunte a si mesmo honestamente se isso é realista – você é o próximo na fila para essa promoção? Você tem as qualificações necessárias? Você tem tempo e energia suficientes para se dedicar a esse objetivo?	Pergunte a si mesmo se existem algumas outras opções que podem satisfazer o seu desejo original (ganhar reconhecimento profissional). Talvez um passo para o lado? Mudar de função ou profissão?	Se tiver certeza, após ter revisado sua realidade e opções, de que seu objetivo é, de fato, realizável, você agora precisa mapear como vai chegar lá. É aqui que apresentamos os objetivos SMART

2. Se, durante o processo, você perceber que precisa modificar seu objetivo original, redefina-o e siga as etapas novamente. Repita quantas vezes quiser até sentir que tem um objetivo realmente alcançável.

Objetivos SMART

Garantir que seus objetivos sejam SMART aumenta suas chances de alcançá-los. Na sigla SMART, S = Simples (*simple*); M = Mensurável (*measurable*); A = Alcançável (*achievable*); R = Realista (*realistic*); T = Tempo específico (*time specific*).

1. Agora é hora de aplicar a definição de objetivo SMART para avançar no exercício anterior. Ele responde efetivamente à pergunta "Como vou fazer isso?"

Objetivo: sou promovido para o próximo nível na minha área				
Simples	Mensurável	Alcançável	Realista	Tempo específico
Especifique todas as ações que você precisa executar para conseguir isso, tais como fazer um curso interno de qualificação. Repita as etapas a seguir para todas as ações que você identificar.	Aqui você se pergunta quais parâmetros equivalem a sucesso. Em nosso exemplo: "Quando tiver o diploma de qualificação do curso interno em mãos."	É importante identificar quaisquer obstáculos ou imprevistos que possam surgir. Em nosso exemplo: "O curso interno é muito competitivo. Eu tenho o perfil adequado? Preciso pesquisar o processo de inscrição."	Tempo para analisar: Quão realista é isso em relação ao tempo, energia e recursos disponíveis para você? Algum dos obstáculos é intransponível? Você precisa repensar?	Seja específico e faça uma linha do tempo de quando seus padrões de referência precisam ser atingidos. Em nosso exemplo: "Solicitação de inscrição no curso interno de qualificação em setembro; obter recomendações até outubro; o processo de promoção começa em janeiro."

2. Volte a seus outros objetivos e repita o modelo GROW e o exercício de definição de objetivos SMART.

Pode parecer um processo trabalhoso, e levará algum tempo para fazer o plano inicial. A chave não é preencher cada lacuna perfeitamente, mas sim passar pelo processo de investigação para ver quais ações é preciso adotar, e quando, a fim de garantir que você atinja seus objetivos de vida. Sem dúvida, a vida acontecerá nesse meio-tempo, e você precisará revisar e adaptar sua linha do tempo e os objetivos muitas vezes, especialmente para seus objetivos em longo prazo. Tudo bem – a perfeição não é necessária nem é a finalidade do exercício.

Parte 5

PANORAMA GERAL

15

A VIDA DE CASAL NÃO ACABA COM A CHEGADA DO BEBÊ

Simon e Sarah nos contam como as pressões decorrentes do trabalho e dos filhos chegaram ao limite e levaram a um colapso no relacionamento. Simon se lembra de uma conversa específica: "Não quero *trabalhar* em nosso relacionamento! Eu já tenho que *trabalhar* demais no meu emprego!" Simon se lembra de sentir-se cansado. Sarah havia sugerido mais uma vez que eles deveriam fazer um curso de casais para "se aproximar". Certamente os relacionamentos eram bons ou ruins – eles funcionavam ou não. Não era o bastante que ele trabalhasse sessenta horas por semana e ainda encontrasse tempo para levar as crianças ao tênis e ao teatro aos sábados? Sarah, por outro lado, sentia-se desanimada: "Por que você não consegue ver que parte do problema é exatamente isso – você parece não perceber que, com tão pouco tempo para nós, precisamos de ajuda para reacender a chama?"

Criar um relacionamento saudável e duradouro

Para criar bem-estar duradouro na vida, a chave é ver e aplicar ferramentas e atitudes semelhantes em todos os relacionamentos e situações. A mágica da Disciplina Positiva é que ela é aplicável a todas as relações humanas. Os princípios que discutiremos neste capítulo se aplicam não apenas aos nossos parceiros, mas também a todos os nossos relacionamentos próximos. Nossa perspectiva para este capítulo se volta para parceiros que moram e criam os filhos juntos. Se sua vida parece diferente, veja se alguma coisa aqui ressoa em você e pode ajudá-lo a dar sentido aos relacionamentos passados, e talvez prepará-lo para o seu próximo. Ao longo deste capítulo, encorajamos você a refletir também sobre como esses comportamentos se refletem em sua vida profissional.

Construa bases sólidas

A maioria dos relacionamentos começa com a crença de que "ele ou ela realmente me ama e admira". Essas crenças atendem à maior necessidade dos seres humanos de aceitação/pertencimento (sentir-se conectado e capaz) e leva a comportamentos amorosos e respeitosos, como carinho, gestos românticos, datas especiais, diversão e recreação regulares, muitos elogios e sexo frequente. Em outras palavras, um relacionamento muito próximo, conectado e amoroso. Geralmente chamamos de período de lua de mel. Depois que já estamos há mais tempo no relacionamento, a maioria de nós reconhece que a dinâmica muda. O essencial é construir bases sólidas, para que o relacionamento se solidifique em algo amoroso e duradouro, não em algo insatisfatório. Isso requer que você esteja ciente das necessidades fundamentais que guiam todo comportamento humano – a necessidade de aceitação e a necessidade de ser importante –, bem como que você aprenda maneiras produtivas de lidar com as mudanças.

Os terapeutas de família frequentemente perguntam aos casais infelizes com os quais trabalham: "Vocês costumavam se divertir juntos e aproveitar a companhia um do outro?" A resposta a seguir é típica: "Bem, nós fazíamos isso, mas foi antes de termos filhos e outras responsabilidades. Esses dias acabaram. Não somos mais crianças." Essa é uma crença trágica, tanto para os adultos, que renunciaram ao aproveitamento da vida como uma ocupação digna, como para os filhos, que aprendem pelo exemplo dos pais que o compromisso com a parentalidade também exige um voto de escassez no que se refere a diversão e autocuidado.

Não é fácil ser um bom pai ou mãe e dar um exemplo de comportamento positivo se você estiver infeliz em seu relacionamento. Brigas entre o casal aumentam comportamentos inadequados em crianças. Crianças zangadas e desafiadoras geralmente refletem os comportamentos que observam no relacionamento de seus pais. Mesmo quando você tenta esconder a raiva ou insatisfação, as crianças podem senti-las em sua energia. Crianças em lares com parceiros infelizes e cheios de tensão intensificarão seus maus comportamentos em uma tentativa subconsciente de aproximar os pais ou, em casos mais desesperados, de separá-los.

Dolorosamente, as crianças podem carregar muita culpa mais tarde se acreditarem que criaram uma separação por causa de seu mau comportamento. Pelo bem de seus filhos e do seu bem-estar pessoal, criar um relacionamento feliz é claramente um esforço que vale a pena. Pergunte a si mesmo se deseja que seus filhos repitam um relacionamento como o de vocês.

Desenvolva uma mentalidade de crescimento

À medida que os relacionamentos amadurecem, há uma responsabilidade maior de ambas as partes em priorizar e continuar a trabalhar no relacionamento. Desequilíbrios na abordagem desse ponto podem levar a desentendimentos e decepções. Dependendo da criação e da personalidade, sua e do seu parceiro, vocês dois podem ter ideias muito diferentes sobre o que constitui um relacionamento feliz. Já discutimos em detalhes neste livro como nossos sistemas básicos de crenças afetam o modo como vemos a realidade e nossas escolhas e comportamentos subsequentes. Isso é ainda mais evidente no trabalho de Carol Dweck, autora de *Mindset*. Ela pesquisou tipos de personalidade por várias décadas e suas conclusões são significativas quando analisamos nossa abordagem para relacionamentos.

A pesquisa de Dweck indica que normalmente estamos baseados em uma das duas mentalidades, ou sistemas de crenças subjacentes: a mentalidade fixa ou a mentalidade de crescimento (como abordamos no Cap. 9). Pessoas com essas diferentes mentalidades têm ideias muito diversas sobre o que é um relacionamento feliz. Dweck acredita que a mentalidade fixa comumente tem uma ideia estabelecida da pessoa "perfeita", em geral definida no momento em que a conhece e se apaixona. A mentalidade fixa muitas vezes tem dificuldade para ver os desafios e as mudanças na vida como algo inevitável e como oportunidades de aprendizado e crescimento, talvez como Simon em nossa história de abertura. Em vez disso, sentem-se totalmente decepcionados quando o parceiro faz algo ofensivo ou até mesmo comete um erro: por fim, eles conseguem conhecer a pessoa "real". O período de lua de mel acabou! Alguém com uma mentalidade fixa possui um lócus externo de controle, ou seja, o que quer que esteja "lá fora" é a razão por que essa pessoa se sente de determinada maneira. Isso muitas vezes tira do indivíduo uma oportunidade de responsabilidade pessoal e de crescimento – daí a descrição "fixa".

A vida de casal não acaba com a chegada do bebê

Pessoas com uma mentalidade de crescimento, por outro lado, veem desafios como oportunidades de aprendizado e muitas vezes se perguntam o que podem fazer para mudar e melhorar, como a esposa de Simon, Sarah. Elas têm lócus interno de controle. Percebem que os relacionamentos não são fixos e perfeitos e precisam funcionar como todos os outros aspectos da vida. Isso se aproxima do modelo de encorajamento que propagamos na Disciplina Positiva.

Pode valer a pena pensar na sua própria mentalidade e na do seu parceiro, bem como ter uma conversa a esse respeito. Isso certamente poderia ajudar Sarah e Simon. A mentalidade afeta profundamente nossa capacidade de chegar a um acordo sobre o caminho a seguir e o nível de ações que ambas as partes estão preparadas para tomar a fim de trabalhar no relacionamento. Isso impacta nossa capacidade de nos comunicarmos um com o outro, de expressar amor, de praticar o perdão e de satisfazer o objetivo primário de aceitação do nosso parceiro.

Nutrir um senso de aceitação

O principal responsável na maioria dos relacionamentos infelizes reside no fato de que a necessidade humana mais básica de possuir um senso de aceitação não está sendo atendida por uma ou ambas as pessoas. Temos destacado a importância de oferecer a seus filhos um sentimento de aceitação por meio de experiências que os ajudem a se sentir aceitos, capazes, valorizados e conectados. Quando as crianças não acreditam que são aceitas, sentem-se desencorajadas e podem se comportar mal. Da mesma forma, quando você não se sente amado, valorizado e aceito pelo seu parceiro, é pouco provável que leve adiante seu comportamento mais gentil e amoroso. O mau comportamento baseado no sentimento de não aceitação cria um ciclo repetitivo de sentimentos e comportamentos destrutivos que, se forem reprimidos, sabotarão o relacionamento. Vamos olhar para esses comportamentos destrutivos com mais detalhes.

Comportamentos destrutivos que enfraquecem a aceitação/o pertencimento e a importância

Os relacionamentos estão sempre em movimento; eles nunca estão estagnados. Nesse momento, seu relacionamento está em um ciclo de reação positivo ou negativo, dependendo de como ambos percebem que você é querido e admirado por seu parceiro. O ciclo está indo tanto em uma direção positiva, que reforça as crenças que apoiam um senso de aceitação e é responsável por comportamentos positivos, como em uma direção negativa, que reforça as crenças de não ser amado e os comportamentos desagradáveis que mantêm essas crenças presentes. O ciclo progride assim:

1. Se suas crenças são:
   - "Ele/ela não me ama" ("Eu não sinto que sou aceito").
   - "Eu nunca consigo fazer algo bem o suficiente para ele/ela" ("Eu não me sinto capaz").
2. Então essas crenças inspiram os seguintes maus comportamentos em você:
   - Recuar (tratamento silencioso).
   - Criticar e atacar verbalmente.
   - Negar afeto (e sexo).
   - Evitar passar tempo juntos.
   - Interromper abruptamente os gestos românticos e a gentileza.
   - Vingar-se, "olho por olho".
   - Não colaborar para ajudar com as crianças, as tarefas domésticas etc.
3. O que estimula maus comportamentos semelhantes em seu parceiro em resposta aos seus comportamentos inadequados.
4. O resultado é que o relacionamento começa a se deteriorar.

Esse ciclo infeliz se repete sem parar em uma reação em cadeia em que ambas as partes se sentem desprezadas, desvalorizadas e sem esperança, e não sabem como recuperar o amor e a paixão que compartilharam um dia.

Por que nos envolvemos nesses comportamentos? Claro que eles poderiam ser uma reação ao mau comportamento do nosso parceiro. Poderiam ser nossos próprios objetivos equivocados – nosso próprio sistema de crenças, que pode ser resultado de necessidades não satisfeitas em nossa infância que desencadeiam esses comportamentos em nós. É comum também que os pais novatos se sintam negligenciados quando um bebê se torna 100% o centro das atenções. Na verdade, isso é parcialmente verdade durante toda a fase de criação dos filhos. O que importa é o que podemos fazer sobre isso de forma proativa. Como em todas as percepções difíceis, o essencial é primeiro tomar consciência dos comportamentos. Só então você pode começar a trabalhar para arrancá-los pela raiz.

Quando você se sente desafiado em seu relacionamento, geralmente para de estar no aqui e agora e viaja no tempo de volta ao passado. Seu parceiro pode fazer ou dizer algo para ferir seus sentimentos. Se você estivesse mais presente, poderia responder logicamente e dizer algo como "Isso magoa meus sentimentos. Eu sei que você me ama, então vou presumir que está magoado ou chateado com alguma coisa. Vamos esperar até que nós dois estejamos nos sentindo melhor e trabalharemos em algumas soluções amorosas".

Os cinco comportamentos comuns a seguir, intimamente relacionados, são prejudiciais ao extremo no que se refere ao senso de ser capaz e admirado de um parceiro: ser controlador, exigir perfeição, criticar, negar permissão para participação e (o outro lado da moeda) negar-se a participar e/ou a assumir a responsabilidade. Cada um desses comportamentos envia uma mensagem: "Eu não confio em você para fazer algo suficientemente bem", "Eu não respeito ou admiro você" e/ou "Você/nós não somos uma prioridade para mim". Essas mensagens geralmente não são intencionais e podem ter origem nos objetivos equivocados estabelecidos na infância. No entanto, elas são prejudiciais e estimulam o mau comportamento da outra pessoa. Em outras palavras, o comportamento de seu parceiro pode desencadear certas expectativas e inseguranças em você, o que afeta negativamente o seu comportamento. Enquanto você toma conhecimento disso, poderá observar paralelos com seu próprio *top card*.

Controle

Você já teve o desejo quase irresistível de reorganizar a mesa depois que seu parceiro a colocou? Ou a máquina de lavar louça, o armário da lavanderia, as prateleiras da despensa, suas prioridades – de fato, a vida toda dele? A pergunta a se fazer é por que tem que ser do seu jeito. Pergunte a si mesmo: "O que é mais importante; minha eficiência ou a liberdade da outra pessoa para expressar diferenças?" Você está comunicando desrespeito ao insistir que seu parceiro (ou filhos) faça do seu jeito? Se você lhes der autonomia para fazer as coisas do jeito deles, mesmo que seja muito diferente de como você faz, isso indica que você acredita que eles são capazes e amáveis do jeito que são. Pergunte a si mesmo: "O que acontecerá se eu parar de controlar tudo e deixar que eles façam as coisas do jeito deles? Eu vou morrer?" (Às vezes vale a pena ganhar um pouco de perspectiva sobre nossas manias!) É claro que não. Será desconfortável? Sim, provavelmente, mas, se faz a outra pessoa se sentir valorizada e amada, não vale a pena? E com o tempo, à medida que você se acostuma com seu novo comportamento (e seu cérebro cria novos circuitos neurais preferidos para esse comportamento), o desconforto desaparece.

Perfeccionismo

Muitas vezes, as pessoas com necessidade de controlar e de serem superiores têm padrões irrealisticamente altos para si e para todos os que as rodeiam. Elas se sentem muito tensas quando as coisas não são feitas "perfeitamente" ou "de forma certa". É importante entender que muitos perfeccionistas vêm de um ambiente em que se quer fazer as coisas certas e maximizar o potencial. Eles não sabem quão desencorajador isso é para seus filhos e outras pessoas. Os perfeccionistas não veem os erros como oportunidades para aprender. Eles podem até vê-los como oportunidades para corrigir ou mesmo punir. Essa é uma mentalidade muito desencorajadora, que estimula a rebeldia e um sentimento de incapacidade em nossos entes queridos. O perfeccionismo está enraizado na insegurança e na profunda necessidade de alguém de provar o seu valor por meio da realização de coisas de forma impecável.

A cura para o perfeccionismo é aceitar que não existe uma medida absoluta que determine o que é "perfeito". Como a sua versão de "perfeito" pode ser melhor que a de outra pessoa? Na verdade, perfeição é uma meta desencorajadora. Adler e Dreikurs nos ensinaram a trabalhar em melhoria, não em perfeição. Podemos começar aprendendo a aceitar nossas próprias imperfeições. Como?

Aceite que o perfeccionismo é uma mentalidade destrutiva. Faça um exame de consciência para descobrir de onde isso vem. E trabalhe para se libertar da perfeição com a ajuda de meditação, afirmações ou, em alguns casos, terapia. Quando você puder amar a si mesmo e celebrar quando comete erros, será capaz de aceitar as imperfeições nas pessoas que ama. Se você é um perfeccionista, recomendamos enfaticamente que pratique o que Rudolf Dreikurs chamou de "a coragem de ser imperfeito", assim como a coragem de permitir que seu parceiro e filhos sejam imperfeitos.

Crítica e negatividade

Você tem o mau hábito de criticar seu parceiro e filhos o tempo inteiro? A crítica destrói os sentimentos de ser valorizado e admirado. Se você cresceu em uma família crítica e aprendeu a ser crítico, pode ser difícil evitar perpetuar esse comportamento destrutivo. A crítica pode estar intimamente relacionada ao perfeccionismo e, de igual modo, enraizada em sentimentos ocultos de insegurança. Pessoas negativas podem ter uma mentalidade fixa e experimentar dificuldade de aceitar mudanças. Elas podem ver a vida sob a perspectiva do "copo meio vazio" e procurar pelo pior. Na verdade, todos temos a opção de focar os pontos positivos ou os negativos. Se você sofre com críticas e negatividade, então vale a pena lembrar a si mesmo das coisas boas da vida. Fazer uma lista diária de gratidão em sua mente e trabalhar no encorajamento são a chave. Trabalhe no desenvolvimento de uma mentalidade de crescimento, em um lócus interno de controle. Saiba que você tem controle sobre suas crenças e escolhas.

Negar permissão para participação

É desencorajador para crianças e adultos quando não são convidados a ajudar nas tarefas domésticas e outras responsabilidades. Muitas crianças e parceiros param de tentar contribuir porque lhes dizem que não estão fazendo algo bem o suficiente ou "certo". Seus sentimentos são: "Eu vou fazer isso errado de qualquer jeito, então por que devo tentar? Estou apenas me preparando para o fracasso." Quando os parceiros se sentem desvalorizados em seus esforços para ajudar, eles podem evitar se magoar passando mais tempo fora de casa ou realizando atividades individuais. Normalmente, não permitir a participação é apenas outra forma de controle.

Negar-se a participar e/ou a assumir responsabilidade

Geralmente esse é um comportamento mais passivo. A pessoa se recusa a participar das atividades domésticas compartilhadas e/ou da diversão em família e pode parecer indiferente e/ou desinteressada. O parceiro também pode tentar evitar assumir a responsabilidade por sua parte no relacionamento. Isso pode vir do desejo de evitar críticas e/ou estresse. Também pode haver sentimentos profundamente enraizados de insignificância vindos do objetivo equivocado de inadequação assumida estabelecido na infância. Poderia ter base nas ideias ultrapassadas de papéis masculino/feminino. De qualquer forma, as pessoas para quem esse comportamento é direcionado podem se sentir ignoradas ou sem importância. O antídoto aqui é fazer acordos de rotinas e tarefas e ter conversas francas sobre quais são as expectativas de todos sobre contribuições na parceria ou unidade familiar. Começar com pequenos passos é fundamental, assim como muito encorajamento e apreciação.

O encorajamento como antídoto

Como o desencorajamento está na raiz da causa da dor e da raiva que se encontra sob o ciclo destrutivo do mau comportamento nos relacionamentos, o antídoto óbvio é o encorajamento. (Felizmente você já está aprendendo a praticar isso com seus filhos.) Existem algumas ações específicas que podem ser realizadas e atitudes a serem desenvolvidas para que tanto você como seu parceiro possam aprender a fortalecer no outro o senso de aceitação, conexão e capacidade. Comece praticando estes cinco comportamentos essenciais: passar um tempo especial como casal, transmitir um sentimento de aceitação e importância por meio de afeto e sexo, entrar no mundo de seu parceiro, fazer elogios e apreciações e aceitar realidades distintas.

Passe um tempo especial como casal

Como vimos em nossa história da abertura, muitos relacionamentos estão ficando em segundo plano em relação às demandas urgentes do trabalho e das crianças. Pouco ou nenhum tempo é dedicado para apreciarem um ao outro. Esse é um grande erro. As crianças se beneficiam quando testemunham uma parceria feliz e amorosa. Seus filhos aprendem sobre relacionamentos observando vocês.

Algumas pessoas acreditam que as crianças devem sempre vir primeiro. Nós não concordamos. É mais saudável, tanto para os pais como para os filhos, quando o relacionamento vem primeiro. Em termos ideais, as crianças deveriam estar em um segundo plano tão próximo que mal perceberiam a diferença, mas essa diferença é importante. E por quê? No fundo, seus filhos querem saber que seus pais têm um bom relacionamento. Eles gostam de ver vocês dois abraçados e aconchegados no sofá e saindo juntos. Isso os ajuda a se sentirem seguros e ensina a eles que um compromisso apaixonado e sincero com o outro é uma coisa maravilhosa e não termina quando as crianças chegam. É importante que você e seu parceiro tenham clareza sobre isso e concordem o máximo possível. Vocês se comprometeram a amar e respeitar um ao outro. Se você quebra essa promessa, compromete sua integridade. Isso leva à frustração e ao estresse, que se refletirão no seu comportamento e no comportamento de seus filhos, seu parceiro e todos os outros ao seu redor.

O tempo especial deve ser uma prioridade sobre outros compromissos para que o relacionamento nem sempre seja rebaixado para o último lugar na lista, o que pode acontecer facilmente se os dois parceiros trabalham. O sentimento de "aceitação" se esgota mais cedo ou mais tarde se o relacionamento não é cultivado. Assim como é difícil ser um bom pai ou mãe quando você está em um relacionamento infeliz, também é difícil ser eficaz em sua carreira. Você deve isso ao seu "eu" profissional e à definição correta das suas prioridades.

Expresse aceitação/pertencimento por meio de afeto e sexo

O afeto é uma das maneiras mais poderosas de fazer seu parceiro se sentir querido. O afeto frequente envia uma poderosa mensagem de aceitação, que evoca nossos comportamentos mais amorosos. Esse sentimento atende à necessidade central de se sentir especial e profundamente cuidado. Abraçar seu parceiro no sofá, dormir de conchinha, fazer massagem nas costas, dar as mãos e abraços frequentes, tudo isso comunica proximidade e aceitação. Afeto e sexo fortalecem a crença "Eu sou amado", que sempre move o relacionamento em direção a um ciclo positivo de comportamentos.

Você deve descobrir sua maneira preferida de expressar e receber amor e afeto. Algumas pessoas acham que presentes atenciosos e coisas feitas pelo parceiro expressam amor, enquanto outras gostam mais de ouvir palavras amorosas, de contato físico ou de passar um tempo especial juntos. Muito se tem escrito sobre a ideia de que todos nós temos uma "linguagem do amor" preferida. Compreender e falar a linguagem do amor do seu parceiro pode despertar novas chamas no seu relacionamento.

Entre no mundo do seu parceiro

Durante o namoro, a maioria dos casais lembra que os dois conversavam por horas sobre tudo em suas vidas. Seus amados escutavam até a última palavra. Há um senso especial de conexão quando você compartilha seus pensamentos e sentimentos mais íntimos, escuta os pensamentos e sentimentos mais íntimos do seu parceiro e encontra semelhanças com as quais se maravilhar. A necessidade de uma conversa significativa continua durante todo o relacionamento, e é doloroso para ambas as partes se o compartilhamento íntimo acabar. O custo para o relacionamento é a perda de proximidade e conexão e – você adivinhou – aceitação!

Quando você pensa na pessoa em sua vida que lhe ofereceu mais encorajamento e amor incondicional, é provável que se lembre de alguém que o escutou com verdadeiro entusiasmo. Bons ouvintes fazem você se sentir especial. Eles lhe enviam uma mensagem óbvia: "Você é importante para mim. Eu me interesso por tudo o que está acontecendo na sua vida!" Se você ou seu parceiro sentem falta de amor e aceitação, escutar e fazer perguntas são formas infalíveis de aumentar o senso de aceitação em seu relacionamento. Aprenda a arte de usar as mesmas perguntas "o quê" e "como" que nós o encorajamos a usar com seus filhos. Perguntas como "O que ainda falta na sua carreira?" ou "O que, especificamente, eu poderia fazer para ajudá-lo com seu estresse?" ou "Como posso ser um parceiro melhor para você?" o ajudarão a conhecer os pensamentos, sentimentos e necessidades internos do seu parceiro. Existem quatro barreiras à escuta: defender, explicar, culpar e consertar. Pratique a escuta sem envolver-se em qualquer uma dessas barreiras. Em vez disso, ouça para entender não apenas o que seu parceiro está dizendo, mas o que ele ou ela sente e o que ele ou ela quer dizer em um nível mais profundo. Em outras palavras, ouça com seu coração para escutar o coração do outro. Não tente resolver o problema a menos que seja convidado a elaborar soluções. Você pode oferecer conforto, carinho e um benefício terapêutico para seus entes queridos apenas escutando com compaixão e permitindo que eles sejam ouvidos.

Elogie e mostre apreciação

Em um capítulo anterior, discutimos em detalhes a importância dos reconhecimentos e da apreciação para fomentar uma energia de positividade na família. É claro que o mesmo também vale entre vocês dois como casal. Reconhecimentos e apreciação reforçam significativamente o senso de aceitação e importância. É muito melhor receber reconhecimentos sem ter que procurar por eles. Crie o hábito diário de apreciar as pequenas coisas. Reconhecimentos como "Obrigado por trabalhar tão duro todos os dias" ou "Eu realmente agradeço por você sempre arrumar a cozinha antes de irmos para a cama" contribuem bastante para fazer o outro se sentir amado e apreciado.

Aprecie as realidades distintas e dê aceitação incondicional ao seu parceiro

Muitos casais têm conflitos porque um parceiro é incapaz de apreciar a realidade distinta dos pensamentos, sentimentos, desejos e crenças da outra pessoa. Ou, às vezes. os dois parceiros negam ao outro sua realidade distinta. O relacionamento permanece mais saudável se cada parceiro mantiver sua individualidade e personalidade única. É muito arriscado se uma ou ambas as partes têm a atitude "Eu sei o que é melhor, então você deve fazer do meu jeito!"

A ideia de "realidades distintas" pode parecer assustadora para alguns, que podem pensar: "Isso significa que meu parceiro tem uma vida secreta na qual não tenho permissão para entrar?" Esse pensamento pode sabotar a sensação de segurança e pertencimento. Nós não defendemos a clandestinidade, apenas que ambas as partes sejam livres para ver as coisas de maneira diferente com base em suas crenças pessoais, e que essas diferenças sejam aceitas e valorizadas pelo outro. Não há problema em discordar sobre coisas, e queremos evitar que qualquer uma das partes sinta como se tivesse que desistir de sua maneira de ver o mundo. Elas não podem. Trata-se de valorizar que podemos gostar e precisar de coisas diferentes. Sua noite ideal é aconchegar-se no sofá para assistir a um filme clássico juntos, e a do seu parceiro é sair com um grupo de amigos? Discutir isso é importante, pois uma das partes pode ter uma necessidade maior de independência do que a outra ou ser mais sociável do que a outra. É bastante válido descobrir o que cada um gosta ou detesta a fim de equilibrar o tempo juntos. É verdade que os opostos se atraem. Suas diferenças atraíram vocês em primeiro lugar, mas muitas vezes vão incomodá-los mais tarde. Reacenda seu apreço pelos pontos fortes das diferenças de seu parceiro. Quando você sentir gratidão pelo seu companheiro, os aborrecimentos desaparecerão.

Você e seu parceiro são principalmente introvertidos ou extrovertidos? Esses conceitos em geral se confundem com quão aberta ou falante uma pessoa pode ser, em oposição a ser fechada e quieta. Mas eles se referem não ao comportamento externo, mas sim à forma como obtemos energia. E nossa orientação específica realmente afeta o modo como escolhemos, e precisamos, investir nosso tempo para nos recuperar e recarregar as energias. O introvertido recarrega-se de dentro para fora, voltando-se para dentro de si mesmo, então os introvertidos geralmente precisam de um elemento de introspecção, silêncio e isolamento para recarregar. O extrovertido recarrega-se de fora para dentro, então os extrovertidos obtêm energia das atividades, eventos e pessoas. A maioria das pessoas não é totalmente uma coisa ou outra, e o equilíbrio interno de qualquer indivíduo também pode mudar um pouco ao longo do tempo, com a maioria de nós tendendo a querer um ambiente mais calmo à medida que envelhece. Pense sobre o modo como você obtém sua energia e observe isso no seu parceiro (e seus filhos). Uma pessoa muito introvertida que é constantemente lançada ao mundo por membros extrovertidos da família pode ficar muito exausta e se comportar mal, e vice-versa.

Obviamente, é ótimo quando vocês compartilham interesses como um casal. Nós encorajamos vocês a encontrar atividades que os dois gostem de fazer juntos e continuem a compartilhá-las com o passar do tempo. Você não precisa aderir ou ser experiente nos interesses de seu parceiro para ser um companheiro solidário. Muitas vezes é suficiente demonstrar interesse e se maravilhar com o entusiasmo do seu parceiro, bem como encorajá-lo (ou encorajá-la) a explorar esses interesses o máximo possível. Seu parceiro se sentirá verdadeiramente valorizado e aceito, e com sorte irá encorajá-lo em seus interesses em retribuição.

A aceitação é uma escolha. Algumas pessoas têm mais facilidade para aceitar as imperfeições de seus filhos do que as de seus parceiros, porque eles entendem que é esperado que pessoas mais novas cometam erros. A verdade é que as pessoas mais velhas também ainda estão aprendendo e precisam ser autorizadas a cometer erros e/ou a ser quem elas são. Ao tomar a decisão consciente de oferecer aceitação ao seu parceiro e filhos, você está comunicando amor e aceitação. Você está comunicando que eles estão seguros para cometer erros. Você também está espelhando o comportamento que gostaria de ver em troca. A decisão é sua: você prefere ser feliz ou estar "certo"?

A aceitação é um processo extremamente complexo e profundo, e pode soar impertinente dispensar conselhos como "aceite seu parceiro". No Capítulo 13, discutimos a importância de aprender a desapegar-se, o que é uma grande parte desse trabalho. No Capítulo 17, ampliaremos nossa perspectiva para examinar ideias e ferramentas eficazes do mundo da ciência e da espiritualidade para nos ajudar ainda mais nesse profundo trabalho pessoal.

DISCIPLINA POSITIVA EM AÇÃO

Paul reclamou com raiva na terapia: "Assim que entro em casa, sou bombardeado pelas exigências da Linda e pelas necessidades dos meus filhos. Eu sonho voar de avião novamente ou jogar golfe, mas nem sequer peço. Isso causaria a Terceira Guerra Mundial."

Paul e Linda estavam brigando havia meses. Ambos trabalhavam em tempo integral fora de casa e compartilhavam a responsabilidade por três crianças pequenas. Não havia tempo reservado para diversão pessoal. Ambos se sentiam sobrecarregados com a magnitude de suas obrigações e se ressentiam por sua infelicidade. A comunicação entre eles havia se transformado em retaliações infantis do tipo "olho por olho", tais como "Troquei a última fralda. É a sua vez!" ou "Acho que você espera que eu ajude Bradley a estudar para seu teste de ortografia!"

Por sugestão da terapeuta de casal, eles se sentaram para fazer um exercício chamado "Revele sua agenda desejada". O objetivo era encontrar uma maneira de atender às necessidades individuais, do casal e da família.

Primeiro, eles discutiram individualmente o máximo de ideias possível sobre o que gostariam de fazer nas três categorias a seguir: diversão individual, diversão de casal e diversão em família.

Em seguida, Paul e Linda foram convidados a selecionar um item de cada uma das três categorias para incluir na agenda daquele fim de semana específico. A agenda de fim de semana desejada de Linda era assim: *Diversão individual: ir almoçar e fazer compras com Carla. Diversão de casal: sair para jantar com Paul. Diversão em família: levar as crianças ao parque.* A agenda de fim de semana desejada de Paul era assim: *Diversão individual: andar de bicicleta com os amigos. Diversão de casal: jantar romântico com Linda. Diversão em família: cinema com as crianças.*

Depois, eles deveriam criar uma agenda de fim de semana que funcionasse para os adultos e as crianças. A diversão do casal foi fácil – os dois queriam um jantar agradável juntos. Eles marcaram o jantar para a noite de sábado e Paul concordou em chamar uma babá. Linda achava que ir ao parque com os filhos ofereceria mais tempo de qualidade do que o cinema. Para ser respeitoso com as crianças, geralmente é melhor convidá-las para elaborar as próprias ideias. Feito isso, as crianças preferiram ir ao zoológico, de modo que a atividade ficou marcada para a tarde de domingo. Linda concordou alegremente em ficar com as crianças enquanto Paul andava de bicicleta com seus amigos no sábado de manhã, e Paul ficou contente em assumir o cargo para que Linda pudesse almoçar e fazer compras no sábado à tarde. Pela primeira vez, ambos estavam livres para se divertir sem culpa, porque haviam respeitosamente envolvido e honrado cada membro da família no planejamento do fim de semana.

Linda estava feliz com o acordo, mas preocupada que a diversão resultasse em deixar muitas tarefas domésticas por fazer, o que estragaria sua paz de espírito na semana seguinte de trabalho. Ela e Paul listaram as quatro principais tarefas que precisavam ser realizadas no fim de semana e dividiram a lista. Dessa forma, eles reduziram o estresse que poderia ser causado pelo excesso de lazer (deixar o trabalho por fazer) ou por excesso de trabalho (não deixar tempo para se divertir).

Esse novo acordo fez Paul e Linda se sentirem muito mais em sintonia com as necessidades um do outro. Isso tornou mais fácil para eles reacender a chama e colocar seu ciclo de relacionamento em uma direção positiva.

Ferramentas da Disciplina Positiva

Se o planejamento de Linda e Paul for incorporado às reuniões regulares de casal e de família, é provável que muitos maus comportamentos diminuam. Vamos revisar algumas importantes ferramentas da Disciplina Positiva que criarão hábitos positivos.

Programar reuniões de casal regulares

Reuniões de casal programadas regularmente evitarão que problemas e ressentimentos se acumulem e manterão as linhas de comunicação abertas. Preserve o mesmo formato das reuniões de família. Comece com apreciações, elabore soluções, comprometa-se com uma solução com que ambos estejam satisfeitos, analise os próximos eventos e planeje um tempo especial como casal.

As reuniões de casal nunca devem substituir a comunicação aberta regular. As reuniões devem ser vistas como uma atividade adicional que ajuda vocês a formalizarem algumas conversas mais difíceis. (1) Colocar um desafio na agenda da reunião de casal serve como um período de reflexão antes que o assunto seja discutido. (2) Assim como nas reuniões de família, começar com o reconhecimento estabelece um tom positivo – e um lembrete das coisas que vocês apreciam um no outro. (3) O foco está em encontrar soluções que agradem a ambos. (4) Você está dando um exemplo do tipo de atitude e foco nas soluções que deseja ensinar a seus filhos.

As reuniões de casal devem ser separadas das reuniões de família. Não caia na armadilha de desmarcá-las pensando "Nós abordaremos essas coisas de algum jeito durante as reuniões de família." Os pais precisam de um pouco de tempo de adultos também, para criar vínculo e estratégias.

Fazer acordos antecipadamente; negociar trabalho

Uma excelente ferramenta para evitar conflitos sobre quem deveria fazer o quê com as crianças e as tarefas domésticas é negociar um plano que funcione para vocês dois. Você pode escrever uma divisão de trabalho desejada, especialmente se os dois trabalham fora de casa. O acordo prévio sobre a divisão do trabalho para cuidar das crianças e da manutenção e reparo da casa evitará muitas discussões desnecessárias e sentimentos de mágoa. Tanto as preferências como as aversões devem ser levadas em consideração; se um de vocês odeia tirar o lixo, mas gosta de cuidar do jardim, façam um acordo! Esse exercício permitirá que vocês compreendam claramente seus papéis e responsabilidades em casa. Encontrar uma divisão *justa* de trabalho depende do que vocês acham que é justo. Façam uma lista de tudo o que precisa ser feito semanalmente e decidam quem na família fará o quê. É importante que as crianças recebam tarefas apropriadas à idade, para que também possam contribuir de maneira significativa para a família; veja a seção sobre reuniões de família para mais detalhes.

Equilibrar gentileza com firmeza

Muita gentileza em relação ao seu parceiro pode ser prejudicial a si mesmo (e também ensina seu parceiro a tirar vantagem), enquanto muita firmeza pode ser prejudicial ao seu parceiro (e ao seu relacionamento). Uma regra simples a ser lembrada ao equilibrar gentileza e firmeza é "sempre honre a si mesmo e ao outro ao mesmo tempo". Quando somos gentis, respeitamos os outros, quando somos firmes estabelecemos limites que são respeitosos conosco. Como podemos fazer as duas coisas? Primeiro, aconselhamos o que *não* fazer.

Muitas pessoas são excessivamente gentis e generosas com as outras (uma armadilha para aqueles cujo *top card* é agradar). Definimos "excessivamente gentil" como fazer algo pelos outros mesmo quando não é adequado e pode ser prejudicial para você. Quando você concede demais, acaba se sentindo ressentido e explorado. Quando é gentil consigo mesmo, impondo limites para cuidar de suas necessidades, estará em uma posição muito melhor para respeitar seu parceiro também.

No extremo oposto está a pessoa excessivamente firme, o acusador. Os acusadores são muito rigorosos ao afirmar seus direitos e necessidades. O lema deles é "A culpa é sua. Por que você não consegue fazer isso direito?" Indivíduos exageradamente firmes são muito bons em honrar suas próprias necessidades, mas, ao fazerem isso, passam por cima das necessidades, direitos e sentimentos dos outros. É sempre culpa de outra pessoa. Na realidade, porém, culpar muitas vezes mascara um profundo sentimento de inadequação e insegurança. A pessoa é excessivamente firme para defender ou proteger a si mesma de ser magoada. Esse pode ser um lugar muito solitário, com falta de senso de pertencimento e importância.

Um comportamento excessivamente gentil resulta em enredos doentios: uma pessoa desiste de sua individualidade para estar no relacionamento. A firmeza exagerada leva à alienação e ao ressentimento. Se você pode fazer um esforço sincero para atender às necessidades de seu parceiro, suas diferenças serão pontes e ele ou ela se sentirá amado e apreciado.

Pausa positiva para casais

Tudo bem, então você decidiu que tudo o que discutimos neste capítulo faz sentido e você vai fazer tudo isso? Viva! Contudo, a menos que seja um santo, você cometerá erros ao longo do caminho (nós falamos por experiência própria). Não há nada como um parceiro amoroso para trazer à tona todas as questões antigas e não resolvidas de sua infância, e você pode ter certeza de que está causando isso nele ou nela também. Você provavelmente ficará chateado muitas vezes e voltará ao seu cérebro reptiliano.

A impossibilidade de resolver um conflito enquanto está chateado é uma verdade tão válida para casais como para filhos e pais. Você terá um relacionamento muito mais respeitoso e encorajador se decidir antecipadamente que fará uma pausa positiva quando estiver aborrecido. Isso não se parecerá com "ignorar por completo o outro" desde que seja planejado e avisado com antecedência. Isso também dá o exemplo para as crianças de que não há problema em ficar com raiva, mas não é correto descontar no outro. Em vez disso, nós mesmos lidamos com a situação ao nos retirarmos dela. Às vezes é difícil lembrar de fazer uma pausa quando você está com raiva, mas se tornará mais fácil com a prática. Em uma família que conhecemos, os pais, Michelle e Harry, e seus filhos decidiram fazer uma competição para ver quem, primeiro, pegaria a si mesmo (não um ao outro!) em seu estado reptiliano. Muitas vezes a diversão de ser o primeiro era suficiente para fazer os outros rirem e a necessidade de uma pausa acabava. Outras vezes, um ou outro dizia: "Tudo bem, posso ver o que está acontecendo, mas ainda preciso de uma pausa. Voltarei quando me sentir melhor."

EXERCÍCIO

Tenham sua primeira reunião de casal e coloquem seus planos de tempo especial em suas agendas.

Atividade de casal

1. Criem separadamente uma lista de coisas que você gostaria de fazer com seu parceiro.
2. Reúnam-se e compartilhem suas listas. Quantos de seus itens são iguais?
3. Elaborem juntos algumas ideias sobre outras coisas (que podem não constar em nenhuma das listas) que vocês gostariam de fazer juntos.
4. Agora dividam essa lista em duas categorias: "rotineiramente" e "lista de desejos". Em "rotineiramente", listem todas as coisas que vocês gostam de fazer juntos regularmente. Em "lista de desejos", anotem todas as grandes coisas que gostariam de fazer pelo menos uma vez.
5. Peguem suas agendas e marquem um horário juntos. Façam disso a parte final de suas reuniões de casal regulares toda semana.
6. Passem um tempo conversando sobre sua próxima aventura na "lista de desejos".
7. Registrem um diário sobre a diferença que essa atividade faz no seu relacionamento – e depois compartilhem um com o outro.

16

DISCIPLINA POSITIVA NA VIDA PROFISSIONAL

Amy quer arrancar os cabelos de tanta frustração! Ela fez questão de chegar mais cedo porque sabe que a primeira coisa que seu chefe, Steven, quer fazer é enviar todos os cartões de Boas Festas dos pacientes. Ela preparou todos os envelopes e cartões para assinatura na noite anterior, e eles estão prontos para o envio. Ela até selou todos os envelopes. Ao se aproximar de sua mesa, ela vê que suas coisas foram reorganizadas de um modo diferente, o que significa que Steven, como sempre faz, sentou-se em sua mesa depois que ela foi embora. Como ele não percebia o quanto isso era invasivo? Não apenas isso, mas ele pegou um dos envelopes, em que, reconhecidamente, o selo estava *um pouquinho* torto, circulou o selo com um marcador vermelho e escreveu no envelope: "Isso é inaceitável, Amy!" Amy sente raiva e desânimo. Com um pequenino em casa consumindo muita energia, Amy sente que seu local de trabalho precisa ser acolhedor e positivo. Ela ama seus outros colegas, mas... bem, é improvável que este seja seu último emprego, então por que aceitar esses maus-tratos?

Motivação descoberta

Às vezes pode ser difícil sentir-se motivado no trabalho quando você está em meio ao início da administração de uma família. Compreender os fatores que afetam sua motivação (e a motivação das pessoas ao seu redor) o ajudará a focar seu tempo e energia limitados nos lugares certos. Em *Drive*, seu livro sobre motivação humana, Dan Pink argumenta que, para qualquer tarefa que exija até mesmo um nível rudimentar de complexidade (o que significa a maioria das atividades laborais na atualidade, independentemente da profissão), o modelo tradicional de motivação, baseado em "recompensas e punições", não resulta em um desempenho melhor. Na verdade, ele piora. O mesmo vale para motivar nossos filhos.

Pink conclui, ainda, que os três motivadores mais importantes que impulsionam o engajamento profissional são autonomia, domínio e propósito. Vamos dividir tudo isso nos termos da Disciplina Positiva:

- *Recompensas e punições.* Já falamos intensamente sobre como você pode obter obediência em curto prazo, porém prejuízos em longo prazo com esse modelo. Como punição e recompensa desmotivam as crianças, não surpreende que também desmotivem os adultos, como em nossa história da abertura.
- *Autonomia* pode ser entendida como um senso de poder pessoal e influência. Discutimos que as crianças têm um senso inato de poder pessoal, bem como o treinamento e a orientação sobre como exercê-lo de maneira útil são uma parte essencial da criação dos filhos. Se as crianças não têm a chance de usar sua autonomia pessoal de forma útil, elas se comportam mal e se sentem desencorajadas. O mesmo acontece com os adultos que têm pouca autonomia em suas vidas profissionais.
- *Domínio* significa adquirir um senso de capacidade, dedicar tempo ao treinamento, aprender a solucionar problemas e novas habilidades, apreciar o crescimento e melhorar alguma coisa por meio de encorajamento. É interessante notar que o desejo de aprender não cessa porque crescemos. Em vez disso, ele continua a desempenhar um papel essencial na satisfação pessoal.
- *Propósito* significa procurar e desenvolver um senso de aceitação/pertencimento, compreensão e contribuição. Simon Sinek chama isso de o "porquê" do que fazemos, e a voz dele é outra que confirma a importância de entender nosso propósito para termos sucesso pessoal e profissional. As crianças precisam ser incluídas de maneira útil nas decisões que as afetam, a fim de fortalecer seu senso de aceitação e contribuição. Os adultos precisam entender o propósito do que são solicitados a fazer em suas vidas profissionais. E, se não entendemos o propósito, é difícil se envolver e mais

difícil ainda compartilhar entusiasticamente ou "vender" o que estamos fazendo. A falta de propósito claro pode levar a uma crise existencial tanto para o indivíduo como para a organização.

Os paralelos são claros: ao treinar a si mesmo e a seus filhos em Disciplina Positiva, você equipa a si e a eles com muitas características de vida que os tornarão tanto mais felizes como mais eficazes enquanto profissionais e colegas. A cultura dos pais que trabalham está passando por uma fragmentação crescente, bem como as pressões de tempo e eficácia. A nossa solução funciona tanto na esfera privada como na profissional. Torne-se um especialista em encorajamento consigo mesmo, sua família e seus colegas e você verá melhorias extraordinárias em sua própria experiência de vida.

Por que o encorajamento funciona?

A razão pela qual o encorajamento funciona é que ele atinge o cerne de quem somos como seres humanos. O mundo moderno transmite alguns valores bastante superficiais às vezes, o que pode, compreensivelmente, confundir nossa bússola interna. Materialismo, beleza física, superioridade social e assim por diante parecem ter ofuscado compaixão, partilha e humanidade. Em contraponto, com frequência nos perguntamos sobre a aparente ingenuidade das crianças e como elas podem ser tão espontaneamente amorosas e compassivas (bem, às vezes, por assim dizer). No entanto, a moderna educação dos filhos continua muito concentrada no sucesso acadêmico e profissional, vendendo a ideia para nossos filhos de que o que você *faz*, não quem você é, é o que levará ao sucesso. Se olharmos para a pesquisa citada anteriormente, aqueles parecem valores desatualizados.

O mesmo acontece no ambiente profissional. As práticas de trabalho atuais apontam claramente na direção de menos hierarquia, trabalho flexível e reforço positivo. Um artigo recente da revista *Forbes* argumentou que as empresas poderiam aprender com a psicologia infantil – particularmente com a Disciplina Positiva, que defende o respeito mútuo – em seu relacionamento com parceiros de negócios e funcionários.[29] Um dos exemplos mais claros da tendência à liderança horizontal é o desenvolvimento do estilo de treinamento de gestão. Isso efetivamente significa que um gerente se vê mais como um treinador que está lá para apoiar e encorajar, não como um general que dirige e lidera lá na frente. Esse estilo de treinamento pode ser utilizado por qualquer pessoa, não apenas pelos gestores. Para esse formato mais esclarecido de colaboração e liderança, é importante reconhecer o brilhantismo de cada indivíduo e encorajar todos a crescerem. Trata-se de encontrar uma maneira de fomentar seus pontos fortes exclusivos, para então eles se sentirem felizes e motivados a produzirem seu melhor trabalho. Dessa forma, você, enquanto profissional (e como pai ou mãe), produz seu melhor trabalho, inspirando e encorajando outras pessoas.

Uma vida profissional mais feliz leva a maior paz de espírito

Eu pessoal e eu profissional

Você é uma das muitas pessoas que adaptam seu comportamento aos seus compromissos profissionais? Em casa, você pode se sentir relaxado e baixar a guarda, mas profissionalmente você sente a necessidade de subestimar sua personalidade para progredir, impressionar e evitar ofender alguém. Uma mulher em um *workshop* recente compartilhou que era conhecida no trabalho por ser inflexível e disciplinada, enquanto se sentia, na intimidade, emotiva e fácil de lidar. Isso pode ser situacional – o trabalho pode ter exigido que ela exibisse esses comportamentos. Seria uma preocupação apenas se ela sentisse que sua *persona* profissional dificultava o estabelecimento de relações profissionais próximas e significativas. Seria também preocupante se as pressões do trabalho por desempenho e para "ser perfeita" fossem tão grandes que ela, então, chegasse em casa e descontasse sua frustração sobre a família.

Se você se flagrar tendo dificuldade com inconsistências, vale a pena rever suas expectativas. Se você acha que é mais fácil ser encorajador com seus colegas e mais difícil com sua família, pergunte a si mesmo por que você espera mais da sua família. O mesmo vale, é claro, em sentido contrário. Você também pode estar esperando mais de si no aspecto profissional do que pessoalmente, ou vice-versa. Pergunte a si mesmo se está desempenhando um papel no trabalho e outro em casa e por que você não está dando o mesmo peso para ambos. Se isso estiver acontecendo, encorajamos você a dar atenção ao equilíbrio entre trabalho e vida, bem como observar suas prioridades. Talvez rever o exercício

Roda da vida no Capítulo 13. Pergunte a si mesmo quais são suas perspectivas e objetivos para cada área. Então comece a praticar encorajamento com todos pelo uso das ideias deste capítulo, começando consigo mesmo, e você começará a vivenciar um grande senso de harmonia. (No Cap. 17, aprofundamos nossa discussão sobre representação de papéis e seu efeito em todas as áreas da vida.)

Liderança e realização profissional

Anteriormente, vimos que a criação dos pais tem pelo menos duas vezes mais efeito sobre o comportamento da criança do que qualquer cuidado infantil (de qualidade), daí a importância de olhar para os comportamentos e atitudes dos pais. Na mesma linha, um fator significativamente dominante que afeta a satisfação profissional é o relacionamento com um gerente, daí a importância de olhar para os comportamentos e atitudes dos gerentes. Mesmo que você não seja um líder de equipe, seu impacto como colega ou colaborador tem um efeito considerável no sentimento de prazer profissional de outras pessoas.

A insatisfação com a liderança é um grande problema para muitas organizações que lutam para manter talentos. Pessoas mais jovens na força de trabalho (geração do milênio, iGeração) cresceram sob circunstâncias muito mais incertas e têm bastante clareza de que não há "emprego para a vida". Em consequência disso, elas podem priorizar a realização pessoal e a aventura acima da lealdade a qualquer organização específica. Essa é uma grande mudança de mentalidade comparada à da maioria de seus gerentes e chefes, cuja mentalidade vem de uma geração anterior, em que as pessoas eram estimuladas e recompensadas pela lealdade a elementos profissionais ou sociais. Por certo, isso é um problema para Steven, de nossa história da abertura, que provavelmente perderá um valioso membro de sua equipe. Não importa o quanto Amy aprecie seus colegas e o trabalho atual, um chefe rigoroso em excesso provavelmente a levará a abandonar a empresa.

Independentemente da sua situação profissional hoje, é bem provável que em algum momento você tenha sido gerenciado por outra pessoa. A reflexão sobre essa experiência pode ajudar a descobrir suas crenças em torno da liderança e lembrá-lo dos sentimentos que os bons ou maus relacionamentos profissionais evocam. Reserve um momento para fazer uma lista das características dos piores e melhores gerentes que você já teve na vida.

Você pode sentir raiva de como foi tratado pelos seus piores gerentes, mesmo que isso tenha acontecido há muitos anos. É igualmente provável que você se lembre de seus melhores gerentes com ternura. Talvez sua lista seja mais ou menos assim:

Pior gerente	Melhor gerente
Controlador	Empoderador
Indisponível	Política de portas abertas; acessível
Destrói por meio de críticas	Constrói pelo incentivo
Microgerenciamento	Dá autonomia
Rígido	Flexível
Relação vertical: "Estou certo, você está errado"	Relação horizontal: "Nós dois temos um ponto de vista válido"
Desrespeitoso	Respeitoso
Resolve problemas sozinho e depois informa	Resolve problemas com você
Cria regras sozinho e depois informa	Cria regras com você
Autocentrado	Mostra preocupação e empatia
Leva todo o crédito	Promove o esforço da equipe
Não liga para outra coisa além da produtividade no trabalho do funcionário	Tem um interesse ativo sobre quem você é como pessoa
Comunicação centrada na culpa	Comunicação respeitosa
Transmite as crenças "Somente sua produtividade é importante" e "Você não é capaz"	Transmite as crenças "Você é valioso como ser humano" e "Você é capaz"

Ao observar essas listas, podemos ver claramente que uma boa liderança está alinhada com o modelo de encorajamento da Disciplina Positiva: empoderamento, gentileza e firmeza, reserva de tempo para treinamento e assim por diante. Os benefícios de tornar seu local de trabalho um lugar em que você se sinta apoiado e ouvido se propagarão até sua vida familiar e vão ajudá-lo a sentir-se um pouco menos sobrecarregado. Se você é gerente, leve a lista a sério. Se não é, talvez seja hora de avaliar se o seu local de trabalho é um ambiente tóxico.

A Disciplina Positiva apoia as práticas profissionais atuais

Anteriormente, analisamos os cinco critérios da Disciplina Positiva. Eles mostram efetivamente as atitudes e ações de encorajamento, ou o que você pode fazer para impactar de forma positiva seu ambiente. Na tabela a seguir, converteremos essas ideias para a área profissional. A linguagem pode ser diferente, mas, como pode ver, as atitudes que você pode desenvolver e as ações que pode realizar para ser eficaz como pai e profissional são essencialmente as mesmas. Esse deve ser um alívio e uma visão para aqueles que talvez tenham dificuldade para conciliar seus "eus" pessoais e profissionais. Leia a tabela considerando você, na condição de membro da equipe, pode influenciar a dinâmica do grupo e a política de gerenciamento do seu local de trabalho. Independentemente da sua posição na hierarquia, adotar esses comportamentos facilitará sua vida em longo prazo. Trabalha por conta própria? As mesmas ideias se aplicam a clientes, fornecedores e redes às quais você pertence.

Critérios	Atitude e comportamento como pai ou mãe	Atitude e comportamento como profissional
Ajuda crianças/ adultos a terem um senso de conexão, aceitação/ pertencimento e contribuição	Certifique-se de que a mensagem de amor seja transmitida por meio de apreciação consistente, encorajamento pelo esforço e pelo foco em soluções conjuntas.	Certifique-se de que a mensagem de respeito e cuidado seja transmitida por meio da comemoração dos sucessos, do compartilhamento de reconhecimentos e da dedicação de tempo para conhecer sua equipe pessoalmente. Promova a resolução de problemas em grupo em que as ideias de todos sejam ouvidas. Redefina o sucesso como uma atividade cooperativa com sua equipe para que todos estejam de acordo.

(continua)

(continuação)

Critérios	Atitude e comportamento como pai ou mãe	Atitude e comportamento como profissional
Equilibra gentileza e firmeza	Mostre gentileza ao seu filho, juntamente com firmeza, para respeitar a si mesmo e às necessidades da situação. Entre no mundo do seu filho em vez de dar sermões sobre seus sentimentos.	Comunicação clara é a chave. Expectativas, prazos de entrega e parâmetros de referência oferecem estrutura; flexibilidade e compreensão promovem a adesão e garantem melhores resultados ao longo do tempo. Ponha-se no lugar deles e evite julgamentos.
É eficaz em longo prazo	Pense em suas metas em longo prazo para seus filhos; tenha cuidado com métodos de curto alcance que possam prejudicar o desenvolvimento do caráter deles. Dedique bastante tempo para o treinamento.	Pense em seus objetivos profissionais/organizacionais/ de equipe em longo prazo; evite vitórias rápidas, que sabotam a cooperação em longo prazo. Garanta/solicite um treinamento que não seja apenas sobre habilidades técnicas, mas também que melhore a comunicação e a inteligência emocional da equipe.
Ensina valiosas habilidades sociais e de vida	Dê exemplos de bom caráter. Garanta a conexão antes da correção: contato físico, abraços, olhares, sorrisos e palavras tranquilizadoras fazem seu filho se sentir amado e valida seus sentimentos. Então você pode abordar o comportamento preocupante.	Dê exemplo de independência, compaixão e resiliência. Honre sua própria necessidade e a de seus colaboradores a fim de desenvolver a maestria no trabalho. Pratique a escuta ativa como parte de um estilo de treinamento de liderança/ acadêmico; dedique um tempo a cada um; planeje atividades de formação da equipe; verifique se conhece todos os lados da história antes de corrigir erros.

(continua)

(continuação)

Critérios	Atitude e comportamento como pai ou mãe	Atitude e comportamento como profissional
Empodera crianças e adultos	Não faça pelos seus filhos o que eles podem fazer por si mesmos. As crianças se sentem respeitadas quando solicitadas a ajudar; ensine que erros são oportunidades para aprender e descobrir o inesperado. Decida o que você fará e siga em frente. Pratique a pausa positiva. Não tome partido em disputas familiares.	Não microgerencie; dê a todos a autonomia para atuarem do seu próprio jeito. Isso libera tempo e energia para você se concentrar em tarefas estratégicas (se isso faz parte da sua função). Peça informações. Tenha um protocolo claro de resolução de problemas. Faça que cumpram os acordos. Celebre os erros como oportunidades de aprendizado e criatividade. Encoraje a pausa positiva quando as coisas esquentarem. Não tome partido em conflitos e comunique sua crença aos outros de que eles podem resolver seus próprios problemas. Procure situações em que todos saem ganhando.

Se você levar esses critérios a sério, desenvolver as atitudes e realizar as ações necessárias, possivelmente transformará sua experiência profissional em algo positivo, solidário e mais humano. É provável que você também ganhe alguns amigos de verdade no processo.

Já ouvimos muitos exemplos de encorajamento em ação. Alguns gerentes criativos jogam uma bola para cada pessoa na sala e fazem um elogio a quem estiver com a bola. Membros da equipe também podem jogar a bola para seus colegas e, a seguir, fazer um agradecimento. Os agradecimentos são extremamente encorajadores. Eles elevam o sentimento de aceitação de cada pessoa e criam uma atmosfera enérgica, positiva, cooperativa e criativa para o trabalho acontecer. Se você trabalha de forma predominante para si mesmo e é raro encontrar seus colaboradores ou clientes pessoalmente, ainda pode compartilhar muito encorajamento e apreciação de modo virtual. Envie *links* de artigos e ideias que considere inspiradores; envie mensagens de agradecimento e cartões-postais; envie mensagens de "parabéns pela promoção" por meio de *sites* profissionais de sua rede. E não se esqueça de encorajar a si mesmo. Se seu trabalho ficar um pouco solitário, certifique-se de celebrar por conquistar objetivos importantes ou realizar um acontecimento marcante.

DISCIPLINA POSITIVA EM AÇÃO

Parte 1: gerenciamento com Disciplina Positiva

Melanie gerencia o departamento de atendimento ao cliente de uma grande fábrica. Um grupo de auditores internos e externos disse a ela que deveria produzir um manual de instruções que documentasse todas as políticas e procedimentos do departamento de atendimento ao cliente, passo a passo. Essa foi uma tarefa assustadora para Melanie e sua equipe, que eram responsáveis por responder a ininterruptas solicitações do serviço de atendimento ao cliente e por lidar com as reclamações. Melanie convocou imediatamente uma reunião com todos os seus subordinados diretos, explicou a difícil tarefa, compartilhou suas preocupações e expressou sua necessidade de ajuda e apoio. Ela pediu que todos compartilhassem suas ideias sobre como poderiam atender às exigências e ainda manter suas responsabilidades diárias.

Após a elaboração das ideias, o grupo de Melanie decidiu que cada pessoa seria voluntária para escrever um dos procedimentos passo a passo. Todas as pessoas, então, se comprometeram a cumprir um prazo não negociável. Melanie expressou gratidão pela disposição deles em aceitar esse desafio extra e reconheceu a dificuldade que enfrentariam ao lidar com essa nova tarefa, juntamente com as demandas ininterruptas de atendimento ao cliente. Ela garantiu que estaria com eles a cada passo do caminho para ajudá-los a superar quaisquer obstáculos que pudessem impedi-los de cumprir o **prazo** acordado. Ela também sugeriu que, quando tudo terminasse, eles **comemora**riam com sorvete com calda de chocolate quente e uma festa.

Percebendo que sua equipe estava indo além do necessário, **M**elanie se reunia com eles frequentemente para oferecer apoio e encorajamento, **d**ando-lhes a liberdade de usar seu conhecimento e criatividade em cada procedimento. Ela agradecia publicamente àqueles que concluíam a tarefa. Também perguntava aos que estavam com dificuldade de que tipo de apoio precisavam dela para ter sucesso. Alguns deles expressaram frustração por não serem bons em colocar suas ideias no papel. Melanie, então, pedia a um voluntário para ajudá-los a apresentar suas ideias de forma escrita. Ela elogiava cada um deles por seu progresso e dava pistas práticas e dicas para concluir o trabalho. Às vezes, era necessário alterar a carga de trabalho daqueles que estavam atrasados para que tivessem tempo ininterrupto para escrever seus procedimentos. Aqueles que estavam com dificuldade receberam ajuda e apoio, em vez de críticas ou culpas.

Melanie já era habilidosa em investir tempo para conhecer sua equipe pessoal e profissionalmente. Ela sabia o que estava acontecendo em casa, oferecia apoio e mostrava se importar quando crianças ou membros da família estavam doentes ou quando havia desafios pessoais. Em suas reuniões regulares de equipe e individuais, ela fazia muitas perguntas curiosas ("o que" e "como") para entender completamente os diferentes pontos de vista.

No final, todas as pessoas do departamento de Melanie cumpriram o prazo. Como uma equipe, eles criaram um excelente produto do qual todos no departamento podiam se orgulhar e assumir a propriedade. Fiel à sua palavra, Melanie organizou uma festa para a equipe, com sorvete e calda de chocolate quente! Toda a equipe se sentiu querida, apreciada, valorizada e capaz. Melanie sentiu-se agradecida e orgulhosa por terem conseguido realizar isso juntos. Todos no departamento usavam o manual e seguiam os protocolos. Como cada membro da equipe estava envolvido e havia entendido claramente o objetivo da tarefa, e o nome de todo mundo foi incluído como coautor, e todos eles foram "vendidos" no produto final.

Parte 2: gerenciamento sem Disciplina Positiva

Barbara é a gerente do departamento de contas a receber da mesma empresa em que Melanie trabalha. Ela também foi solicitada, pelos auditores, a criar um manual de instruções de todas as políticas e procedimentos em seu departamento. Na pressa de agradar os auditores com trabalho extraordinário, Barbara se refugiou em seu escritório e trabalhou longas e cansativas horas detalhando os procedimentos em seu departamento. Ela não explicou o projeto à sua equipe nem buscou qualquer contribuição formal. Saía de seu escritório de vez em quando para pedir esclarecimentos sobre certos aspectos do trabalho deles, mas nunca lhes dizia o que estava acontecendo. Os membros da equipe suspeitavam de que algo estava acontecendo porque Barbara parecia muito estressada e sobrecarregada. Quando finalmente tomaram conhecimento de sua tentativa de escrever um manual de procedimentos sem eles, reviraram os olhos e disseram: "Como ela poderia saber? Somos nós que fazemos o trabalho todos os dias. Ela deveria perguntar a nós!"

Após semanas de trabalho duro, Barbara entrou em contato com os auditores para dizer a eles que havia completado o manual. Ela então convocou uma reunião com sua equipe para entregar o produto acabado. Estava exausta, mas orgulhosa de seu sucesso em cumprir o prazo da auditoria. Ela entregou a cada um deles um manual de procedimentos e lhes disse que precisariam ser cuidadosos ao seguir todas as etapas e diretrizes contidas nele. Agora que os auditores o receberam, estavam todos comprometidos – suas revisões futuras seriam baseadas em quão bem eles se saíram de acordo com as políticas e procedimentos estabelecidos.

Enquanto os membros de sua equipe folheavam o documento, as mãos se levantavam em frustração ao se oporem às políticas que consideravam irreais, injustas ou simplesmente incorretas. Todos ficaram ressentidos ao receber a ordem de como deveriam fazer as coisas quando nunca haviam sido solicitados a dar sua opinião. Eles ficaram contrariados por estarem comprometidos a fazer coisas que não eram realistas, em virtude do grande volume de suas responsabilidades diárias. No final, a equipe se sentiu tão sobrecarregada com os requisitos e tão desrespeitada por Barbara que ignorou o manual e continuou a fazer as coisas como sempre. Barbara ficou furiosa pelo fato de a equipe ter tão pouca consideração pelo seu trabalho duro e frustrada por se recusarem a cumprir as diretrizes.

Quando o departamento de crédito reclamava que as notas não estavam sendo feitas no período combinado de 24 horas, Barbara atacava o membro da equipe responsável por não cumprir os regulamentos. A equipe, por sua vez, reclamava quando Barbara não estava por perto. Eles se sentiram incompreendidos, desencorajados, negligenciados, desvalorizados e sem importância. Não estavam motivados a ajudar Barbara a ter sucesso, então a sabotavam em silêncio pelas costas.

Ferramentas da Disciplina Positiva

Esperamos que, agora, você veja quanto da filosofia e das ferramentas da Disciplina Positiva são aplicáveis tanto no ambiente de trabalho como em casa. Vamos destacar algumas delas que são cruciais e que garantirão maior bem-estar e sucesso profissional.

Seja um exemplo de comportamento positivo

Lembra da nossa discussão anterior sobre neurônios-espelho? Eles não param de trabalhar só porque agora crescemos. É por isso que, por exemplo, bocejos e gargalhadas são contagiantes. Começando por si mesmo, veja como você pode ser o exemplo de alguns comportamentos que gostaria de promover nos outros. Faça um esforço para de fato entender o panorama geral a fim de descobrir qual é realmente o propósito e depois falar sobre isso com seus colegas. Nem todos têm a capacidade de ver o panorama geral; talvez sua investigação ajude alguém a conectar os pontos. Reserve mais tempo para ouvir realmente seus colegas; faça perguntas abertas sobre "o quê", "quando" e "como". Lembre-se dos aniversários das pessoas; pergunte sobre a vida familiar e lazeres deles. Compartilhe reconhecimentos e agradecimentos sempre que puder. Em suma, trate os outros da maneira como gostaria de ser tratado.

Torne-se um detetive de *top card*

Tente adivinhar o *top card* de um colega desencorajado. Revise a lista de desafios associados a um *top card* específico e o que ele inspira nas outras pessoas para obter pistas sobre como você pode ajudar a pessoa a sentir-se mais segura e voltar aos pontos fortes dela. Faça um tipo de treinamento com perguntas abertas e mostre interesse real pela situação da pessoa. Compartilhe experiências de sua própria vida que possam ser relevantes e ajude a pessoa a focar soluções. Contudo, lembre-se sempre de que o *top card* nunca deve ser usado para rotular alguém. Ele serve apenas para lhe dar pistas sobre quais pontos fortes e desafios uma pessoa pode ter.

Se você está se sentindo extremamente frustrado, pode ser uma boa ideia conferir e certificar-se de que você não está voltando aos desafios de comportamento do seu próprio *top card*.

Como realizar reuniões de equipe regulares e eficazes

As reuniões de equipe (como as reuniões de família e de casal) são importantes e servem a múltiplos propósitos: comunicar novas ideias e informações, estabelecer metas, permitir que os membros da equipe se inspirem e motivem uns aos outros, resolver problemas, criar consenso sobre políticas, engajar-se na formação de equipes e levantar o moral. Quando as reuniões de equipe são bem conduzidas e objetivas, são uma maneira agradável e eficaz de atender a esses propósitos. Nas reuniões realizadas de forma adequada, as pessoas compartilham ideias livremente. Elas tendem a se empolgar, não de maneira competitiva, mas de forma cooperativa, permitindo que cada ideia melhore com a contribuição de todo o grupo. Um grupo de médicos residentes em uma ala lotada apelidou sua reunião semanal de equipe de "agrupamento". Durante períodos extremamente desafiadores ou atribulados, eles convocavam agrupamentos diários para todos se ajudarem a vencer, dividindo a carga de trabalho entre eles para que todo o grupo pudesse atingir seus objetivos. Revise as diretrizes para reuniões de família e ajuste-as de acordo. A chave é não perder de vista o encorajamento e a regularidade da reunião sem que ela seja muito longa e desperdice o tempo e o esforço de todos. Seja criativo ao envolver membros externos em chamadas de vídeo ou de conferência. Não se esqueça de planejar/sugerir diversões regulares em equipe.

Nunca tome partido durante um conflito

Mantenha-se neutro e permita que aqueles que têm um conflito resolvam o problema. Se você tomar partido, deixará alguém com a sensação de que não é aceito ou não é valorizado. Isso incitará o conflito a se intensificar e exacerbará os esforços de ambas as partes para provar que estão "certas". Se você é o gerente, eles o usarão como base de validação. Se conseguirem que você fique do lado deles, se sentirão justificados e "certos". Tomar partido é prejudicial para ambas as partes e estimulará mais rivalidade no futuro. Sua melhor aposta é fazê-los pensar em soluções juntos após um período de reflexão. Aconselhe-os a "focar soluções em vez de atribuir culpa" e peça que apresentem uma maneira criativa de honrar os dois lados.

EXERCÍCIO

Transformando seu local de trabalho em um ambiente positivo

Em seu diário, siga os cinco critérios da Disciplina Positiva e avalie em uma escala de 1-5 quão bem você se sente na sua vida profissional. Em seguida, faça um plano de medidas concretas que você possa executar para transformar sua experiência. Revise sua definição de metas desde o início e certifique-se de que elas são mensuráveis e têm um tempo específico – em outras palavras, escreva claramente o que você fará quando e como medirá se foi bem-sucedido ou não. Trabalhe isso em sua rotina e verifique regularmente seu progresso. À medida que avança, tome nota de todas as alterações ocorridas em seus relacionamentos profissionais. Alguma coisa melhorou? Você se sente mais confiante e seguro em sua função? Você se sente mais contente em casa e no trabalho?

17

CONHECE-TE A TI MESMO

Se você trabalhou de forma consistente neste livro, já está totalmente preparado para colocar em prática todas as suas recém-descobertas habilidades em Disciplina Positiva. Agora, queremos deixar alguns pontos de reflexão e inspiração para sua jornada daqui para a frente. Reiteramos que você deve considerar as consequências em longo prazo da sua parentalidade – e, também, do seu comportamento em geral – e o impacto que isso tem sobre seus filhos e as outras pessoas. Pode ser um pensamento assustador e, claro, o senso de responsabilidade é enorme. Não dizemos isso a fim de apavorá-lo, mas sim para capacitá-lo a fazer escolhas eficazes na vida. Esperamos que você encontre conforto em compreender mais profundamente como pode mudar sua realidade, alterando seu sistema de crenças e seu comportamento.

Mudar suas crenças

Com a descoberta do DNA, foi propagado um conceito na ciência e na saúde de que seus genes determinam quem você é. Isso criou uma visão bastante determinista, que significa que você herdava tanto genes bons como ruins e que suas perspectivas de saúde e de vida respondiam de acordo com eles. A realidade, como se vê, é mais complexa do que isso. Por que outro motivo pessoas com DNA semelhante (p. ex., irmãos e gêmeos idênticos especialmente) às vezes apresentam tantas diferenças em termos de saúde e habilidades físicas e mentais?

Nas últimas décadas, a ciência se voltou para o ambiente em busca de pistas. Agora existe uma escola de pensamento na biologia chamada epigenética (ver o trabalho de Bruce Lipton para pesquisas adicionais). A epigenética mostra essencialmente que o ambiente tem um impacto determinante na sua expressão gênica (a ativação de seus genes). Em outras palavras, o ambiente cria condições tanto favoráveis como desfavoráveis, e os genes, para garantir a sobrevivência da célula que os contém, serão ativados ou desativados em resposta. Em todos os momentos, portanto, a célula está no modo de crescimento ou no modo de sobrevivência (proteção), dependendo do ambiente. A sobrevivência é mais importante do que o crescimento, então, ao menor sinal de ameaça, a sobrevivência sempre prevalecerá. Como você é constituído por todas as suas células, isso significa que você não cresce ou desenvolve todo o seu potencial se estiver sempre lidando com urgências. O estresse pode prejudicar o seu crescimento. Isso é muito importante. Significa que você tem uma responsabilidade muito maior pela sua saúde física e mental e pela saúde dos que estão sob seus cuidados do que se pensava anteriormente. Também é extremamente empoderador, pois contesta a visão determinista de vida que diz que não há muito o que você possa fazer para impactar sua experiência. Na verdade, você pode, e muito!

"Espere aí", você está pensando. "Isso tudo parece muito teórico e longe da minha realidade cotidiana." Na verdade, não. Você alguma vez já sentiu muita raiva no trânsito? Ou se sentiu profundamente ofendido quando alguém do seu trabalho levou o crédito por um projeto seu? Ou se sentiu instantaneamente homicida quando alguém que você ama mentiu para você? Lembra daquela onda de emoção? Trata-se da resposta de luta, fuga ou paralisação em ação (conforme discutido no Cap. 11). É a resposta do seu corpo a uma ameaça percebida. Essa resposta é um mecanismo de sobrevivência muito inteligente, pois substitui sua capacidade de pensamento racional e, em vez dela, faz você agir de uma maneira que garantirá sua sobrevivência. Essa resposta é seis vezes mais poderosa que a resposta racional e, portanto, é muito mais provável que ela apareça quando você experimenta o estresse. Ela é um exemplo do que cada pequena célula está passando. Qualquer pessoa que tenha feito um exame ou participado de uma entrevista de emprego e perdeu completamente a capacidade de coordenar um pensamento ou uma frase entenderá isso. Não é um modo de crescimento e aprendizado – na verdade, quando você está nesse estado, não consegue acessar todo o conhecimento que possui, muito menos aprender coisas novas. Imagine o efeito ao longo do tempo se uma pessoa estiver quase sempre no modo de luta, fuga ou paralisação. Como alguém pode maximizar seu potencial? Muitos talentos e habilidades latentes podem nunca ser desenvolvidos.

Por que isso importa na criação de filhos? Bem, você se lembra da nossa discussão anterior sobre como crianças pequenas são capazes de absorver uma enorme quantidade de aprendizado por meio da observação? Seu trabalho como pai ou mãe é manter os filhos seguros e amados, e o ambiente que você cria tem um impacto direto na capacidade do seu filho de desenvolver certas habilidades, além de manter uma boa saúde mental e física. Sem a capacidade de distinguir fato de ficção, a criança armazenará como fatos no subconsciente tudo que ouve e observa. Essas "verdades" exercerão impacto, portanto, nas crenças da criança sobre si mesma e sobre o mundo e afetarão seu comportamento subsequente. A depender de a criança se *sentir* ameaçada ou segura, suas células estarão no modo de sobrevivência ou de crescimento e ajudarão ou dificultarão sua capacidade de aprender e crescer. A biologia reflete o que está acontecendo no subconsciente.

Então, o que você pode fazer sobre isso? A mágica do comportamento é que você pode alterá-lo a qualquer momento da sua vida. A epigenética se aplica aqui também – o ambiente em que você está inserido, e o que você cria, afetam os traços e comportamentos que você desenvolve. Ao longo deste livro, sugerimos que o ponto de partida para a mudança de comportamento está em você mesmo. Isso inclui dar uma olhada honesta em suas próprias crenças equivocadas para ver o que você está potencialmente projetando em seus filhos, incluindo perspectivas negativas de autoafirmação (as histórias que contamos sobre nós mesmos que ajudam a manifestar nossa visão sobre nós mesmos). Se você acredita que a vida é uma caminhada árdua constante ou que você nunca é perfeito o suficiente, provavelmente não está inspirando um sentimento de admiração e capacidade em seu filho.

Você cria um ambiente saudável para seus filhos ao dar o exemplo do que deseja trabalhar em si mesmo. Ao fazer isso, também está se treinando para melhorar. Já ouviu os ditados famosos "Imagine até realizar" e "Sinta o medo e faça assim mesmo"? Praticar o comportamento correto, mesmo que você ainda não se sinta tão confiante por dentro (seu próprio sistema de crenças está sendo desafiado, mas você está substituindo suas inseguranças ao fazer algo mesmo assim), você está exercitando seus músculos do comportamento, e com o tempo eles mudam. A biologia trabalha a seu favor aqui também. As vias neurais em seu cérebro mudarão ao longo do tempo para novas vias preferenciais, o que significa que o novo comportamento em breve será instintivo.

Mudar seu comportamento é uma parte essencial do crescimento pessoal.

Atenção plena (mindfulness)

A atenção plena é um estado mental alcançado ao focar sua consciência no momento presente enquanto reconhece e aceita calmamente seus sentimentos, pensamentos e sensações corporais. Há um enorme conjunto de evidências que confirma os benefícios terapêuticos da prática de atenção plena, principalmente porque ajuda você a manter a calma e não reagir a eventos externos sem antes refletir sobre o comportamento correto. Em outras palavras, a atenção plena o ajuda a controlar e gerenciar sua resposta de luta, fuga ou paralisação. Essa é uma habilidade de vida maravilhosa que pode ser aprendida e ensinada às crianças. Existem dois aspectos dessa definição: conscientização e aceitação.

Pode ser bastante reconfortante saber que, ao usar as habilidades do próprio corpo para relaxar e se autocurar, você pode aprender a se acalmar e a libertar-se quando se sentir ansioso e com raiva. Saber disso torna mais fácil se recuperar quando os hormônios do estresse começam a se manifestar. Quando estiver se sentindo sobrecarregado, concentre-se na respiração. Mostre ao seu filho como uma coisa simples como controlar a respiração pode ajudar a diminuir os sentimentos de ansiedade. O "cérebro na palma da mão" é um ótimo exemplo a ser usado. Ensinar as crianças a estarem conscientes de seus pensamentos e sentimentos as ajudará imensamente à medida que criam suas lógicas pessoais e aprendem a interpretar os eventos de suas vidas.

Aprender a aceitar como você se sente em determinado momento é realmente saudável e pode ajudar você (e a seu filho) a entender a diferença entre sentimentos e comportamento. Não há problema em sentir-se como você se sente, mas não é bom se comportar de maneira prejudicial aos outros (e a você mesmo), independentemente desses sentimentos. Ao abordar o comportamento e quaisquer crenças equivocadas por trás do comportamento, validamos as emoções da pessoa, dando-lhe a capacidade de transformar um comportamento destrutivo em produtivo. Conversar sobre atenção plena com as crianças pode ajudar a esclarecer a diferença entre sentimentos e comportamento e ajudar a encontrar melhores soluções para nossos problemas.

A atenção plena também treina você no "controle da mente", o que é muito empoderador. Você costuma sentir como se tivesse um macaco falando sem parar na sua cabeça? Você gostaria de poder calar esse macaco e fazê-lo deixar você em paz? A maioria de nós sente isso! A atenção plena, e sobretudo a meditação, podem ajudá-lo a acalmar essa conversa interna. O benefício é um alívio da preocupação constante, muitas vezes focada no futuro incerto e no passado, que, de qualquer forma, já se foi, deixando você sentindo-se impotente nos dois casos. Em vez disso, você se coloca presente no agora, o único período de tempo e, na verdade, de vida que está sempre sob seu controle – o momento atual. Essa capacidade de acalmar a mente e relaxar o ajuda a ficar mais atento ao que realmente está acontecendo dentro de você. Você pode ouvir melhor a voz interior que lhe orienta a tomar decisões sábias para si mesmo e para sua família e que ajuda você a seguir o curso da vida.

Como você pode treinar para ser mais consciente? O treinamento não religioso de meditação de atenção plena é oferecido em diversos lugares. Muitas pessoas acham que a natureza, o exercício físico e as artes são ótimas fontes de inspiração e conforto. Se você é religioso, práticas como oração ou participação em sermões podem ser úteis.

Carl Jung, outro precursor da psicologia moderna, postulou a ideia de que a inteligência humana é um fenômeno multifacetado. Ele falou de inteligência física, emocional, intelectual e espiritual. Alfred Adler falou de inteligência social, ou *Gemeinschaftsgefühl*. Ele também compartilhou um senso de espiritualidade: "Existe uma lógica vinda da mente. Há também uma lógica do coração; e existe uma lógica ainda mais profunda vinda do todo."

Vamos observar essas diferentes inteligências. Se em periodicidade diária, semanal ou, pelo menos, mensal você dedica algum tempo para se proteger e se nutrir em todas essas áreas, está no caminho para uma vida consciente. Se ensinar seus filhos a encontrarem seu próprio caminho para desenvolver essas inteligências, você estará dando a eles uma extraordinária habilidade de vida. Como isso pode parecer?

- *Inteligência física.* Certifique-se de envolver-se e ser o exemplo de um estilo de vida saudável tanto quanto for possível, incluindo exercícios, ar fresco, sono suficiente e uma dieta saudável. Técnicas de gerenciamento de estresse, como meditação e yoga, também são ótimas ferramentas. Muitas vezes, o corpo pode nos ajudar a liberar a frustração por meio do exercício, e é importante expressar a raiva verbalmente e de maneira construtiva para que não fique armazenada no corpo.

- *Inteligência emocional.* Pratique estar em sintonia com seus sentimentos, nomeando-os e expressando-os de maneira saudável. A Disciplina Positiva ajuda se você se lembrar de se aprofundar em sua própria "crença por trás do comportamento" e buscar encorajamento e apreciação.
- *Inteligência intelectual.* Diz respeito a estar intelectualmente estimulado naquilo que você faz com regularidade, bem como procurar descobrir novas ideias e aprender a expandir os seus limites. Isso pode incluir debate e discussão saudáveis com colegas, familiares e amigos. Se você sente que a maior parte do seu tempo é gasta levando seu filho para cá e para lá, e se você anseia por conversas que não sejam sobre os aspectos práticos da vida cotidiana ou compromissos profissionais, leituras, filmes, palestras e educação a distância, tudo isso ajuda a estimular a mente.
- *Inteligência espiritual.* Em primeiro lugar, isso inclui procurar e desenvolver curiosidade sobre os maiores mistérios da vida. Por que estamos aqui, como tudo começou, e para onde estamos indo? Religião, filosofia, artes e ciência, todas se esforçam para responder a essas perguntas. Um grande privilégio do nosso tempo é que não precisamos escolher apenas uma maneira de buscar a verdade. Nós podemos escolher muitas. O mais importante é não evitar essas perguntas e conversas com seus filhos.
- *Inteligência social.* Este é o princípio adleriano fundamental sobre o qual repousa nossa necessidade de aceitação e de nos sentirmos importantes, pois somos seres essencialmente sociais. A inteligência social inclui respeito envolvimento ativo na família e na comunidade; participação em organizações humanitárias e religiosas, causas beneficentes e voluntariado; expressão artística e compartilhamento.

A atenção plena leva tempo para se desenvolver. O essencial a lembrar é que o objetivo final não é importante; é o ato de buscar a atenção plena que mais importa. Vale a pena dedicar algum tempo investigando quão bem você se nutre em todas as áreas citadas e adotar uma prática ou um sistema para manter essa nutrição saudável.

Se a mente subconsciente armazena sua própria interpretação de suas experiências, a mente consciente é que escolhe o comportamento de maneira plena – é o seu livre-arbítrio. Ao estar presente no momento, você pode substituir as crenças negativas armazenadas de forma subconsciente que levam a comportamentos destrutivos e, em vez disso, escolher opções melhores. Ao estar presente e atento, você pode se recuperar antes de reagir para não fazer algo do qual mais tarde se arrependerá. Dessa forma, você pode começar a realmente assumir o controle da vida e criar sua própria realidade.

Viver a vida plenamente

Descrevemos a atenção plena como estar focado e relaxado no momento presente. Um benefício adicional dessa prática é que ela ajuda você a superar seus medos e inseguranças, em vez de escondê-los atrás de uma máscara ou *persona* falsa. Ao assumir papéis diferentes em vez de ser seu verdadeiro eu, você se entrega às crenças equivocadas sobre quem "deveria ser" e que tipo de comportamento é necessário para ser aceito e bem-sucedido. O risco é você estar representando na vida, em vez de experimentá-la integralmente.

Você já reparou como seus filhos parecem ter um talento especial para perceber quando você está sendo verdadeiro e quando está fingindo? Como uma profissional ouviu de sua filha de 7 anos, que a observou ao esbarrar com seu chefe no fim de semana: "Mãe, por que você riu tão alto quando encontrou aquele homem? Isso pareceu bobo e ele não era tão engraçado." Essa habilidade pode ser bastante desconcertante. Deixe a honestidade deles informar sobre seu comportamento e você descobrirá que é muito mais fácil tomar decisões autênticas e ser apoiado por eles, tornando-se um pai/mãe e um ser humano mais atento.

Algumas pessoas sentem-se confortáveis com os papéis que atribuem a si mesmas. Seja cauteloso ao deixar que um papel se torne seu único propósito na vida. A função de ser pai ou mãe não exige que você altere quem é. Apenas tente estar presente no momento para garantir que você não exagere em comportamentos inesperados, tente monitorar seus sentimentos e altere seu comportamento para dar exemplo de uma solução positiva e produtiva para o problema ou situação em questão.

Comentários de despedida

Entre o evento e sua reação há um espaço, um momento de pausa, em que você pode se recuperar, tomar consciência do que está acontecendo, bem como escolher uma resposta construtiva em vez de uma resposta destrutiva. Na Introdução, destacamos vários desafios que os pais modernos enfrentam. É compreensível que muitos se sintam totalmente sobrecarregados – eles entendem o que devem fazer, mas não *como* fazê-lo. Talvez procurar mais teorias, digamos, ou gurus para encontrar seu caminho não seja a resposta; isso apenas lhe dá mais "o que fazer". Talvez se trate mais de olhar para dentro a fim de encontrar esse espaço e trabalhar sua reatividade. Pare, ouça atentamente e se dê a chance de ouvir sua famosa voz interior. Perceba quão profundamente poderoso você é como pessoa que afeta seu ambiente. Esse espaço é onde a sabedoria vive, e a sabedoria leva a comportamentos proativos, paz e tranquilidade. Todo ser humano tem o poder de reivindicar esse espaço, e, como pai ou mãe, você tem a oportunidade de ajudar a moldar nosso futuro por meio da criação sábia da próxima geração. Quão empolgante é isso?

Você, sem dúvida, quer muito para os seus filhos. Pode ser difícil às vezes impedir a si mesmo de definir expectativas irreais, tanto para você, na condição de pai ou mãe, como para seus filhos, ou de acabar incidindo em medo e preocupação. Talvez você queira que eles tenham "a infância dos sonhos". A infância dos sonhos é aquela que há um equilíbrio entre segurança, desafios, aventuras e contratempos. O importante é que a infância do seu filho seja saudável e segura, com muitas lembranças felizes, e que o coloque no caminho de se tornar um adulto próspero. Você não pode controlar tudo que acontecerá na vida de seu filho, mas pode ter um enorme impacto nela.

Então, vamos sonhar por um momento todas as coisas que tivemos ou gostaríamos de ter tido na infância. Como essa infância ideal se parece? Como você se sentia? O que você fazia? Agora crie isso para seu filho. Dê exemplos de saúde física e emocional. Amplie seus limites e os dele intelectualmente por meio de aprendizado, descobrindo cultura e experimentando aventuras. Envolva-se em sua comunidade. Não tenha medo de falar sobre as ideias maiores e mais profundas: por que o sofrimento existe, o que é o amor e o que acontece depois de tudo isso. Ouça as ideias deles e você ficará maravilhado! As crianças nascem com fome de saber, aprender, experimentar. Ao guiá-los, você também está reacendendo sua própria chama da vida.

Ao chegar ao final deste livro, esperamos que você se sinta empoderado e empolgado – empoderado por todas as ferramentas e exercícios, e empolgado para continuar criando mudanças positivas em sua vida. Lembre-se de que a perfeição não é necessária! O que é necessário é o esforço – um esforço de longo prazo que trará recompensas em longo prazo. Não espere milagres da noite para o dia. De qualquer maneira, eles não são feitos para durar. Não perca a esperança quando algo que funcionava anteriormente parece falhar; tente de novo, de uma maneira nova e criativa. É uma jornada, não uma corrida, como diz o ditado. Se você considerar apenas uma ferramenta deste livro, que seja o encorajamento. Ele é uma verdade universal, que beneficia você, sua família, seus amigos e seus colegas. Muita coisa em sua vida pode, aparentemente, parecer escapar de suas mãos, mas você tem algum controle sobre seu estado interior. Deixe esse espaço ser positivo. Viva a vida ao máximo, e seus filhos farão o mesmo.

Apêndice 1: Resolução de problemas

OS VINTE MAIORES DESAFIOS
E AS FERRAMENTAS PARA CORRIGI-LOS

Nesta seção, listaremos os vinte maiores desafios (sem ordem específica de importância) dos pais com seus filhos que surgem de maneira mais frequente em nosso trabalho com pais de todo o mundo. Se você não encontrar seu desafio listado aqui, procure um semelhante, ou volte e revise os cinco critérios da Disciplina Positiva no Capítulo 2 e pense em como você pode aplicá-los na criação dos seus filhos. O quadro dos objetivos equivocados, reproduzido no Apêndice 2, também é uma ferramenta abrangente muito boa para você consultar regularmente, a fim de reavaliar desafios e progresso. É importante lembrar que não existe uma ferramenta que funcione para todas as crianças em todas as situações. É por isso que oferecemos tantas ferramentas da Disciplina Positiva.

Todas as ferramentas atendem aos cinco critérios da Disciplina Positiva. Além disso, existem alguns princípios fundamentais que sustentam esses critérios. Antes de se envolver em qualquer tipo de ação corretiva, pergunte a si mesmo se o comportamento que pretende ter se baseia nesses princípios: "Estou sendo gentil e firme? Lembre-se de conectar antes de corrigir. Essa solução estimulará a cooperação? Estou buscando uma solução em curto prazo ou uma que exija treinamento e que assegure benefícios em longo prazo? Compreendi plenamente a crença do meu filho por trás do comportamento?" Há muitas possibilidades de ajudar as crianças a se sentirem melhor para que ajam melhor. As ferramentas da Disciplina Positiva *não* são técnicas, mas sim ferramentas baseadas em princípios. As técnicas são muito limitadas e geralmente não funcionam em longo prazo. Um princípio é mais amplo e profundo e há muitas maneiras de aplicá-lo.

Alguns pais pensam que esses métodos tomam muito tempo, mas, se você pensar bem, é mais uma questão de novas habilidades e hábitos do que de tempo. Demora exatamente o mesmo tempo para dar sermão, repreender, punir ou ficar com raiva. Mudar hábitos e aprender novas habilidades não é fácil até que se torne fácil! Enquanto isso, seja gentil consigo mesmo. Todos os pais passam por momentos em que se sentem sobrecarregados. Continue se lembrando de que os erros são oportunidades maravilhosas para aprender. Tente também usar essas ferramentas com atenção plena – o sentimento por trás do que você faz é tão importante quanto o que você faz.

1. Chamar a atenção

Todas as crianças anseiam pela atenção de seus pais, mas, se você se sentir irritado, aborrecido, preocupado ou culpado, isso pode ser um indício de que a criança está envolvida na crença equivocada de atenção indevida. Para atenção indevida, a crença é: "Eu sou aceito apenas quando você presta atenção constante em mim e/ou recebo tratamento especial." A mensagem codificada que oferece pistas para o encorajamento é "Perceba-me. Envolva-me de maneira útil."

Ferramenta: redirecionar

Em vez de dizer "não faça", redirecione para "faça". Envolva a criança em uma tarefa para dar atenção útil. Por exemplo, se você está tendo uma conversa com alguém e seu filho fica interrompendo, explique que precisa de três minutos para terminar sua conversa. Dê à criança um cronômetro para que ela possa lhe dizer quando for a hora de terminar a conversa e dar a ele ou ela sua total atenção.

Ferramenta: momento especial

Programe um momento especial diferente do horário habitual. Revezem-se na escolha de uma atividade de que vocês dois gostem de uma lista que elaboraram juntos (lembre-se de manter o celular longe para não se distrair). Diretrizes por idade:

- 2-6 anos: 10 minutos por dia.
- 7-12 anos: pelo menos 30 minutos por semana.
- 13 anos ou mais: uma vez por mês (e torne a atividade tão interessante que seu filho não possa resistir).

Ferramenta: sinais não verbais

Os pais costumam falar demais. Um sinal silencioso pode falar mais alto que palavras. Combine sinais não verbais com antecedência para que você possa se comunicar com seu filho, como um lembrete de boas maneiras. Também é útil ignorar o comportamento e tocar sem usar palavras. Quando se sentir aborrecido e/ou irritado, tente colocar a mão no coração para sinalizar "eu te amo". Os dois se sentirão melhor.

Ferramenta: demonstrar confiança

Evite o tratamento especial. Acredite na capacidade da criança de lidar com seus sentimentos (não resolva o problema ou resgate a criança). Quando demonstramos ter fé em nossos filhos, eles desenvolvem coragem e confiança em si mesmos.

2. Retrucar, ser rude ou desrespeitoso e falar palavrão

Quando nossos filhos são rudes conosco ou com outras pessoas, podemos nos sentir magoados, decepcionados, descrentes ou ressentidos. Podemos sentir como se estivéssemos falhando como pais. Às vezes, nossos sentimentos de constrangimento, vergonha ou dor podem até ser a causa de magoarmos o outro de volta. É importante lembrar que, para o objetivo equivocado de vingança, a crença é "eu não sou aceito, e isso dói, então vou ajustar as contas magoando os outros". Geralmente é causado pelo fato de a criança ter sido anteriormente magoada por alguma coisa que precisa ser reconhecida (se a causa for você, talvez seja necessário pedir desculpas). A mensagem codificada que oferece pistas para encorajamento é "Estou magoado. Valide meus sentimentos".

Ferramenta: validar sentimentos

Permita que as crianças tenham seus sentimentos para que possam aprender que são capazes de lidar com eles. Não tente resolver, resgatar ou convencer as crianças a desistir de seus sentimentos. Valide os sentimentos feridos da criança (talvez seja necessário adivinhar quais são): "Você parece realmente [bravo, chateado, triste]."

Ferramenta: pausa positiva

As pessoas *agem* melhor quando se *sentem* melhor. A pausa positiva ajuda a nos acalmar e a nos sentirmos melhor. Sugira uma pausa positiva para vocês dois. Saia do ciclo de vingança, evitando punições e retaliações; em seguida foque soluções no momento de calma.

Ferramenta: usar mensagens em primeira pessoa

Compartilhe seus sentimentos usando uma mensagem em primeira pessoa: "Eu me sinto magoado pelo tom que você usou e gostaria que você falasse comigo usando uma voz respeitosa para que eu possa ouvi-lo melhor." Quando você se comunica usando mensagens em primeira pessoa, isso tira a pessoa da defensiva, oferece a ela a oportunidade de praticar empatia com você e cria conexão antes da correção.

Ferramenta: não retrucar

Não aceite provocações, pois acabará sendo grosseiro, barulhento ou desrespeitoso. Isso cria uma disputa por poder ou um ciclo de vingança. Uma vez que vocês dois tenham se acalmado até conseguirem ser respeitosos, assuma a responsabilidade por sua parte: "Eu percebo que falei de forma desrespeitosa com você, parecendo mandão ou crítico."

3. Aborrecimentos na hora de dormir

Os aborrecimentos na hora de dormir podem ser evitados se novas habilidades forem ensinadas de maneira divertida. Durante um momento calmo com as crianças pequenas, você pode fazer uma brincadeira para escovarem os dentes. Elas podem tentar "vencer o relógio" ou simplesmente se sentirem bem com suas conquistas quando você diz: "Veja, você consegue fazer isso." Logo que as crianças adquirem as habilidades, sua cooperação aumentará tremendamente se elas forem envolvidas, durante um momento livre de conflitos, no processo de criação do quadro de rotina.

Ferramenta: criar rotinas

Crie uma rotina *com* seu filho e cumpra-a. Elaborem ideias sobre as tarefas que precisam ser realizadas (hora de dormir, rotina matinal, lição de casa etc.) e tire fotos do seu filho executando cada atividade. Posicione o quadro em um local fácil de ver. Não elimine o sentimento de "sentir-se capaz" oferecendo recompensas.

Ferramenta: demonstrar confiança

Tendemos a subestimar o que nossos filhos conseguem fazer. Quando demonstramos confiança em nossas crianças, elas desenvolvem coragem e fé em si mesmas. Em vez de dar sermões, consertar ou fazer por elas, diga: "Eu tenho fé em você. Eu sei que você pode lidar com isso."

Ferramenta: uma palavra

Assim como ocorre com os sinais não verbais, às vezes usar uma palavra é suficiente para comunicar suas expectativas. Não caia na armadilha de ser atraído pelo drama das crianças. Evite dar sermões e resmungar. Use uma palavra como um lembrete gentil: "dormir". "Uniformes" (como um lembrete para separarem as roupas na noite anterior). Quando os acordos são feitos em conjunto com antecedência, muitas vezes uma palavra é tudo o que precisa ser dito.

Ferramenta: reuniões de família

As crianças aprendem habilidades sociais e de vida durante as reuniões de família semanais. Para uma descrição detalhada das reuniões de família, consulte o Capítulo 10.

4. Tarefas domésticas

O treinamento é uma parte importante do ensino de habilidades de vida para as crianças. Não espere que elas saibam o que fazer sem o treinamento passo a passo. Também é útil lembrar que os padrões de limpeza delas diferem muito dos seus, então você não pode simplesmente dizer ao seu filho para limpar o quarto dele e esperar que ele o faça de forma satisfatória. Quando se trata de tarefas domésticas ou outras atividades em casa, é importante lembrar de não usar suborno ou recompensa. As recompensas encobrem o sentimento íntimo positivo de realização que ajuda as crianças a desenvolverem um forte senso de capacidade.

Ferramenta: dedicar tempo ao treinamento

Explique a tarefa de maneira gentil no momento em que você a executa enquanto seu filho o observa. Façam a atividade juntos. Peça que seu filho faça sozinho enquanto você o supervisiona. Quando ele se sentir pronto, deixe-o executar a tarefa sozinho. Não intervenha, corrija ou faça por ele – deixe que ele assuma.

Ferramenta: prática

A prática é uma parte importante de "dedicar tempo ao treinamento". Por exemplo, permita que seus filhos ajustem o cronômetro para verem quanto tempo levam para realizar todas as tarefas em seu quadro de rotina (ou qualquer outra coisa que você queira ensinar). Pergunte aos seus filhos que ideias eles têm para melhorar seu tempo. Continuem resolvendo problemas juntos e sigam treinando.

Apêndice 1: Resolução de problemas

Ferramenta: desapegar-se

Desapegar-se não significa abandonar seu filho. Significa permitir que ele aprenda a ter responsabilidade e se sinta capaz. Dê pequenos passos para o desapego. Dedique tempo ao treinamento e depois se afaste. Tenha confiança em seu filho para aprender com seus próprios erros. E lembre-se: o seu jeito nem sempre é o melhor.

Ferramenta: conquistar cooperação

Isso envolve a inclusão das crianças no processo de tomada de decisão. Assim como os adultos, as crianças são muito mais propensas a cooperar ao se sentirem ouvidas e parte da criação da solução. Concentre-se em soluções para os problemas, em vez de culpar: "O que devemos fazer para realizar as tarefas?", em vez de "Você fez suas tarefas?" Durante uma reunião de família, vocês podem fazer uma lista de tarefas que precisam ser realizadas semanalmente e revezar quem as executará.

5. Direitos

Muitos pais confessam que são conhecidos por mimar demais seus filhos com coisas materiais ou ceder às demandas deles. Os pais que trabalham podem estar especialmente propensos a esse erro ao sentirem-se culpados por estar fora durante o dia e tentar compensar esse fato comprando itens materiais para os filhos, ou fazendo coisas por eles. Entretanto, essas crianças estão sendo privadas da oportunidade de desenvolver muitas habilidades importantes de vida, como resiliência, paciência, preocupação com os outros e resolução de problemas. Elas não desenvolvem a coragem e a autoconfiança que advém de descobrir que podem sobreviver à decepção e se recuperar dos erros por conta própria. Decorre disso, muitas vezes, um senso de direito pouco saudável.

Ferramenta: evitar mimar

Não é seu trabalho *fazer* seus filhos sofrerem; é seu trabalho *permitir* que eles sofram. Mimar gera fraqueza, porque as crianças desenvolvem a crença de que as outras pessoas devem fazer tudo por elas. Um dos maiores presentes que você pode dar a seus filhos é permitir que eles desenvolvam a crença "Eu sou capaz". Nunca faça por uma criança o que ela pode fazer por si mesma.

Ferramenta: encorajamento

Use declarações encorajadoras em vez de elogios. Por exemplo, "Você realmente se esforçou muito nisso – deve estar muito feliz consigo mesmo". Encorajamento é diferente de elogio, que se parece com algo assim: "Você recebeu um A, estou muito orgulhoso de você." Você consegue perceber a diferença na linguagem entre encorajamento e elogio? O encorajamento tem foco em um lócus interno de controle e resulta na resiliência e no sentimento de empoderamento da criança, enquanto o elogio tem foco em um lócus externo de controle e cria dependência. Não há problema algum em elogiar de vez em quando. Toda criança quer ouvir que seus pais têm orgulho dela. Apenas observe que muitos elogios podem inspirar seu filho a depender das opiniões dos outros.

Ferramenta: pedir ajuda

Dizer aos seus filhos que eles são capazes não é eficaz. Eles devem ter oportunidades de experimentar o que é sentir-se capaz. Esse sentimento surge deles ao conseguirem contribuir. Ajuda se você se desapegar da ideia de que as coisas precisam ser feitas do seu jeito, o que pode levar a críticas. Busque todas as oportunidades para dizer "Preciso da sua ajuda" e permita que eles façam do jeito deles. Garanta que eles saibam o quanto você aprecia o esforço e a ajuda deles.

Ferramenta: tarefas

As crianças aprendem habilidades de vida, desenvolvem interesse social e sentem-se capazes ao ajudar em casa. Juntos, elaborem ideias para uma lista de trabalhos em família. Crie maneiras divertidas de revezarem o trabalho, tais como uma roleta giratória com as atividades, um quadro ou uma jarra contendo as tarefas, de onde todos tiram duas tarefas para si a serem realizadas na semana. Dedique um tempo para treinar a execução do trabalho: nos primeiros seis anos, faça as tarefas com eles. Discuta todos os problemas em uma reunião de família e foquem soluções.

6. Sentir insegurança ou falta de confiança

A criança que acredita que não é capaz pode não lhe causar muitos problemas durante o dia, mas pode assombrá-lo à noite, quando você tiver tempo para pensar em como ele ou ela parece ter desistido. Diferentemente da criança que diz "Eu não consigo" apenas para fazer você prestar atenção nela, a criança que opera com a inadequação assumida de fato acredita nisso. É tentador fazer mais coisas por essa criança; no entanto, isso pode aumentar seus sentimentos de inadequação.

Ferramenta: quebrar o código

Para a inadequação assumida, a crença é "Eu desisto. Deixe-me em paz". A mensagem codificada que fornece pistas para o encorajamento é: "Não desista de mim. Mostre-me um pequeno passo."

Ferramenta: pequenos passos

Divida as tarefas para permitir que as crianças experimentem o sucesso. Um exemplo é dizer: "Vou desenhar metade do círculo, e você pode desenhar a outra metade" ou "Eu vou resolver as duas primeiras etapas deste problema de álgebra e, em seguida, você poderá executar as próximas duas". As crianças desistem da crença de que não são capazes quando conquistam pequenos passos.

Ferramenta: criar oportunidades para o sucesso

A fim de criar oportunidades para o sucesso, encoraje o aperfeiçoamento, não a perfeição, e baseie-se nos interesses. Assim, quando as coisas não acontecerem conforme o planejado, continue encorajando ao fazer comentários como "Não há problema em cometer erros. É assim que aprendemos" e "Lembra como era difícil quando você tentou pela primeira vez? Agora você já domina isso".

Ferramenta: mostrar confiança

Se você não tem fé em seus filhos, de que outra forma eles aprenderão a ter confiança em si mesmos? As ações fundamentais para demonstrar confiança em seus filhos são atitudes preventivas, tais como evitar a superproteção, o resgate, o reparo e a repetição da mesma coisa inúmeras vezes (sermões).

Ferramenta: dedicar tempo ao treinamento

Ensine uma habilidade, mas não faça o trabalho para ele ou ela. Como Rudolf Dreikurs disse: "Uma mãe que constantemente repete o que diz e faz as coisas para uma criança sem necessidade não apenas tira da criança a sua responsabilidade como se torna dependente dela para sentir-se importante como mãe."

7. Aborrecimentos com a lição de casa

Quanto mais você assume a lição de casa como um trabalho seu, menos seus filhos a encaram como deles. As crianças que acham que a lição de casa é mais importante para seus pais do que para elas não assumem a responsabilidade para si mesmas. Lembre-se de que seu filho não está carente dessa habilidade; ele ou ela simplesmente não está interessado ou se sente desencorajado e desesperançado. Essa criança provavelmente nunca precisa de um lembrete para fazer algo que ama ou em que é boa.

Ferramenta: conexão antes da correção

Crie intimidade e confiança em vez de distância e hostilidade, garantindo que a mensagem de amor seja transmitida: "Você é mais importante para mim do que suas notas. O que suas notas significam para você?" Comece validando os sentimentos e mostrando compreensão: "Sua lição de casa não é sua prioridade e ela precisa ser concluída agora." Em seguida, ofereça opções: "Você quer que eu lhe ajude ou quer tentar fazer sozinho primeiro?" Finalize combinando um prazo para conclusão e faça o acompanhamento. "Quanto tempo você acha que levará para concluir esta tarefa? Vou dar a você um aviso quando faltarem 10 minutos antes de chegar e conferir a lição." Uma alternativa é fazer perguntas curiosas: "O que acontecerá se você não concluir a lição de casa? Você está disposto a experimentar essas consequências? Se não, o que você precisa fazer?"

Ferramenta: consequências lógicas

Muitas vezes, as consequências lógicas são punições mal disfarçadas. É importante seguir os três "R" e um "U" das consequências lógicas. Se alguma dessas características estiver faltando, não será uma consequência lógica.

A consequência deve ser:

- *Relacionada*. Explique claramente como a ação da criança está relacionada à consequência.
- *Respeitosa*. Garanta que a consequência não seja punitiva e desrespeitosa com a criança.
- *Razoável*. A consequência deve ser razoável, dado o evento em questão.
- *Útil*. Garanta que a consequência ajudará a criança a entender a conexão entre causa e efeito e como ela poderá evitar uma consequência semelhante no futuro.

Sempre que possível, esqueça as consequências e foque soluções *com* seu filho. Ou faça perguntas curiosas para ajudá-lo a explorar as consequências de suas escolhas e nunca imponha consequências.

Ferramenta: escolhas limitadas

As crianças podem não ter escolha sobre muitas coisas, como fazer ou não a lição de casa. A lição de casa precisa ser feita, mas pode ser oferecida opção de quando gostariam de fazê-la, tais como logo após a escola, pouco antes do jantar ou depois dessa refeição.

Ferramenta: gentil e firme

As crianças agem melhor quando se sentem melhor. Os limites são mais eficazes quando são estabelecidos com gentileza e respeito. Acompanhe os acordos, sendo gentil e firme ao mesmo tempo. Se a criança não quiser terminar sua lição de casa antes do jantar e era isso que tinha sido acordado, em vez de repreender, ameaçar ou resmungar, seja gentil *e* firme: "Eu sei que você não quer fazer sua lição de casa, *e* qual foi nosso acordo sobre quando ela seria feita?" Gentil e silenciosamente, espere pela resposta.

8. Ignorar/não escutar

Quando os pais dizem: "Meu filho não escuta", o que eles realmente querem dizer é "Meu filho não obedece". A maioria das crianças não escuta os pais porque estes falam demais e não dão um bom exemplo para as crianças do que é escutar. As crianças aprendem o que vivem. Como elas podem aprender a escutar se os pais não dão o exemplo do que é a escuta? As crianças vão escutá-lo *depois* de se sentirem ouvidas. A maioria encontra maneiras de se desligar quando os sermões começam.

Ferramenta: escutar

Observe com que frequência você interrompe, explica, defende sua posição, dá um sermão ou um comando quando seu filho tenta falar com você. É importante parar e apenas escutar. Experimente fazer perguntas do tipo "Você pode me dar um exemplo? Há mais alguma coisa?" Somente quando seu filho terminar você deve perguntar se ele ou ela está disposto a ouvi-lo. Após o compartilhamento, foquem uma solução que funcione para os dois.

Ferramenta: validar sentimentos

Aprenda a validar os sentimentos do seu filho em vez de lhe dar um sermão sobre o comportamento dele. Você pode se surpreender com o quanto isso é mais eficaz para encorajar mudanças.

Ferramenta: perguntas curiosas

Os pais falam demais em vez de perguntar e depois ouvir. Eles contam aos filhos o que aconteceu e, depois, dizem o que fez isso acontecer, e então dizem a eles como devem se sentir sobre o que aconteceu, e, a seguir, lhes dizem o que devem fazer sobre o que aconteceu. É muito mais eficaz perguntar a uma criança o que aconteceu, o que fez isso acontecer, como ela se sente e o que ela pode fazer. Quando você sentir um sermão chegando, mude para perguntas curiosas.

Ferramenta: olho no olho

Pare o que estiver fazendo. Levante-se e aproxime-se o suficiente do seu filho para olhar nos olhos dele ou dela. Com as crianças pequenas, uma maneira importante de se conectar com elas é ajoelhar-se ao nível delas, para que vocês possam se ver olho no olho. Então, você pode se envolver em qualquer correção necessária. Você perceberá que fala mais baixo quando faz um esforço respeitoso para olhar nos olhos do seu filho. Também pode ajudar a dar o exemplo de olhar-se nos seus relacionamentos adultos.

Ferramenta: escutar, sem abrir a boca

Durante a semana, dedique um tempo para sentar-se em silêncio perto de seus filhos. Se eles perguntarem o que você quer, diga "Eu só queria estar com você por alguns minutos". Se eles falarem, apenas ouça sem julgar, defender ou explicar. Ouvimos muitos pais compartilharem que essa ferramenta mostra grande sucesso quando as crianças estão se preparando para dormir à noite, no carro ou quando os adolescentes estão se preparando para sair.

9. Mentir ou inventar a verdade

Precisamos lidar com as razões pelas quais as crianças mentem antes que possamos ajudá-las a desistir de sua necessidade de mentir. Geralmente, elas mentem pelas mesmas razões que os adultos: sentem-se em uma armadilha, têm medo de punição ou rejeição, sentem-se ameaçadas ou apenas pensam que mentir tornará as coisas mais fáceis para todos. Com frequência, mentir é um sinal de baixa autoestima. As pessoas pensam que precisam parecer melhores porque não sabem que são boas o suficiente do jeito que são. Muitos de nós mentiríamos para nos proteger de punições ou desaprovação. Pais que punem, julgam ou dão sermões aumentam as chances de seus filhos mentirem como mecanismo de defesa. Todas as sugestões são planejadas para criar um ambiente não ameaçador, em que as crianças podem se sentir seguras ao dizer a verdade.

Ferramenta: perguntas curiosas

Pare de fazer perguntas capciosas que inspiram a mentir. Uma pergunta capciosa é aquela cuja resposta você já sabe. "Você limpou seu quarto?" Em vez disso, diga: "Eu estou vendo que você não limpou seu quarto. Gostaria de fazer um plano para limpá-lo?"

Ferramenta: dar o exemplo

Dê um exemplo ao dizer a verdade. Compartilhe com seus filhos os momentos em que foi difícil para você dizer a verdade, e mesmo assim você decidiu que era mais importante experimentar as consequências e manter seu respeito próprio e integridade. Certifique-se de que seja um compartilhamento, em vez de um sermão.

Ferramenta: apreciação

"Obrigado por me dizer a verdade. Eu sei que foi difícil. Admiro a maneira como você está disposto a enfrentar as consequências e sei que pode lidar e aprender com elas." As crianças podem aprender que é seguro dizer a verdade em sua família. Mesmo quando se esquecem disso, são lembradas com gentileza e amor.

Ferramenta: erros são oportunidades de aprendizado

Ajude seus filhos a acreditarem que os erros são oportunidades de aprendizado, para que eles não acreditem que são ruins e precisem encobrir seus erros.

10. Falta de motivação

Decifre o código e descubra a falta de motivação de seu filho por meio dos quatro objetivos equivocados do comportamento. (Consultar o Cap. 8 para obter mais informações.) Encontre maneiras produtivas para a criança receber

Apêndice 1: Resolução de problemas

atenção, sentir que ele ou ela está no comando, lidar com sentimentos feridos ou obter ajuda quando ele ou ela sente vontade de desistir. O desafio é parar de fazer coisas que não funcionam e dedicar tempo para encontrar maneiras de encorajar tanto você como seu filho.

Ferramenta: encorajamento

"Uma criança que se comporta mal é uma criança desencorajada", disse Rudolf Dreikurs. Quando as crianças se sentem encorajadas, o mau comportamento desaparece. Encoraje criando conexão antes da correção. Desenvolva os pontos fortes. Conversem sobre todas as coisas que estão funcionando bem para a criança, dando-lhe uma chance de falar primeiro. Quando seu filho se sente encorajado em sua área forte, você pode ensiná-lo a lidar com as fraquezas.

Ferramenta: perguntas curiosas

Faça as perguntas "o que" e "como": "Como isso pode ser útil para você?", "Quais são os benefícios para você agora ou no futuro, se fizer isso?", "Como você será afetado se escolher não fazer isso?", "Como você estaria contribuindo para os outros se fizesse isso?"

Ferramenta: consequências naturais

Deixe que as consequências sejam o mestre. Se uma criança não está fazendo nada, isso se refletirá em notas baixas e em oportunidades perdidas. Mostre empatia pelo seu filho quando ele ou ela experimentar as consequências da inatividade. Não mostre uma atitude "eu avisei". Prossiga com perguntas "o que" e "como" para ajudá-lo a entender a relação entre causa e efeito, e use essas informações para construir um plano de sucesso.

Ferramenta: mostrar confiança

Garanta ao seu filho que você sabe que ele ou ela é capaz de fazer um bom trabalho em determinada tarefa e/ou atividade. Vocês dois podem determinar juntos se ele ou ela tem todos os materiais necessários e as informações; então você deve, com confiança, contar que ele ou ela fará o trabalho.

11. Aborrecimentos matinais

A maioria dos aborrecimentos matinais ocorre porque os pais tentam fazer tudo, inclusive vestir os filhos. Em nossos *workshops* para pais, muitas vezes perguntamos a eles: "Com que idade as crianças são capazes de se vestir sozinhas?" É impressionante a quantidade de pais que acreditam que os filhos não conseguem fazer essa tarefa até os 4-5 anos. Por acaso sabemos, a partir de nossa própria experiência e da experiência de muitos outros pais, que as crianças são muito capazes de se vestir sozinhas aos 2 anos se os pais dedicarem tempo ao treinamento, se estabelecerem uma rotina consistente e, se comprarem o tipo de roupa fácil de colocar ou tirar.

Ferramenta: resolução de problemas

Quando as crianças são envolvidas nas soluções, têm propriedade e motivação para seguir os planos que ajudaram a criar. Sente-se com seus filhos durante uma reunião de família ou uma sessão mais informal. Apresente o problema e peça sugestões: "Estamos tendo muitos aborrecimentos de manhã. Que ideias vocês têm para resolvermos esse problema?" Sua atitude e tom de voz ao apresentar o problema são cruciais. Humilhação inspira resistência e atitude defensiva. Respeito inspira cooperação. Anote todas as sugestões. Você também pode fazer sugestões, mas somente depois de permitir bastante tempo para ouvir as deles primeiro. Selecionem a sugestão com a qual todos concordarem e discutam exatamente como ela será implementada. Um acordo feito com boa vontade de todos os envolvidos é essencial para que todos sintam vontade de cooperar.

Ferramenta: rotinas

Envolva seus filhos na criação de rotinas. Uma das melhores maneiras de evitar aborrecimentos matinais é começar a noite anterior com uma rotina que ajude a evitar aborrecimentos na hora de dormir. Depois que seu filho fizer uma lista de tudo o que ele ou ela puder imaginar para incluir como parte de sua rotina de dormir (ele mesmo escrevendo ou ditando para você escrever), pergunte: "Que tal deixar suas coisas prontas para amanhã cedo?" Durante esse momento, deixe-o escolher as roupas que irá vestir na manhã seguinte. Em seguida, ajude seus filhos a criarem seu próprio quadro de rotina matinal. Deixe-os decidir a que horas precisam acordar, de quanto tempo precisam para se arrumar, qual função desempenharão na rotina do café da manhã e as regras de que a televisão não será ligada até que tudo seja feito e eles tiverem tempo sobrando.

Ferramenta: escolhas limitadas

Oferecer escolhas limitadas em vez de dar comandos pode ser muito eficaz. As crianças costumam responder às escolhas quando não têm que responder aos comandos, especialmente quando você oferece as escolhas dizendo "Você decide". As escolhas devem ser respeitosas e devem focar a atenção nas necessidades da situação. As escolhas também estão diretamente relacionadas ao respeito e ao que é conveniente aos outros. Ao se prepararem para a escola, as crianças mais novas podem escolher calçar seus sapatos antes que a família saia em cinco minutos ou calçá-los no carro. As crianças mais velhas podem escolher estar prontas em cinco minutos ou ir de bicicleta depois. De qualquer maneira, a mãe sairá em cinco minutos.

Ferramenta: consequências naturais

As consequências naturais são o que acontece naturalmente, sem interferência de adultos. Quando você fica na chuva, se molha; quando não come, fica com fome; quando esquece seu casaco, fica com frio. Você está disposto a permitir que seu filho vá à escola sem tomar café da manhã, chegue à escola ainda de pijama ou se atrase sem dar uma desculpa por ele? Se estiver, seu filho aprenderá com seus próprios erros. No entanto, é importante que você não diga "eu avisei"; em vez disso, demonstre empatia.

12. Atitude negativa

Crianças negativas geralmente desenvolvem suas atitudes e comportamentos como uma maneira de encontrar um lugar único na família, rebelando-se contra o controle dos pais, imitando os pais ou irmãos negativos ou reagindo aos pais que estão sempre tentando fazê-los felizes. Não devemos esquecer que, quanto mais você faz pelas crianças, mais elas exigem e menos capazes e confiantes se tornam. Surpreende você que, em vez de sentir gratidão, as crianças só queiram mais?

Ferramenta: prestar atenção

Seus filhos estão tendo a impressão de que não são importantes? Pare o que estiver fazendo e se concentre em seu filho como se ele ou ela fosse mais importante do que qualquer outra coisa que você poderia fazer. Não se esqueça de agendar um tempo especial.

Ferramenta: gentileza e firmeza

É importante permanecer centrado e parar de oscilar entre ser muito firme (autoritário) e muito gentil (permissivo). Isso inclui livrar-se das declarações "mas" e usar "e". Por exemplo: "Eu sei que você quer um tempo para relaxar depois de um dia inteiro na escola *e* nós dois sabemos que você também precisa terminar sua lição de casa, então vamos combinar quando você vai fazê-la." Usar "mas" nega o que foi dito na primeira metade da frase; em consequência, é altamente ineficaz e prejudica sua credibilidade. Usar "e" significa que você decide e também comunica consistentemente o que fará e, depois, cumpre.

Ferramenta: conexão antes da correção

Conectar-se à criança antes de envolver-se em uma correção para mudar o comportamento é essencial para comunicar aceitação/pertencimento e importância. Às vezes, a melhor maneira é não verbal, usando o toque. Para crianças mais novas, isso significa abaixar-se fisicamente até sua altura e usar o contato visual. A conexão garante que você tenha a atenção da criança; comunica respeito e que você está aberto e disposto a buscar uma situação em que todos saem ganhando. Também ajuda você a gerenciar suas próprias emoções e a ficar conectado com decisões sábias sobre a criação dos filhos, especialmente em momentos de conflito.

Ferramenta: encorajamento

Em vez de basear a interação que você tem com seu filho em comentários e críticas negativos, use o encorajamento.

13. Disputas por poder

São necessárias duas pessoas para haver uma disputa por poder. E, se você estiver sentindo-se com raiva, desafiado, ameaçado ou derrotado, poderá estar envolvido em uma disputa por poder. É útil lembrar que, para o poder mal direcionado, a crença é "Eu sou aceito apenas quando sou o chefe, ou, pelo menos, quando não deixo que você mande em mim". A mensagem codificada que oferece pistas para o encorajamento é "Permita-me ajudar. Dê-me escolhas". Seus filhos testarão constantemente para ver quanto poder eles têm. Isso é normal. É aconselhável aproveitar essas oportunidades para ensiná-los a usar seu poder de maneira construtiva. Uma boa estratégia para evitar disputas por poder é buscar áreas em que as crianças possam exercitar o poder positivo.

Ferramenta: pedir ajuda

Reconheça que você não pode obrigar seu filho a fazer algo e redirecione para o poder positivo, pedindo a ajuda dele. Você também pode envolver seu filho na busca por soluções durante as reuniões de família.

Ferramenta: escolhas limitadas

Substituir ordens por escolhas é uma ótima maneira de reduzir as disputas por poder, pois atende à necessidade de autonomia da criança. "Está na hora de dormir. Você quer ler a história para mim esta noite ou quer que eu a leia para você?"

Ferramenta: controlar seu comportamento

O exemplo é o melhor professor. Você espera que seus filhos controlem o comportamento deles quando você não controla o seu próprio? Retire-se do conflito e se acalme. Crie seu próprio espaço especial de pausa e informe a seus filhos quando precisar usá-lo. Se não puder sair de cena, conte até dez ou respire fundo. Se cometer um erro e perder o controle, peça desculpas aos seus filhos.

Ferramenta: ser gentil e firme

A firmeza e a gentileza devem sempre andar de mãos dadas, para evitar os extremos de ambas. Esse é um ótimo caminho para desenvolver o respeito mútuo. Por exemplo: "Estou vendo que você realmente deseja continuar jogando *videogame e* está na hora do jantar. Qual foi o nosso acordo sobre os *videogames* no horário das refeições?" Respeito inspira respeito. Quando você mostra respeito por seus filhos, eles estarão mais propensos a respeitar seus desejos sensatos.

Ferramenta: decidir o que você fará

Essa é uma maneira de dar um pequeno passo para abandonar as disputas por poder que você cria ao tentar obrigar as crianças a fazerem alguma coisa. Informe antecipadamente a seus filhos o que você planeja fazer. Decida o que você fará em vez do que obrigará seu filho a fazer: "Vou lavar apenas as roupas que forem colocadas no cesto." Lembre-se de cumprir sua decisão.

14. Recusar-se a cooperar

Como você pode ensinar cooperação aos seus filhos se você faz tudo por eles? Talvez você seja um pai ou mãe que reclama ou pede que seus filhos ajudem e cooperem, mas depois cede porque é mais fácil fazer sozinho. O que você ensinou aos seus filhos? É muito provável que eles tenham aprendido a simplesmente aguardar (ignorar suas reclamações e súplicas) até você desistir. Experiência e prática são as chaves para um aprendizado eficaz. É essencial olhar de perto as experiências que você está proporcionando aos seus filhos. Eles estão praticando cooperação ou manipulação?

Ferramenta: cooperação vencedora

Criar bem os filhos significa procurar constantemente soluções em que todos saiam ganhando – nunca ganhar à custa da criança. A cooperação é a melhor maneira de evitar disputas por poder e sentimentos de inadequação nas crianças. Também exemplifica a resolução de problemas e a flexibilidade, que são habilidades de vida essenciais. Seguir os acordos e valorizar os compromissos é fundamental. As crianças sentem-se encorajadas quando você entende e respeita o ponto de vista delas. Isso pode ser feito de várias maneiras: expressar compreensão pelos pensamentos e sentimentos delas, mostrar empatia sem tolerar comportamentos desafiadores, compartilhar um momento em que você se sentiu ou agiu de maneira semelhante e compartilhar seus pensamentos e sentimentos. As crianças escutam você depois que se sentem ouvidas. Foquem soluções juntos.

Ferramenta: escolhas limitadas

É útil oferecer escolhas sempre que possível para desenvolver a autonomia. "Eu sei que você não quer lavar a louça e podemos fazer isso juntos. Você quer lavar ou secar?"

Ferramenta: agir sem palavras

Às vezes, a coisa mais eficaz a fazer é manter a boca fechada e agir. Quando seus filhos testam seu novo plano, quanto menos palavras você usar, melhor. Mantenha a boca fechada e prossiga com as consequências combinadas. Primeiro, deixe claro para eles o que você vai fazer. Verifique se eles compreenderam ao perguntar: "O que você entendeu do que vou fazer?" Continue agindo de maneira gentil e firme, sem dizer uma palavra. Por exemplo, pare o carro se as crianças estiverem brigando enquanto você dirige e leia um livro até que elas mostrem que estão prontas para você voltar a dirigir novamente.

Ferramenta: criar rotinas

Crie uma rotina *com* seu filho e cumpra-a. Permita que a rotina seja o chefe.

Ferramenta: reuniões de família

É importante envolver as crianças em experiências nas quais elas possam usar seu poder na resolução de problemas. As reuniões de família são ótimas para esse processo. As crianças são muito mais propensas a cooperar e cumprir acordos quando foram envolvidas em sua criação.

15. Compartilhar/mostrar egoísmo

Compartilhar não é uma característica inata; é aprendida (muitos adultos ainda não gostam de compartilhar). Às vezes, os pais esperam que a criança consiga compartilhar antes que seja adequado ao seu desenvolvimento. Não espere que os filhos compartilhem algo antes dos 3 anos sem muita ajuda. Também é importante ensinar às crianças quando é apropriado compartilhar e quando não há problema em não compartilhar.

Ferramenta: acordos

É mais fácil para as crianças compartilharem algumas coisas se não precisarem compartilhar tudo. Discuta quais brinquedos elas estão dispostas a compartilhar e faça um acordo de que você perguntará primeiro antes de pegar o brinquedo de alguém. Sugira que guardem o que não querem compartilhar quando os amigos vierem brincar. Com crianças mais velhas, não há problema em pedir para colocarem o brinquedo pelo qual estão brigando em uma prateleira até que descubram um plano que funcione para ambos e que possam compartilhar sem brigar.

Ferramenta: dar o exemplo

Compartilhe algo com seu filho, dizendo: "Gostaria de compartilhar isso com você." Você pode ficar agradavelmente surpreso que, de tempos em tempos, seu filho possa retribuir e compartilhar algo com você sem que lhe seja solicitado. Quando isso acontecer, diga: "Muito obrigado por compartilhar. Você está realmente ficando bom nisso."

Ferramenta: distrair

As crianças pequenas não entenderão realmente o ato de compartilhar seu brinquedo com outra criança. Em vez disso, use a distração para que seus filhos pequenos se interessem por outra coisa. Geralmente, é útil oferecer a eles um novo brinquedo para brincarem ou cantar uma música, fazer cócegas etc.

16. Rivalidade entre irmãos

A rivalidade entre irmãos é normal e acontece em quase todas as famílias que têm duas ou mais crianças. Quando se trata de brigas entre seus filhos, não tome partido nem tente decidir quem é o culpado. É provável que você não esteja certo, porque nunca vê tudo o que acontece. Certo é sempre uma questão de opinião. O que parece certo para você certamente parecerá injusto do ponto de vista de pelo menos uma criança.

Ferramenta: colocar no mesmo barco

Se você sente que deve se envolver para parar as brigas, não se torne juiz, júri e carrasco. Em vez disso, coloque as crianças no mesmo barco e trate-as da mesma forma. Em vez de focar um dos filhos como implicante, diga algo como "Crianças, qual de vocês gostaria de colocar esse problema na agenda?" ou "Crianças, vocês precisam ir para seus lugares da calma por um tempo, ou vocês conseguem encontrar uma solução agora?" ou "Crianças, vocês querem ir para cômodos separados até encontrarem uma solução?"

Ferramenta: mostrar confiança

Quando os adultos se recusam a se envolver nas brigas das crianças, ou quando as colocam no mesmo barco, tratando-as da mesma forma, o maior motivo da disputa (chamar sua atenção) é eliminado. Tenha confiança de que elas mesmas podem resolver as coisas. Imagine todas as habilidades de vida que elas estão aprendendo como resultado disso. Você pode encorajá-las ao dizer algo como "Avisem-me quando vocês tiverem pensado em várias ideias e achado uma solução que ambos se sintam bem em tentar".

Ferramenta: tempo especial

Certifique-se de ter um tempo especial individual com cada filho em algum momento do dia. Se um filho tem ciúme do outro, diga a ele que não há problema em sentir ciúme, que você deseja estar com cada um e que espera ansiosamente o tempo especial com eles no final do dia.

Ferramenta: reuniões de família

Realize reuniões familiares regulares em que as crianças aprendam a verbalizar reconhecimentos sobre os pontos fortes dos outros e a pensar em soluções para os problemas. Planeje atividades divertidas após as reuniões que enfatizem a cooperação e o trabalho em equipe. Ajude seus filhos a descobrirem que as coisas são mais divertidas quando incluem pessoas com pontos fortes diferentes.

Ferramenta: certificar-se de que a mensagem de amor esteja clara

Certifique-se de que cada filho seja amado por ser a pessoa única que é. Não compare as crianças em uma tentativa equivocada de motivá-las a serem como outra criança. Isso é muito desencorajador.

17. Birra

Muitos pais careceram de coisas que queriam ou precisavam quando estavam crescendo, e, honestamente, querem que seus filhos tenham mais do que eles tiveram. Então eles cedem. Outros simplesmente odeiam lidar com birra e desaprovação das pessoas na loja de brinquedos ou no supermercado. Então eles cedem. O maior erro é pensar que dar às crianças tudo o que elas querem é a melhor maneira de fazê-las saber que são amadas. A birra é uma forma de comunicação. Uma *criança malcomportada é uma criança desencorajada*. Pode ser difícil lembrar-se disso ao confrontar um comportamento irritante, desafiador ou prejudicial. Por esse motivo, é útil ter um plano padrão de comportamento.

Ferramenta: abraços

Um princípio primário da Disciplina Positiva é a conexão antes da correção. O abraço é uma ótima maneira de fazer uma conexão. Como as crianças têm um desejo inato de contribuir (a contribuição oferece sentimentos de aceitação, importância e capacidade), o essencial é pedir um abraço: "Eu preciso de um abraço" em vez de "Você precisa de um abraço".

Ferramenta: validar sentimentos

Não há problema em dizer não ao seu filho, tampouco no fato de ele ficar com raiva. Simplesmente valide os sentimentos dele: "Você está se sentindo realmente chateado agora, mas tudo bem. Você gostaria de poder ter o que deseja." Em seguida, afaste-se um pouco e dê apoio enquanto seu filho lida com isso.

Ferramenta: surpreender

Em vez de reagir ao comportamento desafiador, pergunte ao seu filho: "Você sabe que eu realmente amo você?" Isso às vezes interrompe o mau comportamento porque seu filho fica surpreso com a pergunta/afirmação, e pode sentir suficiente aceitação e importância a partir dessa simples declaração para "sentir-se melhor e agir melhor". Com crianças pequenas, a distração funciona muito bem. Em vez de brigar ou ficar preso na energia da birra, faça barulhos engraçados, cante uma música ou diga: "Vamos ver o que tem ali."

Ferramenta: agir sem palavras

Às vezes é melhor calar a boca e agir. Se você estiver em uma loja, leve seu filho para fora e entre no carro. Diga a ele que está tudo bem ficar chateado e que vocês dois podem tentar novamente quando ele se acalmar.

18. Vício em tecnologia

A chave está em encontrar o equilíbrio. Sim, seus filhos estão acompanhando a tecnologia e aprendendo novas habilidades que os ajudarão em suas vidas. E sim, o uso excessivo de dispositivos eletrônicos impede que se tornem competentes nas habilidades de comunicação interpessoal. O que você pode fazer a fim de ajudar seus filhos a encontrarem o equilíbrio entre o tempo de tela e a "vida real" é trabalharem juntos para estabelecer limites acerca do uso diário de dispositivos eletrônicos, incluindo o seu. Experimente estas ferramentas da Disciplina Positiva para ajudar a gerenciar o tempo de tela da sua família, para que ele não gerencie você.

Ferramenta: reuniões de família

Envolva toda a família em um plano para reduzir o tempo de tela. Parte das soluções deve incluir coisas para fazer em substituição ao tempo da tela. É mais difícil desistir de algo quando você não tem planos sobre algo mais que possa fazer.

Ferramenta: acordos

Comece com um momento do dia para ficarem sem tela (como o jantar) e aumente periodicamente para outros períodos do dia.

Ferramenta: criar um "estacionamento" para eletrônicos

Tenha uma cesta ou uma estação de carregamento em um local central da casa em que os membros da família deixem seus aparelhos eletrônicos durante determinados horários do dia (especialmente à noite).

Ferramenta: manter limites com gentileza e firmeza

Mudar o hábito do tempo de tela é difícil; esteja pronto para decepção, raiva e sentimentos de tristeza. Mantenha seus limites sendo empático com os sentimentos do seu filho e tendo firmeza quanto ao que você definiu.

19. Violência, *bullying*, provocação

Se você se sentir magoado ou se perguntar "Não acredito que ele fez isso", essa é a pista de que o objetivo equivocado do mau comportamento do seu filho é

Apêndice 1: Resolução de problemas

a vingança. Quando as pessoas se sentem magoadas, elas magoam de volta (muitas vezes sem mesmo perceber o que estão fazendo). Pode ser difícil entender o objetivo equivocado de vingança, pois muitas vezes não temos ideia de onde vêm os sentimentos de mágoa.

Ferramenta: decifrar o código

Para o objetivo equivocado de vingança, a crença das crianças é: "Eu não sou aceita, e isso dói, então eu vou acertar as contas magoando os outros." A mensagem codificada que oferece pistas para o encorajamento é: "Estou sofrendo. Valide meus sentimentos." Mesmo quando entender o objetivo equivocado de vingança, é difícil evitar reagir com uma pequena vingança de sua parte.

Ferramenta: validar sentimentos

Validar os sentimentos de uma criança vingativa é um primeiro passo importante (mas algumas vezes difícil). A necessidade básica de aceitação/pertencimento deve ser atendida, mas também é importante seguir em frente na busca de soluções para o problema. Exemplos: "Acho que você está magoado por alguma coisa e quer magoar de volta", "Não é de admirar que você se sinta chateado por parecer que sempre se mete em problemas, enquanto os outros não são pegos", "Parece que você está tendo um dia ruim. Quer falar sobre isso?", "Eu amo você. Por que não fazemos uma pausa e tentamos novamente mais tarde?"

Ferramenta: focar soluções

Você pode primeiro ajudar seu filho a explorar as consequências ou pode simplesmente focar as soluções. Ajudá-lo a explorar as consequências de sua escolha poderia ser algo assim: "O que aconteceu? Como você se sentiu com o que aconteceu? Como você acha que os outros se sentiram? O que você aprendeu com isso? Que ideias você tem para resolver esse problema agora?" Perguntar à criança "O que ajudaria você?" é a chave. Focar soluções pode parecer algo como: "Você gostaria de elaborar ideias e soluções comigo ou gostaria de colocar isso na agenda de reuniões da família e fazer com que todos ajudem a elaborar soluções?"

Ferramenta: agir sem palavras

Muitas vezes, as palavras que você usa se baseiam na reação ao comportamento. Agir sem palavras requer que você pare e pense em como responder de forma proativa. Exige que você entre no mundo da criança e compreenda a crença por trás do comportamento para poder encorajar novas crenças que motivem novos comportamentos. Usar sinais não verbais é uma maneira de agir sem palavras. Outra ferramenta da Disciplina Positiva relacionada a agir sem palavras é a ferramenta "uma palavra". Nesse caso, o sinal é substituído por uma palavra.

Ferramenta: apoiar

Se seu filho está sendo intimidado, seja solidário. Preste atenção aos sinais de *bullying* – se a criança "perde" muitas lancheiras (ou outros itens), ele ou ela pode ter receio de contar a você por medo de aumentar o *bullying*. Se seu filho tem medo de ir à escola, pode ser por causa de *bullying*. Não hesite em conversar com o diretor para encontrar soluções. Encoraje os professores a terem reuniões diárias em sala de aula, que comprovadamente reduzem bastante (se não eliminam) o *bullying*. Como as crianças experimentam um senso de aceitação durante o processo, elas escutam como os outros se sentem e aprendem os benefícios de focar soluções.

20. Choramingar

As crianças fazem o que funciona. Se seu filho está choramingando, ele ou ela está recebendo uma resposta sua. Curiosamente, as crianças parecem preferir punição e raiva a nenhuma resposta. Choramingar geralmente se baseia no objetivo de buscar atenção indevida. Essa criança acredita que "Eu sou aceita apenas se você prestar atenção constante em mim, de um jeito ou de outro". Para algumas crianças, choramingar é o único método que conhecem para atender às suas necessidades. Outras crianças passam por um período de choro estridente e, em seguida, ele desaparece tão rapidamente quanto começou. É divertido dar às crianças o que elas querem e ver seus rostos se iluminarem de alegria. É a parte chorosa e manipuladora que não é divertida.

Ferramenta: sinal silencioso

Durante um momento feliz, treine um sinal com seu filho sobre o que você fará quando ouvi-lo choramingando. Talvez você coloque os dedos nos ouvidos e sorria. Outra possibilidade é colocar a mão no coração como um lembrete de que "eu amo você".

Ferramenta: decidir o que você fará

Diga ao seu filho o que você vai fazer: "Quando você choramingar, eu vou sair da sala. Avise-me quando estiver disposto a falar com uma voz respeitosa, para que eu aprecie ouvi-lo." Ainda outra possibilidade é explicar: "Não é que eu não ouço você. Só não quero discutir com você até que use sua voz habitual. Não respondo a choramingos." Quando seu filho parar de choramingar, diga algo como: "Estou tão feliz por poder ouvi-lo agora. Eu realmente quero saber o que você tem a dizer." Outra possibilidade é avisar a seu filho com antecedência que, quando ele estiver choramingando, você se sentará ao seu lado e acariciará seu braço enquanto ele precisar sentir o que estiver sentindo e até estar pronto para parar.

Ferramenta: abraços

Toda vez que seu filho choramingar, pegue-o no colo e diga: "Aposto que você precisa de um grande abraço." Não diga nada sobre a manha ou sobre o que ele está choramingando; apenas o abrace até que ambos se sintam melhor.

Ferramenta: encorajamento

Choramingar pode ser um sinal de desencorajamento que irá parar quando a criança sentir aceitação e importância suficientes. Ignore a manha e encontre muitas maneiras de encorajar seu filho.

Apêndice 2: Quadro dos objetivos equivocados

O objetivo da criança é:	Se o pai ou mãe se sente:	E tende a reagir:	E se a resposta da criança é:	A crença por trás do comportamento da criança é:	
Atenção indevida (para manter os outros ocupados ou conseguir alguma vantagem especial)	Aborrecido Irritado Preocupado Culpado	Lembrando Adulando Fazendo coisas pela criança que ela poderia fazer por si mesma	Interrompe o mau comportamento por um tempo, mas depois o retoma ou assume outro comportamento irritante. Para o comportamento quando recebe atenção individual.	Eu pertenço (sou aceito) somente quando estou sendo percebido ou consigo alguma vantagem especial. Sinto que sou importante somente quando mantenho você ocupado comigo.	
Poder mal direcionado (para estar no comando)	Bravo Desafiado Ameaçado Derrotado	Brigando Cedendo Pensando "Você não vai conseguir escapar dessa" ou "Vou forçar você" Querer ter razão	Intensifica o comportamento. Obedece desafiando. Acha que venceu quando os pais estão irritados. Poder passivo	Eu sou aceito somente quando sou o chefe ou estou no controle, ou provando que ninguém manda em mim. Você não pode me obrigar.	
Vingança (pagar na mesma moeda)	Magoado Decepcionado Descrente Ressentido	Retaliação Ficando quites Pensando "Como você pode fazer isso comigo?" Tomando o comportamento como pessoal	Revida Magoa os outros Destrói coisas Paga na mesma moeda Intensifica Agrava o mesmo comportamento ou escolhe outra "arma"	Não acredito que sou aceito, então vou magoar os outros da mesma maneira que me sinto magoado. Não acredito que possam gostar de mim ou me amar.	

Apêndice 2: Quadro dos objetivos equivocados

Como os adultos podem contribuir:	Mensagem codificada:	Respostas proativas e empoderadoras dos pais incluem:
"Eu não tenho fé em você para lidar com a frustração." "Eu me sinto culpado se você está infeliz."	Perceba-me. Envolva-me de maneira útil.	Redirecionar o comportamento ao envolver a criança para uma tarefa útil a fim de ganhar atenção positiva. Dizer o que você fará: "Eu amo você e ___" (Ex.: "Eu me importo com você e vamos passar um tempo juntos mais tarde"). Evitar oferecer vantagens especiais. Dizer uma vez e então agir. Confiar na criança para lidar com seus próprios sentimentos (não consertar ou resgatar). Planejar um tempo especial. Estabelecer rotinas. Envolver a criança na resolução do problema. Fazer reuniões de família. Ignorar o comportamento (toque sem palavras). Criar sinais não verbais.
"Eu estou no controle e você deve fazer o que eu mando." "Eu acredito que dizer a você o que fazer, bem como dar sermão ou punição quando você não obedece, é a melhor maneira de motivá-lo a fazer melhor."	Permita-me ajudar. Dê-me escolhas.	Reconhecer que você não pode obrigar seu filho ou filha a fazer alguma coisa e redirecionar para o poder positivo, pedindo ajuda. Oferecer escolhas limitadas. Não brigar e não ceder. Afastar-se do conflito e acalmar-se. Ser firme e gentil. Agir, não falar. Decidir o que você vai fazer. Deixar a rotina ser o chefe. Desenvolver respeito mútuo. Pedir a ajuda da criança para estabelecer alguns limites razoáveis. Praticar o acompanhamento. Fazer reuniões de família.
"Eu dou conselho (sem escutar você) porque penso que assim estou ajudando." "Eu me preocupo mais com o que os vizinhos pensam do que com o que você precisa."	Estou magoado. Valide meus sentimentos.	Validar os sentimentos feridos (você pode ter que adivinhar quais são). Não tomar os comportamentos como pessoais. Sair do ciclo de vingança, evitando punições e ofensas. Sugerir pausa positiva para vocês dois; em seguida focar soluções. Praticar a escuta ativa. Compartilhar seus sentimentos usando mensagens em primeira pessoa. Pedir desculpas e fazer reparos. Encorajar os pontos fortes. Colocar as crianças no mesmo barco. Fazer reuniões de família.

(continua)

(continuação)

O objetivo da criança é:	Se o pai ou mãe se sente:	E tende a reagir:	E se a resposta da criança é:	A crença por trás do comportamento da criança é:	
Inadequação assumida (desistir e não ser incomodado)	Desesperado Desamparado Impotente Inadequado	Desistindo Fazendo coisas pela criança que ela poderia fazer por si mesma Ajudando além do necessário Demonstrando falta de fé	Recua ainda mais. Torna-se passivo. Não mostra melhora. Não é responsivo. Evita tentar.	Não acredito que posso ser aceito, então vou convencer os outros a não esperarem nada de mim. Sou inútil e incapaz. Nem adianta tentar porque não vou fazer a coisa certa.	

Apêndice 2: Quadro dos objetivos equivocados

Como os adultos podem contribuir:	Mensagem codificada:	Respostas proativas e empoderadoras dos pais incluem:
"Eu espero que você atenda às minhas mais altas expectativas." "Eu pensei que fosse meu trabalho fazer as coisas por você."	Não desista de mim. Mostre-me um pequeno passo.	Decompor uma tarefa em pequenos passos. Tornar a tarefa mais fácil até que a criança experimente sucesso. Criar oportunidades para que a criança tenha sucesso. Dedicar tempo ao treinamento. Ensinar habilidades/mostrar como fazer, mas não fazer por ela. Suspender todas as críticas. Encorajar todas as tentativas positivas, não importa quão simples sejam. Demonstrar confiança nas habilidades da criança. Focar os pontos fortes. Não ter pena. Não desistir. Apreciar a criança. Basear-se em seus interesses. Fazer reuniões de família.

NOTAS

1. John Chancellor, "Why Emotional Intelligence (EQ) is More Important than IQ", Owlcation, 2 de setembro de 2017.
2. Ira Wolfe, "65% Percent of Today's Students Will Be Employed in Jobs That Don't Exist Yet", Success Performance Solutions, 26 de agosto de 2013.
3. Baumrind, 1967; Furnham e Cheng, 2000; Maccoby e Martin, 1983; Masud, Thurasamy e Ahmad, 2015; Milevsky, Schlecter e Netter, 2007; Newman et al., 2015.
4. Baumrind, 1966, 1967, 1991, 1996.
5. Bower, 1989, 117.
6. Gershoff e Larzele, 2002; Gershoff, 2008.
7. Bruce Lipton, *The Biology of Belief* (Hay House, 2016).
8. https://software.rc.fas.harvard.edu/lds/wp-content/uploads/2010/07/Warneken_2013_Social-Research.pdf.
9. Ellen Galinsky, *Ask the Children* (William Morrow, 1999).
10. Melissa Milkie, 2012.
11. Kyle Pruett, *Fatherneed* (Harmony, 2001).
12. Eric Jackson, "The Top 8 Reasons Your Best People Are About to Quit – and How You Can Keep Them", *Forbes*, 11 de maio de 2014.
13. Carol Dweck, *Mindset* (Random House, 2006).
14. Pew Research Center, www.pewresearch.org.
15. Anne Boysen, "Millennials Embrace 'Resilience Parenting'", *Shaping Tomorrow*, 14 de fevereiro de 2014.

16. VisionCritical, visioncritical.com.
17. Jane Nelsen, Mary Tamborski e Brad Ainge, *Positive Discipline Parenting Tools* (Harmony, 2016).
18. Jane Nelsen e Kelly Bartlett, *Help! My Child Is Addicted to Screens* (Positive Discipline, 2014).
19. Alfie Kohn, *Punished by Rewards* (Mariner Books, 1999).
20. Rudolph Dreikurs e Vicki Soltz, *Children: The Challenge* (Dutton, 1987).
21. Stella Chess, *Know Your Child* (Basic Books, 1989).
22. Bruce Lipton, *The Biology of Belief* (Hay House, 2009).
23. David C. Rettew e Laura McKee, "Temperament and Its Role in Developmental Psychopathology", *Harvard Review of Psychiatry* 13, n. 1 (2005): 14-27.
24. Lea Winerman, "The Mind's Mirror", *Monitor on Psychology*, 36, n. 9 (outubro de 2005): 48.
25. Daniel Siegel, *Parenting from the Inside Out* (TarcherPerigee, 2013).
26. Jane Nelsen, *Jared's Cool-Out Space* (Positive Discipline, 2013) [publicado no Brasil com o título *O espaço mágico que acalma*. Barueri: Manole, 2020].
27. *Sleepless in America*, vídeo, National Geographic Channel, 2014.
28. NHLBI 2003.
29. Kate Vitasek, "Big Business Can Take a Lesson from Child Psychology", *Forbes*, 30 de junho de 2016.

ÍNDICE REMISSIVO

A

Aborrecimentos com a lição de casa 296
Aborrecimentos matinais 302
Aborrecimentos na hora de dormir 291
Abraços 311, 315
Aceitação incondicional 255
Acompanhamento 89
Acordos 88, 259, 308, 312
Adaptar outras ferramentas parentais para
crianças 147
Adolescentes 147
Agir sem palavras 307, 311, 314
Agonia e êxtase dos cuidados infantis 56
Agradar 195
Ajudar as crianças a prosperar 156
Alfred Adler 4, 77
Alternativas para punição e permissividade 105
Amizade 218
Animal de estimação 214
Ansiedade de separação 70
Apoio 314
Apreciação 255, 300
Assumir responsabilidade 251
Atenção indevida 116, 118
Atenção parental plena 154
Atenção plena (*mindfulness*) 281
Atitude e comportamento como pai ou mãe 269
Atitude e comportamento como profissional
269
Atitude negativa 303
Atividade de casal 262
Atividade divertida 164
Autonomia 264
Autorregulação 177
Avaliação das soluções anteriores 161

B

Babás e creches 66
Baby boom 78
Baby boomers 77
Bases sólidas 245
Baumrind 3
Bem-estar 202, 205
Birra 310

C

Caminhar na natureza 214
Celebrar as diferenças 48

Celebrar os erros 149
Cérebro reptiliano 177
Chamar a atenção 288
Choramingar 314
Cinco critérios da Disciplina Positiva 10
Colocar no mesmo barco 153, 309
Como transformar seus desafios em pontos
fortes 194, 195, 196, 197
Compartilhar expectativas 221
Compartilhar/mostrar egoísmo 308
Comportamento 6
Comportamento dos pais 126
Comportamento positivo 275
Comportamentos destrutivos 247
Compreendendo seu *top card* 201
Compreender a personalidade emergente do seu
filho 137
Compreender o cérebro 174
Compreender os objetivos equivocados 113,
117
Comunicação 67
Conexão antes da correção 13, 149, 296, 304
Confiança 72
Conflito 276
Conflito trabalho-família 23
Conforto 196
Conhecer-se 278
Conquistar cooperação 52, 293
Consequências lógicas 297
Consequências naturais 110, 301, 303
Contexto e desenvolvimento de *top card* 189
Contribuição 13
Controlar seu próprio comportamento 186, 305
Controle 148, 194, 249
Conversa interna: desenvolva sua verdade
interior 215
Cooperação 52, 307
Crença da criança 126
Crença por trás do comportamento 113
Criação de filhos e desenvolvimento infantil 75
Criação de filhos eficaz *versus* ineficaz 94
Crianças pequenas 140
Criar oportunidades para o sucesso 295
Criar rotinas 291, 307
Criar um "estacionamento" para eletrônicos 312
Critérios 269
Crítica e negatividade 251
Cuidados depois da escola 67
Cuidados externos à criança 26
Cuidados infantis 56, 63

Culpa 24, 33
Cultivar relacionamentos significativos 217

D

Dar o exemplo 300, 308
Decifrar o código 313
Dedicar tempo ao treinamento 143, 292, 296
Dedicar tempo para abraçar 72
Demonstrar confiança 72, 289, 291
Desafios 111, 287
Desapego 72, 213, 293
Descobrir seus pontos
    fortes e seus desafios 188
Desencorajamento por trás do comportamento 116
Desenvolvimento da Disciplina Positiva 5
Desenvolvimento do cérebro 7
Detetive de *top card* 275
Dicas principais sobre negociação 234
Diferenças 200
Dinâmica geracional 76
Direitos 293
Disciplina Positiva em ação 31, 51, 71, 85, 108, 128, 151, 169, 185, 198, 220, 236, 257, 272
Disciplina Positiva na vida profissional 263
Disciplina Positiva para todas as gerações 84
Discutir itens da agenda 161
Disputas por poder 305
Distração 309
Domínio 264
Dormir o suficiente 208
Dweck, Carol 136

E

Educação não punitiva 100
Elogio 102
Empoderar seus filhos 18, 132
Encorajamento 146, 149, 252, 294, 301, 305, 315
Ensinar habilidades parentais 106
Equilibrar gentileza com firmeza 260
Erros são maravilhosas oportunidades de aprendizado 183, 186, 306
Escolhas limitadas 34, 297, 303, 305, 307
Escolhas parentais conscientes 39
Escolhas profissionais conscientes 41
Escuta ativa 150, 153, 298, 299
Espaço de pausa positiva 187
Espírito 225
Estilo parental autoritário (ditador): ordem sem liberdade 95
Estilo parental competente (Disciplina Positiva): liberdade com ordem 97
Estilo parental negligente (absenteísmo/abandono): sem liberdade, sem ordem 96
Estilo parental permissivo (liberal): liberdade sem ordem 95

Estratégias parentais eficazes para adolescentes 149
Estratégias parentais eficazes para crianças pequenas 143
Estratégias parentais ineficazes para adolescentes 148
Estratégias parentais ineficazes para crianças pequenas 140
Estresse 192
Estrutura das reuniões de família 157
Evidências que embasam a Disciplina Positiva 2
Excesso de trabalho 41
Expectativas dos outros 23
Explicação do *top card* 190

F

Falta de motivação 300
Famílias com renda dupla 27
Fazer *versus* não fazer 142
Felicidade 221
Ferramentas da Disciplina Positiva 33, 52, 71, 87, 109, 129, 152, 171, 186, 199, 221, 237, 258, 274, 287
Filosofia/ferramenta da Disciplina Positiva 60
Focar sua dieta 207
Foco em soluções 171, 238, 313
Fontes de culpa 22
Freelance 51

G

Galinsky, Ellen 25
Gentileza e firmeza 11, 109, 297, 304
Geração de *Millennials* 80
Geração X 77
Geração Z (iGeração) 77
Geração Z, moldada pela tecnologia 83
Gerenciamento com Disciplina Positiva 272
Gerenciamento sem Disciplina Positiva 273
Gerenciar expectativas 45
Gerenciar o estresse 211
Gerenciar suas expectativas sobre cooperação 145
Gestão financeira 166
Gestão inteligente da casa 45
Giro positivo pelos anos da adolescência 150

H

Habilidades parentais 48
Habilidades sociais 15
Harvard Business School 25
História e parentalidade 76
História e pesquisa 2
Hobby 43
Hora da agenda: planejamento 162
Humilhação 192

I

Identificar seu *top card* 192

Índice remissivo

Ignorar/não escutar 298
Inadequação assumida 117, 123
Insignificância 192
Instituições de cuidados infantis 64
Integração trabalho-vida 36
Inteligência emocional 283
Inteligência espiritual 283
Inteligência física 282
Inteligência intelectual 283
Inteligência social 283
Invista em si mesmo 228
Invista em sua rede mais ampla 229
Invista nos outros 228
Irresponsabilidade consciente 165

L

Lei de Parkinson 41
Lema de família 165
Licença-maternidade/paternidade 230
Lidar com a culpa 22
Liderança e realização profissional 267
Local interno de controle 214
Lógica privada 176

M

Manter limites com gentileza e firmeza 312
Mensagens de amor 73
Mensagens em primeira pessoa 290
Mentalidade de crescimento 246
Mente 225
Mentir ou inventar a verdade 299
Métodos de trabalho modernos 50
Millennials (Geração Y ou geração do milênio) 77, 81, 82
Mimo 103, 110, 293
Mito de pais ou criança perfeitos 135
Modelo de encorajamento 9
Momento especial 149, 288
Mostrar confiança 296, 301, 309
Motivação descoberta 263
Mudar suas crenças 278

N

Não retrucar 153, 290
Natureza *versus* criação 137
Negatividade 251
Negociar trabalho 259
Neurônios-espelho 174, 176

O

Objetivos equivocados 113, 116, 130, 126, 316
Olhar positivo 216
Olho no olho 299
O que fazer e não fazer nas reuniões de família 157
O que o *top card* Agradar inspira nas outras pessoas 196

O que o *top card* Conforto inspira nas outras pessoas 197
O que o *top card* Controle inspira nas outras pessoas 195
O que o *top card* Superioridade inspira nas outras pessoas 193
Ordem de nascimento e outros papéis "atribuídos" 138
Orientações apropriadas à idade 167

P

Pais que usam métodos parentais eficazes 108
Pais que usam métodos parentais ineficazes 108
Palmada 141
Papel dos pais no comportamento de objetivo equivocado 125
Parceria 238
Parentalidade 76, 139
Paternidade ativa 27
Pausa positiva 180, 186, 261, 290
Pausa punitiva 179
Paz de espírito 266
Pedir ajuda 213, 294, 305
Pequenos passos 295
Percepção 199
Perda de controle 177
Perfeccionismo 250
Perguntas curiosas 110, 300, 301
Permissividade 148
Perspectiva clara 37
Perspectiva da Disciplina Positiva sobre o comportamento das crianças 113
Pessoas negativas 218
Planejamento 34, 54
Planejamento de carreira e vida 224
Planejamento de refeições em família 163
Planejamento semanal das refeições 163
Plano de autocuidado 216
Plano de vida 239
Poder construtivo 17
Poder mal direcionado 117, 119
Por que as crianças se comportam mal? 114
Práticas profissionais atuais 269
Pré-*boomers*, *baby boomers* e Geração X 79
Pré-*boomers* (Geração silenciosa) 77
Pressões financeiras 44
Prestar atenção 153, 221, 304
Principais tendências que moldam as gerações 78
Problemas com a educação permissiva 101
Problemas com a parentalidade punitiva (autoritária) 98
Proteção do ambiente para crianças pequenas 144

Q

Quadro de tarefas domésticas 168
Quadro dos objetivos equivocados 117, 130, 316

Quatro R da reparação 183, 186
Quebrar o código 295

R

Recompensas 101
Recompensas e punições 264
Reconhecimentos 159
Recursos ajustáveis 57
Recursos do processo 59, 60
Recusar-se a cooperar 306
Rede de pais 219
Rejeição 192
Relacionamento saudável e duradouro 244
Reputação profissional sólida 227
Resolução de problemas 302
Respiração profunda/meditações rápidas 213
Responsabilidade 199
Retrucar, ser rude ou desrespeitoso e falar palavrão 289
Reuniões de casal regulares 259
Reuniões de equipe regulares e eficazes 275
Reuniões de família 156, 292, 308, 310, 312
Revelação dos objetivos equivocados 127, 129
Rivalidade entre irmãos 309
Roteiro para a sua parentalidade 111
Rotinas 53, 146, 302
Rudolf Dreikurs 5

S

Saúde física 205
Saúde mental 210
Seja o exemplo 90
Senso de aceitação 247
Senso de humor 171, 221
Sentir especial 29
Sentir insegurança ou falta de confiança 295
Ser gentil e firme 149, 306
Sermão 140, 148
Sinais não verbais 289
Sinal silencioso 315
Sincronia 202
Solução conjunta de problemas 149

Soluções criativas 68
Sonhos 223
Sonhos da criança perfeita 135
Steiner-Adair, Catherine 85
Sucesso profissional 37, 48
Superioridade 193
Superproteção 103
Supervisão, distração e redirecionamento 143

T

Tarefas 294
Tarefas domésticas 292
Tecnologia e parentalidade 76
Tempo especial 35, 87, 310
Tempo especial como casal 252
Tempo livre da família 47
Terceirizar 45
Ter senso de humor 150
Tomar partido 276
Top card 189
Top card Agradar 192
Top card Conforto 192
Top card Controle 192
Top card Superioridade 192
Trabalho individual 173
Trabalhos e tarefas 53
Transformando seu local de trabalho em um ambiente positivo 277
Treinamento adicional de habilidades de vida 165

V

Validar sentimentos 290, 298, 311, 313
Vício em tecnologia 311
Vida de casal 244
Vida profissional 266
Vingança 117, 122
Violência, *bullying*, provocação 312
Visão de vida 223
Viver a vida plenamente 284
Volta ao trabalho 233